北大社·"十四五"普通高等教育本科规划教材
21世纪高等院校实用规划教材

大学生科研技能与创新思维

主　编　汤庆国
副主编　孟军平　段昕辉
主　审　梁金生

内容简介

《大学生科研技能与创新思维》是一本根据教育改革创新理念编撰的创新类通识教育课程教材。经过十余年教学实践的检验和不断完善，本书能够有效落实立德树人的根本任务，满足系统性、前沿性、科学性、适教性、创新性等基本要求。

本书以大学生关心的热点问题为导向，通过创新案例，激发大学生的思维潜能和创新意识，从而引导科技创新；通过科技对人类文明的贡献，开阔大学生的眼界和胸襟，进而提高他们的辨识力、鉴赏力、想象力、独立思考能力和创新意识；结合科研立项与可行性论证方法，科技论文撰写知识的讲解，纸桥模型设计和制作实训，纸桥模型设计、制作及心得、感悟相关的科技论文撰写，以及最终成果展示和自我评价等环节，使大学生学会分析、总结与提升，使不同知识背景的大学生收获满满。

本书也是一本能够开阔眼界、启迪思想、激发想象，适合各类人群阅读，引导科技创新的科普读物。

图书在版编目（CIP）数据

大学生科研技能与创新思维 / 汤庆国主编. — 北京：北京大学出版社，2024.6. — （21世纪高等院校实用规划教材）. — ISBN 978-7-301-35186-4

Ⅰ.B804.4

中国国家版本馆 CIP 数据核字第 20246C16E4 号

书　　　名	大学生科研技能与创新思维 DAXUESHENG KEYAN JINENG YU CHUANGXIN SIWEI
著作责任者	汤庆国　主编
策 划 编 辑	童君鑫
责 任 编 辑	关　英
数 字 编 辑	蒙俞材
标 准 书 号	ISBN 978-7-301-35186-4
出 版 发 行	北京大学出版社
地　　　址	北京市海淀区成府路 205 号　100871
网　　　址	http://www.pup.cn　新浪微博：@北京大学出版社
电 子 邮 箱	编辑部 pup6@pup.cn　总编室 zpup@pup.cn
电　　　话	邮购部 010-62752015　发行部 010-62750672　编辑部 010-62750667
印 刷 者	三河市北燕印装有限公司
发 行 者	北京大学出版社
经 销 者	新华书店
	787 毫米×1092 毫米　16 开本　17.75 印张　440 千字 2024 年 6 月第 1 版　2024 年 6 月第 1 次印刷
定　　　价	59.80 元

未经许可，不得以任何方式复制或抄袭本书之部分或全部内容。
版权所有，侵权必究
举报电话：010-62752024　电子邮箱：fd@pup.cn
图书如有印装质量问题，请与出版部联系，电话：010-62756370

前　言

为迎接知识经济和未来智能创新经济的挑战，改变当代高等教育中学科分类太专、太细，知识被严重割裂的局面，本着思想性、科学性、适教性、知识性、实践性和创新性原则，编者编写了《大学生科研技能与创新思维》讲义，从2009年秋季学期开始，在河北工业大学创新类通识教育选修课程——"科研技能与创新思维"讲授，每个学期都在不同校区开课，至今已开设50余个班次，6000余人接受培训，学生创作纸桥作品模型3200余件。"科研技能与创新思维"课程独具特色，适合不同专业背景的学生学习，深受学生喜爱，被学生誉为"开阔眼界、启迪思想、提升能力"的良心课程。

根据国家教材委员会印发的《习近平新时代中国特色社会主义思想进课程教材指南》和党的二十大精神进课堂的要求，在教材编撰和教学实践中，宣传文明的多样性和中华民族的伟大贡献，坚持"四个自信"，弘扬中华优秀传统文化，依靠中华民族的勤劳和智慧，实现伟大复兴的中国梦。激发当代大学生勇于探索、独立思考、分析辨别的创新潜能，提升他们的科研创新能力和综合素质。

创新训练可以使大学生在文献阅读中发现争议和值得研究的问题，以此形成选题；在可行性论证中充分利用逻辑思维、辩证思维、逆向思维，应用基础知识和科学原理分析现象的本质，以此提高辨识力和判断力；在模拟创新设计和作品制作训练中体会科研之道、创新之难和团队协作的集体力量；在科技论文的撰写中学会分析、总结与提升。通过在立项申请书编写过程中的创新思维训练，以及在模型设计与作品制作中的空间想象力和动手能力训练，大学生的知识应用能力、分析归纳能力、逻辑思维能力等技能得到大幅提升。

本书在创新思维部分，将人类最新科技发现、文明成果与先贤的思想智慧、创新与坚守的奋斗故事、持之以恒的探求精神等典型案例相结合，以满足不同专业和知识背景的大学生学习；在科研技能训练部分，本书以当代大学生关心的热点问题为案例，通过科学问题探索过程中的困惑与顿悟，阐述科学研究的艰辛与坚持的重要性，揭示理论认识提升是一个循序渐进的演化、修正与完善的过程。本书以问题为导向，以创新突破为抓手，激发大学生思考社会文明与科技进步的关系，领悟科技力的两面性，发现科学真理的本质；通过对问题的讨论，引导大学生从自然环境、社会形态、经济发展、文化追求、政治需要等多方面思考，激发他们的想象力，促进他们独立思考和创新意识的觉醒，进而提高他们的辨识力、鉴赏力和想象力。本书案例中最新科技发现和文明成果对于拓展当代大学生的知识视野、触发想象力和完善独立思考能力大有裨益。

本书主要内容包括宇宙演化，地球演化与生命兴衰，文明曙光，社会文明与科技革命，科学技术与创新发展，创新源泉与核心动力，选题论证与立项申请，科技论文写作，以及立德树人优秀作品。本书不仅可以满足不同知识背景的当代大学生、研究生共同研习，也可以作为科普读物，满足多元求知者兴趣拓展的需求。

本书涉及内容一方面来自编者长期教学、科研经验，另一方面来自各种类型的媒体。

本书由汤庆国担任主编，孟军平和段昕辉担任副主编。在课程的教学实践和教材编写过程中，从选题定位、内容选定直至全文内容，编者得到了梁金生研究员的悉心斧正和倾力帮助；孟军平副研究员和段昕辉副研究员对全书进行了仔细校对，并提出修改和完善建议；河北工业大学材料科学与工程学院的各位领导、能源与环保材料研究所的各位老师予以支持，特别是王群英老师全力帮助校改，在此致以衷心的感谢！本书是河北工业大学2020年度本科教育教学改革研究与实践项目和"创新思维、批判思维等思维模式融入课程建设的实践研究"的重要成果，得到了河北省教育厅2023年度创新创业课程的立项，以及生态环境与信息特种功能材料教育部重点实验室（河北工业大学）的资助。

　　由于编者水平所限，本书难免存在不妥之处，恳请读者批评指正。

编　者
2024年2月

【资源索引】

目 录

第1章 绪 论 ········· 1

1.1 引 言 ········· 2
   1.1.1 科研技能与创新思维教育目标 ········· 2
   1.1.2 适用对象、教材定位、训练内容与考核评价方法 ········· 3

1.2 知识体系构成 ········· 4
   1.2.1 知识体系构成与功能目标 ········· 4
   1.2.2 自然衍化与文明启蒙 ········· 5
   1.2.3 意识觉醒与科技发展 ········· 6
   1.2.4 科研技能与创新引领 ········· 9

思考题 ········· 10

第一篇 自然衍化与文明启蒙

第2章 宇宙演化 ········· 13

2.1 宇宙大爆炸 ········· 14
   2.1.1 宇宙形成模型 ········· 14
   2.1.2 宇宙大爆炸模型 ········· 14
   2.1.3 理论依据 ········· 15

2.2 宇宙大爆炸论据支撑 ········· 16
   2.2.1 研究方法 ········· 16
   2.2.2 宇宙结构与临界密度 ········· 18
   2.2.3 质疑与论据 ········· 19

2.3 大爆炸后宇宙的演化过程 ········· 20

2.4 宇宙结构 ········· 21
   2.4.1 星系演变的动力 ········· 21
   2.4.2 宇宙结构证据 ········· 23
   2.4.3 物质的形成 ········· 25

2.5 今天的宇宙 ········· 27
   2.5.1 可观测宇宙的形态 ········· 27
   2.5.2 膨胀空间 ········· 27
   2.5.3 外星生命假说 ········· 28

2.6 古人的宇宙观 ········· 29
   2.6.1 物质观 ········· 29
   2.6.2 时空观 ········· 30
   2.6.3 运动观 ········· 30
   2.6.4 成因观 ········· 30
   2.6.5 辩证观 ········· 31
   2.6.6 转化观 ········· 31

思考题 ········· 32

第3章 地球演化与生命兴衰 ········· 33

3.1 地球形成与结构演变 ········· 34
   3.1.1 地球的形成过程 ········· 34
   3.1.2 地球内部结构 ········· 36
   3.1.3 海陆演化 ········· 38

3.2 地球环境与生态演变 ········· 41
   3.2.1 温度与环境变迁 ········· 41
   3.2.2 地貌与环境变化 ········· 44
   3.2.3 地球生命的保护伞 ········· 47

3.3 地球生命的起源与进化 ········· 50
   3.3.1 生命起源理论与学说 ········· 50
   3.3.2 生命大爆发与演变 ········· 53
   3.3.3 生物进化过程 ········· 54
   3.3.4 地球生命的未来 ········· 55

思考题 ········· 58

第4章 文明曙光 ········· 59

4.1 人类进化与智慧曙光 ········· 60
   4.1.1 进化与能力提升 ········· 60
   4.1.2 文字产生与文明演化 ········· 62

4.2 意识觉醒与知识形成 ········· 64
   4.2.1 意识觉醒 ········· 64
   4.2.2 意识与认知 ········· 65
   4.2.3 知识形成与智慧发展 ········· 66

4.3 古代文明 ········· 68

4.3.1 古代两河流域文明及拓展 …… 68
4.3.2 中华文明 …………………… 75
4.3.3 美洲文明 …………………… 82
思考题 ………………………………… 86

第二篇 意识觉醒与科技发展

第5章 社会文明与科技革命 ………… 89
5.1 文明演进与社会进步 …………… 90
　5.1.1 文明演进 ………………… 90
　5.1.2 东西方文明进程对比 …… 94
　5.1.3 竞争助推思想文明高峰 … 95
5.2 欧洲文艺复兴 …………………… 97
　5.2.1 文艺复兴发生的背景 …… 97
　5.2.2 文艺复兴的核心与本质 … 98
　5.2.3 文艺复兴的历史作用与
　　　　持久影响 ………………… 98
5.3 三次科技革命 …………………… 100
　5.3.1 第一次科技革命 ………… 100
　5.3.2 第二次科技革命 ………… 101
　5.3.3 第三次科技革命 ………… 103
　5.3.4 三次科技革命对中国发展
　　　　的影响 …………………… 105
5.4 第四次科技革命 ………………… 105
　5.4.1 时代背景 ………………… 105
　5.4.2 社会影响 ………………… 105
　5.4.3 特点 ……………………… 106
　5.4.4 畅想 ……………………… 106
5.5 反思 ……………………………… 106
　5.5.1 近代中国落后原因 ……… 106
　5.5.2 科教兴国发展科技 ……… 110
思考题 ………………………………… 112

第6章 科学技术与创新发展 ………… 114
6.1 人类能力变迁与社会发展 ……… 115
　6.1.1 人类的智慧与创造力 …… 115
　6.1.2 科技改变世界 …………… 116
6.2 科学与技术 ……………………… 117
　6.2.1 科学及其作用 …………… 118
　6.2.2 科学分类与特征 ………… 120

　6.2.3 技术及其应用 …………… 123
　6.2.4 技术的目标与研究内容 … 125
6.3 科学和技术的关系 ……………… 127
　6.3.1 科学和技术的联系 ……… 127
　6.3.2 科学和技术的区别 ……… 128
　6.3.3 伪科学与科学的异化 …… 130
　6.3.4 科技进步与和谐发展 …… 132
　6.3.5 大学科技教育与思维创新 … 133
思考题 ………………………………… 136

第7章 创新源泉与核心动力 ………… 137
7.1 科技对经济发展的作用 ………… 138
　7.1.1 科技发展的动力 ………… 138
　7.1.2 科技对人类生存状态的影响 … 139
　7.1.3 科技创新的作用 ………… 140
　7.1.4 东西方科技发展的差异 … 141
7.2 科技地位核心化 ………………… 142
　7.2.1 创新成果与市场地位 …… 142
　7.2.2 企业科技创新 …………… 143
　7.2.3 科技创新核心化案例 …… 144
　7.2.4 制裁与反思 ……………… 146
7.3 科技创新加速化 ………………… 147
　7.3.1 科技创新加速化的动力 … 147
　7.3.2 创新效率提升 …………… 150
　7.3.3 科技创新加速化案例 …… 154
7.4 科技形态信息化 ………………… 157
　7.4.1 信息化的特征 …………… 157
　7.4.2 信息化提质增效 ………… 158
　7.4.3 信息化的核心 …………… 159
　7.4.4 科技信息化的未来 ……… 159
　7.4.5 科技形态信息化案例 …… 160
7.5 科技成果产业化 ………………… 161
　7.5.1 科技成果转化 …………… 161
　7.5.2 科技成果的产业化应用 … 162
　7.5.3 科技成果转化与经济增长 … 163
　7.5.4 科技成果产业化案例 …… 165
7.6 科技创新协调发展 ……………… 168
　7.6.1 创新是企业发展的动力 … 168
　7.6.2 促进科学发展的条件 …… 169
　7.6.3 支持科技创新的条件 …… 172

思考题 ·················· 174

第三篇 科研技能与创新引领

第8章 选题论证与立项申请 ·········· 177
8.1 科研选题 ·················· 178
8.1.1 科研选题的重要性 ····· 178
8.1.2 选题要求 ··············· 179
8.1.3 选题维度与方向 ······· 180
8.1.4 选题要点 ··············· 181
8.1.5 选题原则 ··············· 182
8.1.6 选题方法 ··············· 184
8.2 文献与选题 ··············· 186
8.2.1 文献的作用 ············ 186
8.2.2 文献的分类及特点 ···· 187
8.2.3 文献的查阅方法 ······· 187
8.2.4 文献查阅要求 ········· 189
8.2.5 文献阅读与凝练 ······· 190
8.3 科研项目与课题 ··········· 191
8.3.1 项目与课题的关系 ···· 191
8.3.2 科研课题的分类 ······· 191
8.4 申请书与可行性论证 ····· 193
8.4.1 申请书的基本格式 ···· 193
8.4.2 申请书的填报要点 ···· 194
8.4.3 可行性论证 ············ 195
8.4.4 网上填报 ··············· 202
8.4.5 任务书 ·················· 202
8.5 项目研究过程 ············· 203
8.5.1 实施过程 ··············· 203
8.5.2 结题过程 ··············· 204
思考题 ·························· 206

第9章 科技论文写作 ·········· 208
9.1 科技人员与科技论文 ····· 209
9.1.1 科学研究成果 ········· 209
9.1.2 科技论文的价值与作用 ··· 211
9.2 科技论文的分类 ········· 212
9.2.1 按研究内容、性质和研究方法分类 ··············· 212
9.2.2 综合型分类 ············ 213
9.2.3 公开发表论文的分类 ··· 214
9.3 科技论文写作 ············· 216
9.3.1 科技论文的基本结构 ··· 216
9.3.2 题名 ····················· 217
9.3.3 作者信息 ··············· 218
9.3.4 摘要 ····················· 219
9.3.5 关键词 ·················· 220
9.3.6 其他项目 ··············· 221
9.3.7 中英文对照翻译及注意事项 ··· 221
9.3.8 正文部分一般要求 ···· 223
9.3.9 引言 ····················· 223
9.3.10 主体 ···················· 225
9.3.11 结论 ···················· 230
9.3.12 致谢 ···················· 231
9.3.13 参考文献 ·············· 232
9.3.14 附录部分 ·············· 233
9.4 科技论文写作要求 ······· 233
9.4.1 写好科技论文的方法 ··· 233
9.4.2 论文撰写原则 ········· 235
9.4.3 论文修改与评价 ······· 236
9.4.4 行动启示 ··············· 238
9.4.5 八种将被时代抛弃的人 ··· 238
9.4.6 课程结课要求 ········· 238
思考题 ·························· 239

第10章 立德树人优秀作品 ········· 240
10.1 先做人后做事 ············ 241
10.1.1 邓稼先 ················ 241
10.1.2 黄大年 ················ 245
10.1.3 稻盛和夫 ············· 248
10.2 课程实施及效果 ········· 251
10.3 结课论文及纸桥模型范例 ··· 252
10.3.1 立项申请书范例 ····· 252
10.3.2 结课论文报告范例 ··· 258
10.3.3 优秀纸桥模型作品照片 ··· 269

参考文献 ················ 273

第1章 绪 论

本章教学要点

知识要点	掌握程度	相关知识
引言	了解科研技能与创新思维教育目标； 了解适用对象、教材定位、训练内容与考核评价方法	立项申请书撰写； 纸桥模型制作； 科技论文写作
知识体系构成	了解知识体系构成与功能目标； 了解自然衍化与文明启蒙； 认识意识觉醒与科技发展； 学会科研技能与创新引领	宇宙大爆炸及后续演化； 地球演化与生命兴衰； 社会文明与科技革命； 选题论证与立项申请

导入案例

创新是科学发展和技术进步的灵魂，是国家强盛的根基。大学生朝气蓬勃，祖国发展强盛的希望寄托在他们身上。正如梁启超在《少年中国说》中所言：少年智则国智，少年富则国富，少年强则国强，少年独立则国独立，少年自由则国自由，少年进步则国进步，少年胜于欧洲则国胜于欧洲，少年雄于地球则国雄于地球。

青少年一代的眼界、境界和科学素质影响着国家的未来。大学教育如何有效地引导和培养作为国家"少年"的当代大学生，使他们尽快成长为国家科技创新的主力军，是大学教育工作者和家长共同关心的问题。本书通过大量案例开阔同学们的眼界，激发其想象力，进而提升其思想境界，引导他们在大学阶段形成创新思维模式和优良的科技素养，为将他们造就成为社会主义现代化强国建设的合格接班人打下坚实基础。

课程育人

教育兴则国家兴，教育强则国家强。实现中华民族伟大复兴中国梦的关键是教育。坚持改革开放、科教兴国方针的实践证明，中华民族有着强大的文化创造力。坚持中国特色社会主义道路自信、理论自信、制度自信、文化自信。坚信党中央的正确领导，科学规划、顶层设计、统筹布局，走适合中国国情的中国特色社会主义道路，中国人一定能够用勤劳和智慧，勇于创新，创造经济发展奇迹。

青年是祖国的未来，大学生是引领未来的排头兵。唯有启迪心智、开拓创新，才能培养一批又一批能够独立思考、坚持真理，不迷信、不盲从，胸怀祖国、放眼世界，踏实肯干、勇于创新的高层次建设人才。学习党的二十大精神，办好人民满意的教育，全面贯彻党的教育方针，落实立德树人的根本任务，培养德智体美劳全面发展的社会主义建设者和接班人，既是教育工作者的责任，也是时代赋予的光荣使命。

1.1 引　　言

为迎接知识经济和未来智能创新经济的挑战，弥补当代大学教育中学科专业分类太专、太细，知识系统性被严重割裂的不足，提高大学生的知识应用能力、动手能力、分析问题和解决问题能力，以及撰写科研立项申请书和科技论文等综合科研能力，编者以思想性、科学性、适教性、知识性、实践性、先导性和创新性为原则编写本书。

1.1.1　科研技能与创新思维教育目标

1. 提升创新与思维能力

大学生的科研创新技能水平取决于自身相关领域的知识储备和自主学习能力，以及辨析意识和动手实践活动能力。这些能力共同构成科研技能的基础，并具有一定的互补性，其中辨析意识是对待事物发展本质规律的综合认识，反映学生对因果关系、逻辑关系的客观认识及感悟程度；动手实践活动能力是应用所学知识，解决问题实现目标的能力。同理，大学生的思维创新能力取决于学生自身的知识储备与辨析意识。两者间的差异是：科研创新技能的基础是动手实践能力、分析问题和解决问题的能力；而思维创新能力的基础是灵感、悟性，强调思维意识、思维观念或思维习惯等方面的主动性和能动性。

纵观我国大学课程设置和对学生的综合能力考评制度，在大学学习期间，学生们的专业知识储备、自主学习能力和动手实践活动能力的训练方面得到了长足的进步；但在辨析意识，利用所学知识进行分析、判断和探究本质、发现规律方面，提升有限，学生们缺乏主观能动性。一是由于部分学生的悟性不高，缺乏独立思考、辩证思维、逻辑思维和质疑能力；二是思维意识相关的科学研究起步较晚，缺少完整的科学理论和量化考核指标，鲜有大学设置相关课程。思维创新方面的训练不足不仅使学生的辨析意识薄弱，学生的灵感、悟性也没有得到很好的发掘和激活，这就造成其思维意识觉醒、思维创新和科研综合技能有短板。

2. 强化科研技能训练

本书以创新引领与科研技能训练为核心，重点弥补在专业课学习过程中相关知识学习的缺失，指导学生利用互联网平台寻找文献论据，巩固专业知识，补充未知空白，探求创新途径，培养学生的科研选题能力、文献查阅与分析能力、可行性分析和论证能力。通过立项申请书和科技论文写作规范、主要内容、难点问题分析等知识的讲解，学生能够初步掌握科学研究的一般程序、文件撰写的基本格式、书写常识及要点，提升规范意识、逻辑思维和创新意识。

1.1.2 适用对象、教材定位、训练内容与考核评价方法

1. 适用对象

本书适用对象不仅有理工科学生，还有管理学院、外国语学院、人文与法学学院、马克思主义学院等学院的学生。编者通过多年的积累，努力寻找适合不同专业的学生学习，使学生们都感兴趣，并且具有知识性、前瞻性和科学性的知识内容，以期得到学生们的认可。

2. 教材定位

本书以创新思维为导向，以科研技能为抓手，通过系统的思维意识训练，有的放矢地提升学生们的动手、动脑、应用知识的综合科研能力，力争能够使其丰富知识、开阔眼界、启迪心智，符合教学的科学性、前沿性、创新性、逻辑性、辩证性、趣味性和启发性原则。

本书以大量当代最新科技研究成果和先贤的思想智慧为案例，通过启迪学生的心智，引导他们开动脑筋、认识自然、发现规律、尊重科学，并在科研、实践过程中不拘一格，揭示本质、展示规律，具有批判思维。

在课程思政方面，坚持"四个自信"，弘扬中华优秀传统文化，从理念上敢于突破，行为上勇于创新，积极进取，助力实现中华民族伟大复兴的中国梦。本书结合动手实践活动，成为不同专业背景的大学生均可选修的通识课程教材，而且通过课程训练，有效提升学生们的动手、动脑能力，形成独具特色的技能训练与思维创新知识体系。

3. 训练内容

（1）创新思维训练。

本书将人类最新科技发现、文明成果，先贤的思想智慧，创新与坚守的奋斗故事，持之以恒的探求精神等典型案例融入教材，以激发当代大学生勇于探索、独立思考、分析辨别的思维潜能。此外，本书在使大学生开阔眼界、提升综合素质的过程中，自然融入课程思政相关内容。

本书案例以大学生关心的热点问题，最新的科技创新成果的作用、影响为导向，激发大学生思考、感悟科技的伟力和科学研究的真谛，训练他们的创新思维能力。例如，通过对近代中国落后的原因等问题本质的讨论，从社会、文化、精神层面揭示原因，促进他们

创新意识的觉醒、思维能力的拓展，比较、归纳和发掘能力的提升，进而提高他们的辨识力、鉴赏力和想象力，拓宽他们的知识视野，培养其独立思考能力。

（2）科研技能训练。

科研技能训练包括科研理论学习和技能训练两部分。

①科研理论学习。此部分通过立项申请书、科技论文写作规范的讲解，指导大学生进行科研选题和可行性论证，了解科技论文写作的基本格式和一般规律；学会文献查阅、数据分析、数据总结、规律凝练与提升；利用逻辑思维、辩证思维、逆向思维等进行科学分析，使他们初步掌握科研技能，形成创新思维。

②技能训练。此部分是以他们熟悉或印象深刻的一座桥为对象，通过个人或团队协作进行创新结构设计、纸桥模型制作等动手、动脑训练，锻炼其想象力、动手能力和团队协作意识。

立项申请书撰写、纸桥模型制作、科技论文写作三组训练环环相扣，各有侧重，共同构筑科研技能训练的总体目标，达到理念"顶天立地"，动手"脚踏实地"，写作"言之有物"。

4. 考核评价方法

选修"创新思维和科研技能"课程的学生，其学习效果的评价通过学习态度、执行程度和掌握状况三个维度综合评价。具体内容如下。

（1）课堂表现包括出勤及讨论问题的热情情况。

（2）"×××纸桥模型制作及×××"相关立项申请书的撰写情况作为课程平时成绩评价依据。

（3）"×××纸桥模型制作及×××"科技论文写作水平作为结课成绩评价依据。

（4）纸桥模型的设计、制作、作品展示和体会、感悟陈述等，用于考查学生的学习态度、认真程度及学习效果。其中，立项申请书和论文重点考查格式的规范性、表述内容的准确性及与作品的一致性、层次衔接的合理性、因果关系的逻辑性和研究思路的创新性；纸桥模型以创新性、观赏性、合规性作为评价指标。

以上四项考核内容分别计分，综合评价大学生的科研素质。

1.2　知识体系构成

1.2.1　知识体系构成与功能目标

为改善创新思维和辨析意识相关学习、训练内容的不足，促进思维意识的觉醒，补齐中国大学生普遍存在的创新思维能力不足的短板，本书知识体系构成与功能目标衔接示意图如图1.1所示。

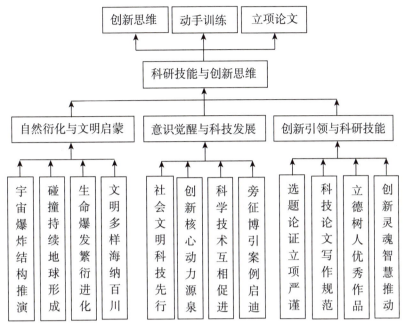

图 1.1 本书知识体系构成与功能目标衔接示意图

本书第 1 章为绪论，正文分 3 篇，每篇 3 章，共由 10 章构成。第 1 篇为自然衍化与文明启蒙，第 2 篇为意识觉醒与科技发展，第 3 篇为科研技能与创新引领；训练内容以立项申请书撰写训练为前奏，制作模型动手能力训练为依托，辅以科技论文写作，强化科研技能的训练，系统培养当代大学生的思维意识和动手能力，从而达到创新思维与科研技能的同步提高。该课程通过激发创新思维意识、辩证思维意识、批判思维意识，启迪心智、独立思考、完善意识，培养具有国际视野和"国之大者"情怀的大学生。

1.2.2 自然衍化与文明启蒙

我们是谁？来自何处？将走向何方？这是不同知识背景的大学生普遍感兴趣的话题。

从宇宙大爆炸及后续演化的发现之旅，太阳系尘埃的碰撞、吸积与炽热地球胎体的形成过程，到地球生命的兴盛与衰亡更替，说明从低等原核生物演变到结构复杂的高等生物，动物对自然生态的干预能力几乎可以忽略不计。随着哺乳动物的繁盛，特别是智慧越来越发达的人类出现，人类利用科技手段对地球自然生态系统的影响越来越强烈，人类顺应和改变环境的本领是地球文明的曙光，是人类赋予地球文化和文明的色彩，彻底改变了地球不受干预的自然生态。

用超乎想象力的场景和现象调动大学生的想象力，去追寻宇宙大爆炸的动力与能量载体，追寻暗物质、暗能量、超新星的成分、结构、形态之谜，探究地球生命的起源和演化的奥秘，发掘人类文明密码，从而拓宽视野、丰富知识、提升眼界、激发想象力、扩充内涵。

1. 宇宙大爆炸及后续演化

从宇宙大爆炸及后续演化模型假设的建立和证据的发现之旅，到用全新的知识和概念，超乎想象力的场景和现象，通过冲击、刺激、激活，形成意识，进而思考，开阔大学生的视野、启迪心智、洞开想象力。通过对暗能量、暗物质、超新星的成分、结构、形态之谜的集体讨论，激发大学生对未知探索的兴趣。书中引用大量研究案例，揭示理论认识提升的过程不仅是一个循序渐进的修正、完善过程，也是不断发现和创新的过程。

2. 地球演化与生命兴衰

太阳系尘埃吸积长大成为地球胎体，在持续碰撞、同位素衰变形成的高温炙烤中，半熔态地球胎体随着自然循环发生分异，重质下沉、轻质上浮。随着地壳温度的降低，圈层结构形成。在地球自转的离心力，内部热能，月球、太阳万有引力的共同作用下，板块运动造就了千山万壑，巨峰幽谷；冰川、水流和风力的剥蚀、搬运、切割等作用，造就了平原、盆地、河流，形成地球家园的自然地貌和自然环境。

从生命起源学说分析寒武纪生命大爆发，生命的繁衍、进化与灭绝，探讨物种繁荣与自然环境变迁。从地球生命史中的五次生物大灭绝分析适者生存的自然法则。根据地质古生物变化，反演地球形成过程，追溯生命的诞生，寻找地球生命保护伞，宣传爱护生态环境、保护绿色家园理念。

3. 文明曙光

从人类的直立行走、手脚分工，火的发现和利用，人类完成了从蒙昧向智慧的第一次过渡，文明出现。生产工具的制作与不断改进，定居点的形成和生产力水平的提升，为种群扩大，个体分工，部落、城市与国家的形成奠定了基础，是人类意识的觉醒，文明跨越。具有特定内涵的符号在不同区域相继形成，这就是早期的文字，称为画符。从文字的产生到成熟应用经历了漫长岁月的优胜劣汰过程。可见，需求是文明发展、经济繁荣、社会进步的动力，也是文字创立、演化和广泛应用的源泉。

文字的发展和广泛使用加速了人类意识觉醒，知识形成、迭代和更新，为智慧发展和文明传承铺平了道路，是人类文明的升级，表现为两河流域海洋文明的形成与兴起，华夏大河文明的繁荣与发展，以及中南美洲丛林文明的兴盛。此时，人类迈入初级文明阶段，社会形态从生产力水平低下的原始社会逐步进入奴隶社会。

1.2.3　意识觉醒与科技发展

随着文字的发明和逐步应用，自然知识有序传承、积累量不断增加，社会文明水平提升。但在生产力水平低下的原始社会，人类首要解决的是温饱、生存问题；注重工具改进，以提高耕作效率；关注四季变化，以获得更好的收成。面对极端环境，出现了大禹治水、后羿射日等神话故事。祈雨文化的形成，标志着天人意识的逐步觉醒，认识自然规律和趋利避害能力增强，人类脱离原始蒙昧，逐步走向文明。

1. 意识形成与觉醒

在人类有意识的各种活动中，新鲜事物不断被发现，如发现烧过的泥土不仅具有强度，而且耐水，可以加热，于是出现了陶器；经过更高温度烧结的陶器变得细腻、光滑、美观，于是诞生了瓷器；陶瓷及高温烧结技术的出现为青铜器的冶炼提供了必要的容器和技术条件。青铜器、铁器的大规模应用大幅度提高了生产力水平，产出成倍增多，可以供养的人口大幅增加，社会出现分工。人类意识不仅关注如何更好地生存，而且更加关注死亡、来世，形成祭祀文化，注重人与自然的和谐，提倡天人合一，道法自然，出现阴阳八卦，预测吉凶，包罗万象。人类意识在知识的逐步积累和应用中慢慢觉醒。

意识的逐步觉醒促进了思想革命。精神需求增加促成了百家争鸣及欧洲爆发的文艺复兴运动，引起意识形态领域的深刻变革，促进了科技革命的快速萌芽和生产力水平的迅速提升，为现代科学和技术的发展做了充分的思想准备、技术铺垫，进而加速意识的觉醒和思想的文明。一大批科学家（如哥白尼、伽利略、牛顿、奥斯特、安培、法拉第等）的出现，为西方爆发科技革命奠定了理论基础。原理创新引起技术革命，这意味着思想文明成为技术文明的先导和形成要素。社会需求和人们的内心向往，是科技创新的源泉与核心动力。通过创新思维意识、辩证思维意识、逻辑思维意识、批判思维意识的学习，启迪心智、激发思维潜能、完善思维意识，达到开阔视野的目的。

2. 社会文明与科技革命

随着工具的持续改进，生产力水平逐步提高，为社会供养一批专门人才提供了物质基础。春秋战国时期，诸侯国间为争夺资源不断发生战争，各国大兴土木，修建长城；为抵御北方游牧民族的侵扰，赵武灵王推行胡服骑射，有效提升了将士的战斗力，使赵国跃升为七雄之首。为应对各种挑战，先贤们的原始创新意识、思想智慧不断升华，儒家、道家、法家、墨家等诸子百家的思想大放异彩，形成百花齐放、百家争鸣的局面，促进了社会思想进步和文明晋级，并与古希腊文明一道，形成了人类文明的第一个小高峰。

在欧洲中世纪，教会统治形成黑暗的时代，人的思想被教权严重束缚。但随着经济发展和资本主义思潮的萌芽，在意大利一些经济发达城市（如罗马、佛罗伦萨等）的先进知识分子，不断借助研究古希腊、古罗马艺术文化的方式，冲破这种限制。他们通过文艺创作，力图复兴古典文化，宣传人文主义精神，这是一次对知识、精神、思维意识的空前解放和创造潜能的激活，提出了以人为中心，而不是以神为中心的主张，提倡人性，肯定人的价值和尊严。主张人生的目的是追求现实生活中的幸福，倡导个性解放，反对愚昧迷信的神学思想，认为人是现实生活的创造者和主人。这种主张的本质是正在形成中的新兴资产阶级，是在复兴希腊罗马古典文化的名义下发起的弘扬资产阶级思想的新文化运动。

文艺复兴运动揭开了近代欧洲历史的序幕。史学家认为文艺复兴运动是欧洲封建主义时代和资本主义时代的分界。新兴资产阶级的财富和知识积累为现代科技革命、知识创新奠定了坚实的思想和物质基础，为大规模、深层次的工业科技革命时代的来临做好了准备。

18世纪末，蒸汽机的发明和投入使用引起了第一次科技革命；19世纪末，电力的发现和使用引起了第二次科技革命；20世纪中期，第二次世界大战结束，带来全球的和平环境，生产力水平提高，引起了第三次科技革命。特别是近三十年来，计算机、互联网、人工智能、新能源、新材料、空间探索、生物科技等新兴技术的大规模应用，助推第三次科技革命达到前所未有的高度，深刻影响着人类社会发展的轨迹和科技发展的进程，为人类第四次科技革命的到来和科技向更高层次的发展铺平了道路。

对比近代欧洲资本主义国家的快速发展，针对近代中国为什么落后的难题，引导大学生结合中国封建社会持久稳定的思想、意识、文化、教育所形成的社会心态，国家管理体制、科举制度及自然环境等，进行多因素反思，通过讨论、辨析，开阔其思路。抗美援朝、珍宝岛自卫反击战等以弱胜强的众多案例，以及40多年改革开放、科教兴国战略实施所取得的伟大成就，揭示了落后与奋发图强的本质，从而发现中国人真正的精神和意识全面复苏与觉醒，这同毛泽东思想武装和中国共产党的正确领导密不可分，进而促进大学生独立思考和创新意识的觉醒，引导其树立正确的世界观、人生观和价值观，培养创新力和思想情操，提高辨识力、鉴赏力和想象力，坚定改革开放、科教兴国、走中国特色社会主义道路的信心。

3. 科学、技术与创新发展

科学、技术的发展和有效利用极大地提高了人类的能力，促进了社会的发展。从原始社会的刀耕火种到现代文明，科技进步使人类"力大无穷、改天换地"。今天的人类一天可开发的工程量比工业革命前数千年的总和还多。人类早已"上天入地"，通过航天器登上月球、巡游火星；用深空探测器造访水星、金星、木卫四，甚至为冥王星拍照；旅行者1号已在太空飞行47年，穿越了200多亿千米；人类的钻头早已能深入地球内部14000多米获取资源，窥视地球形成的奥秘。

科技进步的根源是人们寻求真理的科学研究，是服务自身及人类的各种探索性活动。人类的创新、发现和发明是创造知识的创新性活动；是通过分析、鉴别、修改、完善知识系统的工作；是应用知识，形成效益，造福人类的开发性劳动。科技已使人类从手推车、畜力车到蒸汽机，从蒸汽机到时速400多千米的高速列车，从烽火传信到电话、移动可视电话、智能电话，从刀耕火种到大棚种植、无土栽培、工厂化育秧，人类将利用科技和智慧，使自己生活得更舒适、更便捷。那么人类创造的尽头在哪里？科技发展在给我们带来便利、舒适和效率的同时，其"双刃剑"的本质也尽显无遗，伪科学及科学的异化作用又将反噬，甚至湮灭人类的努力，科技滥用是否会成为人类，乃至地球生态安全的"掘墓人"？因此，在大学科技教育与思维创新培养中，如何为大学生塑造正确的"三观"，引导学生坚持"四个自信"，弘扬中华优秀传统文化，传播真理，培养富有卓越、创新精神的社会主义建设者是大学教育的光荣使命和教师的责任。

4. 创新源泉与核心动力

重大科学发现和新技术领域的不断突破持续推动社会生产力向更高层次发展，加速现代经济进程，改变人们的生活习惯。科技对经济发展的决定性作用不断强化，以晶体管技术突破为代表的电子技术的大规模应用，在短时间内重塑了工业和社会形态。改革开放、科教兴国战略的实施使中国成功借助第三次科技革命的洪流，在引进、吸收和以市场换技术等双赢模式中，利用世界先进技术、装备成功助推中国经济发展弯道超车。

科技已经成为经济发展的核心动力，呈现出科技地位核心化、科技创新加速化、科技形态信息化、科技投入增量化、科技产出复杂化、科技成果产业化的时代特征。科技在重塑世界经济和政治格局的同时，也成为大国竞争的关键武器。中国有识之士必须卧薪尝胆，埋头苦干，花大力气，依靠独立自主、科技创新，克服大国竞争等带来的不利影响，解决制约我国经济、社会发展的关键领域和核心技术，为绿色可持续发展、创新发展、跨越发展创造良好的氛围和条件。

1.2.4 科研技能与创新引领

科研技能主要包括科研选题能力、科研动手能力、分析问题和解决问题的能力、撰写科研报告及科技论文的能力。科研技能相关知识的学习和动手能力训练能弥补专业课学习中创新思维与科研训练的不足。凝练创新思想与突出源头创新是大学生科研选题论证、立项申请书撰写、模型设计与制作、科技论文写作训练的具体手段。

1. 选题论证与立项申请

科研选题就是从战略上选择科学研究的方向，从而确定课题的研究内容、主要采用的研究方法和具体的研究步骤。选题必须符合国家发展的战略需求，解决经济、生产中面临的共性问题和瓶颈问题，并不断创新、提升、超越前人。

立项申请书是国家、地方或企业集团的科技主管部门，根据不同时期的发展需要，发布相关项目设置指南，由项目或课题申报人根据自己及团队的研究方向、知识背景、研究能力等志愿填报的一种格式化文书。立项申请书撰写的重点是要从多维度论证选题是否有研究价值、判断方法是否可行、是否有创新性和科学性。而文献查阅、对比分析与凝练提升是找到问题进行论证、评判的关键环节；也是研究内容、研究策略和研究方法的重要来源和支撑，一定程度上决定了立项申请书的撰写水平，为评审专家进行综合评判、主管部门优中选优提供依据。

作为实战训练的一部分，要求每位学生以熟悉的桥（或感兴趣的桥、梦想的桥等）为对象，通过简化设计，撰写"×××纸桥模型制作及×××"立项申请书，作为课程作业。结合相关设计，要求学生独立或不超过5人组团协作，用约40张A4纸制作立项申请书所设计的相关纸桥模型。具体要求是制成一座长度约为70cm，宽度为10～15cm的纸桥模型，结课时将纸桥模型拿到课堂进行展示和评比，学生讲述作品的特点和制作过程中的创新及体会。评价标准是尺寸合规性，结合美观程度、结构稳定性、设计独特性和创造性，特别优异者给满分。创新设计、纸桥模型制作和成果分享的训练可以锻炼学生的想象力、绘图能力、空间结构及布局的动手能力，让学生从中感悟科研之道、创新之难和团队协作的集体力量。

2. 科技论文写作

科技论文写作是科技人员应具备的基本功，是专业知识和科学研究能力的综合体现。科技论文写作中的遣词、造句、立意、谋篇、表达、逻辑、语法、修辞等，强调规范性、科学性、逻辑性、完整性和创新性。它是科技工作者创造性劳动结果的物化和结晶，用于衡量科学研究任务完成程度、质量等级，以及科研人员贡献大小。

本部分重点讲述一般科技论文的书写格式和写作规范。分析标题、摘要、关键词的书写要点，强调围绕标题、主题的核心内容，开展有理有据的书写；强调因果关系、逻辑关系正确，层次衔接自然，既要充分论证，又要避免画蛇添足。科技论文不仅强调有理有据、语义准确、用词恰当、表达清晰、自圆其说，还要避免歧义。创新是科技论文能否发表的关键所在。

作为大学生科研技能基本功训练的一部分，要求每位学生按照科技论文写作规范，依据立项申请书构思、设计的纸桥模型制作目标，结合动手制作模型时的再设计，制作过程中所遇到的难点问题，用创新手段化解难题，取得圆满成功的方法，以及心得体会，撰写一篇2500~3000字的科技论文。要求图文并茂、语言流畅、语义确切、论证合理。科技论文撰写可以提高学生的知识应用能力、分析归纳能力、逻辑思维能力、凝练总结能力等综合科研技能。

3. 立德树人

先做人后做事，正如老子《道德经》所讲："是以大丈夫处其厚，不居其薄，处其实，不居其华，故去彼取此。""修身，齐家，治国，平天下"的前提是修身。修身就是用心做好每一份工作，是成就人生的秘籍。例如，出身于书香门第的"两弹一星"元勋邓稼先，青少年时代目睹旧中国的没落和日本侵略者的残暴，立志发愤图强、报效国家。他在美国普渡大学仅用一年多的时间就获得博士学位，并婉拒导师、好友劝他留美国发展的好意，毅然投向百废待兴的祖国怀抱，为祖国的现代高能物理理论研究，原子弹、氢弹模型设计和成功爆炸作出开拓性贡献。邓稼先作为中国先进知识分子的优秀代表，用他那可歌可泣的爱国忠心、坚忍不拔的智慧勇气和国家至上的无私情怀诠释了为国家强大、民族复兴可以舍弃一切，可感天撼地的"两弹一星"精神力量。

另一典型案例为78岁的稻盛和夫，受首相之托，他出任破产重组的日航董事长，不带一兵一卒，不拿一分钱，成功拯救日航。人的世界观变了，做事的目的、努力的程度、追求的动力也变了。劳动赋予了我们内心的满足，也带给他人快乐。年轻人做事不能急功近利，一定要精进实干；只有坚持不懈，形成习惯，才能实现华丽转身，精进实干是通向成功的劲道。

以此启示学生用平常心对待遇到的任何挫折，不放弃、不言败，努力做好本职工作，不同类型的幸运就有可能降临，人生的路很长，塞翁失马，焉知非福。作为掌握现代知识的大学生，更应淡泊名利、志存高远、胸怀祖国、放眼世界，努力成为社会主义国家的建设者，博古通今、海纳百川、有容乃大的智慧种子。

思 考 题

(1) 大学生的科研能力与哪些因素有关？
(2) 如何打破思维定式？
(3) 如何理解当代大学生应有的"国之大者"情怀？
(4) 网上常看到有关精致利己主义者的评论文章，应如何看待？

第一篇
自然衍化与文明启蒙

第2章 宇宙演化

本章教学要点

知识要点	掌握程度	相关知识
宇宙大爆炸	了解宇宙大爆炸模型及理论依据	物理定律的普适性； 宇宙学原理
大爆炸论据支撑	了解研究方法； 了解宇宙结构与临界密度； 了解质疑与论据；	光波蓝移、光波红移、膨胀空间、宇宙背景辐射、元素丰度； 斯穆特宇宙蛋
大爆炸后宇宙的演化过程	了解大爆炸后宇宙的演化过程	初态宇宙； 奇点
宇宙结构	了解星系演变的动力； 了解宇宙结构证据； 了解物质的形成	星系与星系团； 暗能量与暗物质； 引力波； 爱因斯坦环； 黑洞与中子星； 超新星大爆炸
今天的宇宙	了解可观测宇宙的形态； 认识膨胀空间； 了解外星生命假说	可观测宇宙的直径； 碳基生命体
古人的宇宙观	了解物质观、时空观、运动观、成因观、辩证观、转化观	绝对时空； 勾股定理； 广义相对论； 太极图； 物质的四种形态

导入案例

长久以来，人们对宇宙的形状、大小、层次结构、形成方式等饶有兴趣。天体物理学家们也一直在探求宇宙的长相和结构，并提出众多的宇宙模型。本章主要讲述宇宙大爆炸的发现、理论本质与模型建立的基本假设；介绍宇宙演化的历程、物质的形成、引力透镜效应、爱因斯坦环、可观测宇宙直径、膨胀空间、古人的宇宙观等；分析今天的宇宙结构及演化规律，以及近年来的重大科学发现，如暗能量、暗物质、黑洞及引力波等前沿知识。本章的重点、难点是如何通过简单易懂的语言将人类共同关注的前沿、热点问题呈现出来，并借助科学理论、基本假设，通过各种实测现象、观察证据的因果分析，初步给大学生灌输科学的逻辑思维、因果分析思想，希望借此开阔眼界，增长见识，引起共鸣和思考，并提出粗浅的假设或疑问，引导大学生开启寻找证据的发现之旅及探索兴趣。

课程育人

中国古代思想家、哲学家，道家学派创始人老子在《道德经》中提出："道生一，一生二，二生三，三生万物。"这个"一"就是能量。根据能量守恒定律，能量与物质能够相互转化，能量凝聚成基本粒子。宇宙经历了能量→基本粒子→原子、分子→无机界→生物界→人类的演化过程，由此可以看出华夏民族在2500年前就具有的伟大智慧。

中华文化博大精深，源远流长。习近平总书记提出坚定"四个自信"就是号召我们优秀的中华子孙要自立自强，勇于担起民族复兴的伟大重任，用我们的勤劳、智慧和创造力谱写人类文明的新华章。党的二十大报告强调"必须坚持科技是第一生产力、人才是第一资源、创新是第一动力"的发展理念，提出"加快建设教育强国、科技强国、人才强国"，为高水平科教事业的长远发展提出了新目标。

2.1 宇宙大爆炸

2.1.1 宇宙形成模型

数百年来，随着望远镜的发明和现代射电天文望远镜及各种光谱仪器的使用，天体物理学家们根据宇宙观测数据，提出了众多的宇宙形成模型。其中，比较有代表性的模型如下。

（1）在大尺度上，宇宙物质的分布和物理性质不随时间变化的稳恒态宇宙模型。

（2）在大尺度上，宇宙的物质分布和物理性质随时间变化的演化态模型。

【拓展视频】

（3）20世纪以来，随着科学技术的飞速发展，天文观测手段的革命性进步，目前影响较大并得到观测数据广泛支持的是热核大爆炸宇宙学说，即宇宙大爆炸模型。

宇宙大爆炸模型得到了现代宇宙学理论和观测研究者的广泛支持。未来的宇宙将如何演变？让我们带着这样的疑问，一起进入科研技能与创新思维的科幻之旅。

2.1.2 宇宙大爆炸模型

宇宙大爆炸学说认为，大约在140亿年前诞生的宇宙，逐步演变成一个致密炽热的奇点后，发生了惊人的类似热核大爆炸，爆炸后迅速膨胀，逐渐形成了今天可见的宇宙。宇宙大爆炸模型描述宇宙诞生初始条件及其后续演化的过程和规律。目前这一模型得到了当今科学研究和观测结果最广泛、最精确的支持。

1. 宇宙大爆炸现象

早在 1927 年，比利时宇宙学家勒梅特就提出大爆炸宇宙论。直到 1929 年，埃德温·哈勃通过天文望远镜才观测发现一个具有里程碑意义的现象，不管你往哪个方向看，远处的星系正急速地远离我们，即所有天体都在整体退行，宇宙正在不断膨胀，这意味着早先星体之间的距离更加靠近。这一发现似乎预示着在 100 亿至 150 亿年之间的某一时刻（奇点时刻），即初态宇宙中的所有物质刚好处在同一个极其微小的地方，然后开始急速膨胀。所以，埃德温·哈勃的发现暗示存在一个大爆炸时刻，在大爆炸开始之前的初态宇宙无限紧密。

2. 宇宙大爆炸理论建立

1948 年，乔治·伽莫夫通过大量观测和推测首先提出了宇宙大爆炸理论的基本框架。他认为，这个创生宇宙的大爆炸不是发生在一个确定的点再向四周空间传播开去的爆炸，而是一种在各处同时发生，从一开始就充满整个空间的爆炸，爆炸中每一个粒子都在飞奔并远离其他粒子，这种现象可以理解为空间的急剧膨胀。

宇宙大爆炸理论认为，早期的初态宇宙是一大团由微观粒子构成的均匀气体，温度极高，密度极大，并且以很大的速率膨胀。这些气体在热平衡下有均匀的温度，这个统一的温度就是当时宇宙状态的重要标志，称为宇宙温度。

1964 年，阿诺·彭齐亚斯和罗伯特·威尔逊使用无线电天线接收到了来自天空的均匀且不随时间变化的信号，意外地探测到宇宙大爆炸遗留下来的各向同性的微波背景辐射，结果证实了乔治·伽莫夫的理论预测。为此，他们荣获 1978 年诺贝尔物理学奖。

目前，大量星空背景辐射观测证实，星空背景普遍存在 2.7K 微波背景辐射，并且这种辐射在天空中是各向同性的。正是大爆炸，宇宙中的气体绝热膨胀，温度降低，微观粒子得以逐步聚集，形成原子核、原子、物质，恒星系统相继出现。

3. 宇宙大爆炸模型演化

宇宙大爆炸模型是描述宇宙诞生初始条件及其后续演化的宇宙学模型。在过去有限的时间之前，宇宙中所有的物质都高度密集在一个体积极小、密度极大、温度极高的原始火球中，即处于太初状态（据 2010 年最佳观测结果，太初状态约存在于 300 亿年至 230 亿年前）。换言之，宇宙是由体积极小、密度无穷大、热量无限大、温度无限高、压力无限大、时空曲率无限大、均匀且各向同性的高压物质构成的。此时的物质以中子、质子、电子、光子、轻子、胶子、希格斯玻色子和中微子等基本粒子形态存在。

宇宙大爆炸一开始就伴随着非常剧烈的膨胀和冷却，宇宙中的基本粒子受控并聚集，强力使基本粒子逐步结合，形成原子核，并结合成原子、分子，直至形成物质占主导的世界。宇宙在持续的膨胀、冷却过程中不断繁衍，形成了今天可见的宇宙。

2.1.3 理论依据

在宇宙大爆炸模型建立之前，根据已知的科学原理对宇宙的某些参数作出假设，通过这些假设进行推测，而后以大量观测的事实为证据，分析这些假设与观测事实之间的内在联系，最终判断或证实这些假设的正确性。

宇宙大爆炸理论的建立基于物理定律的普适性和宇宙学原理这两个基本假设。

1. 物理定律的普适性

人类已知的物理定律必须能够揭示客观世界中物质的运动规律，具有普适性，或者说自然科学研究发现的物理规律具有通用性。不同的物理定律适合不同的目的与测量精度，适用于不同的任务。例如，经典力学原理研究宏观物质的运动规律，而量子力学原理研究物质的微观运动，研究对象不同，各有侧重。

相对于浩瀚的宇宙，现有的物理定律还远远不能描述今天人类所观测到的各种现象，很多物理定律还不完善，或者还处在完善、提升的过程中。物质世界的许多疑难问题，还有待新物理定律的发现和人类意识的突破，如电磁波的介质问题、引力波的载体问题、物质波的降频问题、熵增与熵减的协变机制问题、高维度空间的存在形式等。因此，人类仅凭现有的物理定律来解释宇宙万物不具有普适性和全面性。

在天文观测中，光是显而易见的，光波的波长和强度的变化能通过仪器观察并记录，从而对宇宙中星体发出光波的谱线变化进行测量，并根据物理定律推测星体的不同运动方向，这也是多普勒运用夫琅禾费谱线的一个创造。如果星体向我们靠近，则夫琅禾费谱线向波长较短的方向运动，即出现光波的蓝移；如果星体远离我们，则夫琅禾费谱线向波长较长的方向运动，即出现光波的红移。同样，通过对太阳等恒星发射的光谱进行分析，科学家就能得出这些星体的主要组成成分，如太阳中的主要组成成分为氢、氦等。

2. 宇宙学原理

宇宙学原理是宇宙学的基本假设之一，是以宇宙学尺度光年为考量的基本单位，假设并认定在这样的宇宙大尺度上，宇宙中的物质分布是均匀且各向同性的。显然，在宇宙小尺度上，宇宙中的物质分布是非常不均匀的，如恒星、行星、卫星等各种星体在密度、结构、物质组成、温度等方面存在明显的差异，而宇宙中物质聚集成的恒星系、行星系、星系团等的不均匀性也是显而易见的。因此，宇宙学原理这个假设本身就不同于我们已知的经典物理定律。

2.2 宇宙大爆炸论据支撑

2.2.1 研究方法

通常采取以下两种途径研究宇宙的演变规律，寻找宇宙大爆炸的证据。

一是天文观测，利用各种不同类型、原理的天文望远镜，先尽力观测宇宙中各种天体所发出光波波长的演变及运行规律的特征谱线变化，再通过物理定律或相关原理解释这些变化，探究宇宙的本来面目。

二是根据观测到的各种变化，提出一些假设性的宇宙演变模型，并考察观测结果与这些宇宙模型的符合程度，进行综合分析，不断修正和完善模型。

1. 爆炸与暴涨

埃德温·哈勃多次持续观测到星系正急速退行，这预示着宇宙正在不断膨胀，说明宇宙大爆炸时刻存在，而在宇宙大爆炸之前的初态宇宙为无限微小。

初态宇宙最可能的状态应是随机的，紊乱、无规则的可能性较大；但观测到的宇宙非常光滑且规则，为解释这个现象，美国麻省理工学院教授艾伦·古思提出了宇宙暴涨模型。他认为，早期的宇宙不是现在这样以递增的速率膨胀，而是存在一个快速膨胀的暴涨时期，使宇宙的半径在远远小于1s的时间内增大了 1.0×10^{30} 倍。暴涨是从宇宙大爆炸之后的 10^{-36} 秒开始，持续 $10^{-33} \sim 10^{-32}$ s 结束，在负压力的真空能量驱使下，宇宙在这么短暂的时间内空间体积膨胀了至少 1.0×10^{78} 倍。

2. 暴涨现象

艾伦·古思还认为，宇宙大爆炸时的状态不仅非常炽热，还相当紊乱。高温表明宇宙中的粒子具有极高的能量，在如此高温下的强相互作用力、弱相互作用力和电磁力都被统称为使宇宙暴涨的暴涨力。当宇宙膨胀后，温度必然降低，力之间的对称性由于粒子能量降低而被破坏，强相互作用力、弱相互作用力和电磁力变得彼此不同。这就好像液态水是均匀的，其性质在各个方向上都相同，而结冰形成晶体后，其性质就变成了各向异性，水的对称性在低能态被破坏了。

当宇宙暴涨时，其所有的不规则性都被抹平，就如同吹大一个气球时，它表面的皱褶都被抹平一样。宇宙暴涨模型如图 2.1 所示。

【拓展图文】

图 2.1 宇宙暴涨模型

宇宙暴涨模型还能解释在宇宙中存在这么多物质的原因。在量子理论中，粒子以粒子-反粒子对的形式从能量中创生出来。这些粒子和反粒子具有正能量，而这些粒子的质量产生的引力场具有负能量（因为靠得较近的物体比分开得较远的物体能量低），宇宙的总能量为零，这保证了能量守恒不被破坏。零的倍数仍然为零，在暴涨时期宇宙体积急剧加倍膨胀，可以制造的粒子总量非常大，以至于宇宙现在大约有 1.0×10^{80} 个基本粒子。

暴涨现象说明了宇宙的诞生是"无中生有"。

3. 暴涨本质

奇点是通过爱因斯坦的广义相对论推导出来的一个概念。奇点没有体积，其密度无限大，温度无限高，时空曲率也无穷大。假设在宇宙奇点坍缩至密度达到一定程度之后，其密度大到连引力子（一种传播弱力的场粒子）也发射不出时，原来物质之间强大的引力束缚消失，其强大的引力得不到平衡，便把里面大量的物质抛撒出来，即发生了暴涨现象。

暴涨现象不仅解决了宇宙大爆炸模型遇到的问题，而且解决了宇宙大爆炸模型遇到的至今观测不到磁单极子的难题。

4．磁单极子

磁单极子是一种目前还没有发现的，理论上又认为应该存在的只有单 N 极磁性或者只有单 S 极磁性的基本粒子。正如电有正电和负电之分一样，二者可以分离；但是对于磁性，却不能将 N 极和 S 极分离。一块磁体，无论把它分割到多么小，都是同时具有 N 极和 S 极的。然而，根据基本粒子物理学的理论，在初态宇宙中应有大量的磁单极子，并延续到现在。但人类一直没有探测到现在的宇宙中存在磁单极子，主要原因可能是宇宙已从初态膨胀了 1.0×10^{30} 倍，磁单极子的密度自然已经变得极小，小到检测仪器能检测到的灵敏度以下，因此理论上完全可以理解磁单极子探测不到。

根据能量守恒定律，物质和能量不会凭空产生。因此，随着宇宙的不断膨胀，我们可观测的物质在整个宇宙尺度下，物质会变得越来越稀疏。随着科技的发展、检测仪器原理更新和灵敏度的不断提升，未来有可能找到磁单极子。

2.2.2 宇宙结构与临界密度

1．宇宙结构

根据广义相对论，充满物质的四维时空是弯曲的，其中三维空间的几何形状则有几种不同的可能性。爱因斯坦曾认为宇宙空间为球形空间，弗里德曼曾提出双曲形宇宙空间，而介于两者之间的是平直空间。

宇宙结构与临界密度（Ω_0）密切相关，如图 2.2 所示。如果宇宙空间中物质的平均密度等于临界密度，宇宙空间则为平直空间；如果宇宙空间中物质的平均密度大于临界密度，宇宙空间则为封闭的球形空间；如果宇宙空间中物质的平均密度小于临界密度，宇宙空间则为开放的双曲形空间。

【拓展图文】

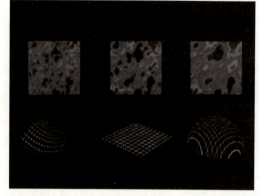 

图 2.2　宇宙结构与临界密度

2. 临界密度

临界密度的数值很小，相当于每立方米中存在一个氢原子（宇宙中物质的密度和临界密度的数值最多不会差几倍），宇宙大爆炸会产生很多磁单极子，可能一直保留到现在；但人们用各种方法都探测不到，可能的原因是宇宙大爆炸后不久，宇宙发生了一次极其猛烈的指数式膨胀，宇宙体积在极短时间内增长数亿倍。

剧烈的膨胀会把原来弯曲的空间拉直，暴涨过程的这一空间非常接近平直空间。这就解释了为什么可观测宇宙基本上是均匀的，还解释了为什么宇宙中仍有一些不均匀性存在的原因。而使宇宙加速膨胀的力是暗能量，暗能量是斥力性质的，在80亿光年外能够显现出来。

2.2.3 质疑与论据

宇宙大爆炸论中最重要的是大爆炸，但宇宙大爆炸论中未涉及爆炸时和爆炸前宇宙的状态。为此，以霍伊尔为代表的学者们提出这样的质疑——如果宇宙大爆炸真的发生过，那么请问爆炸遗留下来的痕迹在哪里？

1. 宇宙大爆炸论的质疑

宇宙大爆炸论已经发展成为一种揭示宇宙形成与演变规律的科学理论，但仍存在很多不完善的地方，也有些根本性问题未能解决，主要是由于观测到的现象并没有确凿可信的直观依据，而理论所说的光波蓝移、光波红移、膨胀空间、宇宙背景辐射、元素丰度等均带有一定的假设性质。大爆炸前宇宙是什么样的、大爆炸是怎么引起的、宇宙持续膨胀的最终结局等均有待进一步研究。

同样，根据爱因斯坦的理论，在奇点里或者接近奇点的状态下，已知的所有物理定律就会失效。然而，科学家们在继续推测时，又似乎发现物理定律不会瓦解，这就出现了矛盾。在讨论黑洞的奇点时，科学家们还会面临广义相对论和量子力学之间的矛盾，即爱因斯坦和玻尔之间辩论的焦点。

2. 斯穆特宇宙蛋

乔治·伽莫夫和他的学生们坚信，高热爆炸产生的辐射即使在今天也不会完全消失。宇宙背景辐射成为推论中的宇宙大爆炸痕迹能否被找到的关键，从而形成完整的证据链，以确凿的证据证明宇宙大爆炸确实存在。

1927年，勒梅特研究发现宇宙一直在膨胀，所以他认为在过去某一时刻，宇宙体积极小，密度无穷大，可以称之为宇宙蛋。他认为宇宙的膨胀是从过去的一次超级爆炸开始的，今天的星系就是宇宙蛋的碎片，星系相互退行就是那次大爆炸的回波。

2008年3月，阿诺·彭齐亚斯和罗伯特·威尔逊，以及普林斯顿大学的狄基团队在彼此印证他们的研究成果时，意外发现了蕴藏在宇宙深处的"密码"。而几乎同时，斯蒂芬·霍金也在罗杰·彭罗斯的启发下，论证出宇宙大爆炸产生的过程。之后，乔治·斯穆特教授拍到了宇宙蛋的照片（图2.3），其中，粉红色和蓝色分别表示温度的变化（红色为温度较高的区域，蓝色为温度较低的区域），宇宙背景辐射是非常均匀的，但是如果去掉均匀的背景,就可以看到各向异性,由此证明了宇宙大爆炸论完全成立。

【拓展图文】

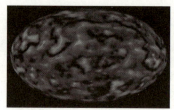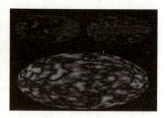

图 2.3　乔治·斯穆特发现的宇宙蛋

约翰·马瑟和乔治·斯穆特两位美国科学家发现了宇宙背景辐射的黑体形式及其温度在空间不同方向的微小变化,间接证明了宇宙是由大爆炸演化而来的,共同获得了 2006 年诺贝尔物理学奖。

至此,宇宙大爆炸模型已经得到了科学研究和观测最广泛、最精确的支持,人们已经清晰地认识到大爆炸后宇宙演变的大致过程。

虽然,还有很多问题没有找到答案,但是人类作为宇宙物质演化的产物之一,在短暂的时间内认识了自然,了解了宇宙的形成与演化,并依靠智慧认识了宇宙间的万物。特别是近几十年来,科技飞速发展,在宇宙观测事实和理论分析中都有巨大的飞跃,这预示着未来会有突破性的伟大发现,认识更本质的宇宙起源与结构演化,这也是人类科学发展的必然规律。

2.3　大爆炸后宇宙的演化过程

大爆炸前的初态宇宙是一个体积无穷小、密度极高、热量无限大、温度无限高、压力无穷大、时空曲率无限大的火球。大爆炸始于尺度为零、密度无穷大、温度无限高的奇点。根据观测和计算推测,大约在 140 亿年前发生了宇宙大爆炸,宇宙大爆炸后发生了以下变化。

(1) 大爆炸后 10^{-43} s,温度约为 10^{32} ℃,宇宙从量子涨落背景出现。

(2) 大爆炸后 10^{-37} s,一种相变发生,使宇宙发生暴涨,在此期间宇宙的膨胀是呈指数增长的。

(3) 大爆炸后 10^{-33} s,温度约为 10^{27} ℃,暴涨结束,引力分离,构成宇宙的基本物质(如玻色子、夸克、轻子、胶子等)形成。

(4) 大爆炸后 10^{-32} s,宇宙的直径暴涨到约 1 光年,在此期间宇宙体积膨胀了至少 1.0×10^{78} 倍。

(5) 大爆炸后 5^{-10} s,温度约为 10^{15} ℃,质子和中子形成。

(6) 直到某个时刻,一种未知的违反重子数守恒的反应过程出现,它使夸克和轻子的数量略微超出反夸克和反轻子的数量,超出范围大约在三千万分之一,这一过程被称为重子数产生过程。正是这一过程,造成了当今宇宙中物质(相对于反物质)的主导地位。

(7) 大爆炸后 0.01s，温度约为 $10^{11}℃$，物质以光子、电子、中微子为主，质子、中子仅占十亿分之一，宇宙处于热平衡态，体积急剧膨胀，温度和密度不断下降。

(8) 大爆炸后 0.1s，温度约为 $3×10^{10}℃$，中子质子比从 1.0 下降到 0.61。

(9) 大爆炸后 1s，温度约为 $10^{10}℃$，高能辐射充斥着整个空间，中微子向外逃逸，正、负粒子间发生猛烈碰撞，出现电子湮没反应，核力尚不足以束缚中子和质子。

(10) 大爆炸后 13.8s，温度约为 $3×10^9℃$，中子快速捕获质子形成氦核，直至所有的中子耗尽，此时约有 22% 的物质聚合形成氦核，剩余的物质几乎全是没有得到聚合的质子，进而形成氢核；此时宇宙仍然非常炽热，所有粒子都在做相对高速随机运动，而粒子-反粒子对在此期间也通过碰撞不断地创生和湮灭，从而形成原始星云。

(11) 大爆炸后 35min，温度约为 $3×10^8℃$，原初核反应过程停止，但核力尚不能束缚核外电子而形成中性原子。

(12) 大爆炸后 30 万年，温度约为 $3×10^3℃$，化学结合作用使中性原子形成，宇宙的主要成分由气态物质逐步在自引力作用下凝聚，形成密度较高的气体云块，直至恒星和恒星系出现；至此，宇宙由十维时空逐步衰减至五维时空。在五维时空之前，宇宙中充斥着高能 G 光辐射，由于此时原子尚未形成，因此光线无法直行；随着宇宙维度的衰减，宇宙从一片混沌的时期逐步过渡到物质优势期。

(13) 大爆炸后约 37.6 万年，宇宙放晴，宇宙成为可见光的世界，直至今天，形成我们所认知的四维光速宇宙及三维物质空间宇宙。只有宇宙温度降低到低于 $10^9℃$ 后，才能逐步形成原子核、原子、分子，并结合成气体。气体逐渐凝聚成星云，星云进一步聚集成各种恒星和星系，最终形成我们如今看到的宇宙。

2.4 宇宙结构

宇宙中有数不清的各种类型的天体，它们都在按自己固有的运动规律不停运动，并受相互间万有引力的作用，以及目前还不能探测到的暗物质、暗能量的共同作用。

2.4.1 星系演变的动力

星系是指数量巨大的恒星系及星际尘埃组成的运行系统，是构成宇宙的基本单位，又称宇宙岛。

1. 星系与星系团

观测表明，当今宇宙中只有数千万颗恒星的矮星系较少，约 98% 的大型星系都是有数万亿颗恒星的椭圆星系或螺旋星系，它们都在环绕一个质量中心运转，并按一定规律演化，最终被质量巨大的质量中心（黑洞或超大质量恒星）吞噬，星系的演化方向如图 2.4 所示。

【拓展图文】

银河系及太阳所处的位置如图 2.5 所示。银河系包含 1000 亿～4000 亿颗恒星和大量的星团、星云，以及各种类型的星际气体和星际尘埃，拥有超大质量黑洞。星系内的所有物质都受到来自银河系中心的超大质量黑洞的引力束缚。太阳位于银河系猎户支臂上，至银河中心的距离大约 3 万光年。

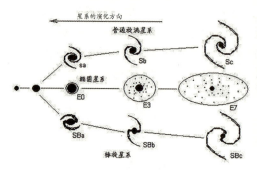

图 2.4　星系的演化方向

图 2.5　银河系及太阳所处的位置

【拓展图文】

数百到数千个星系受到引力束缚扎堆在一起组成星系团，星系团中的星系隐藏在巨大的炽热气体云中，是宇宙中最大的聚集体。星系相互间的移动速度必须与引力达成平衡，引力越强，其移动速度越快。

过去有学者认为，许多关于星系和星系团形成的假设似乎与暗能量无关；但兹威基的观察和研究发现，星系团内的星系所产生的引力，还远远不足以产生如此大的引力来束缚这些星系，一定还存在我们看不见的物质（暗物质）引起的引力透镜现象。现在看来暗能量可能是连接这些不同观点的关键，因为这些系统的形成和演化部分是由于星系之间的相互作用和合并，而星系之间的相互作用和合并可能是由暗能量主导的。

2. 暗能量与暗物质

暗能量是驱动宇宙运动的一种尚未观测到的能量。其特性是在宇宙大尺度范围内表现出负压强的状态，也就是排斥力。

暗物质是一种比电子和光子还要小的物质，不带电荷，不会与电子发生干扰，能够穿越电磁波和引力场，是宇宙的重要组成部分。暗物质的密度非常小，但是数量庞大，因此，总质量非常大。暗物质存在的最早证据来源于对球状星系旋转速度的观测。

现代天文学通过引力透镜、宇宙中大尺度结构形成、天文观测和膨胀宇宙论等研究表明，构成宇宙总质量的成分中，约有 68.3% 的暗能量、4.9% 的普通物质（由质子和中子等组成的普通物质，又称重子物质，其粒子间很容易发生相互作用，如果粒子带电，则会受到电磁辐射，是人类可见的物质）和 26.8% 的暗物质（其组成粒子不与电磁辐射相互作用，但能被暗能量拦截）。但是从引力的角度来看，暗物质和普通物质可能有完全相同的性质。

由于暗能量和暗物质都不会吸收、反射或者辐射光，因此人类无法直接使用现有的技术进行观测。暗物质把所有物质连接在一起，甚至有研究发现，一部分暗物质正在消失，而导致它们消失的原因是暗能量。暗能量很有可能在消耗暗物质，暗能量的不断增加会进一步增加斥力，加速宇宙的膨胀。如果这一推论正确，则对宇宙的未来产生重大的影响，即当宇宙膨胀到直径约为 1000 亿光年时,暗能量或将占宇宙总质量的 73%;在 108 亿年后,宇宙将会膨胀到直径约为 2000 亿光年,此时暗能量或将占宇宙总质量的 94%;而当宇宙的直径再次翻倍时,将不再需要近 100 亿年那么久;在 276 亿年时,它就会膨胀到直径约为 4000 亿光年,暗能量或将占 99.4%;在 540 亿年时,宇宙直径约为 1 万亿光年;在 860 亿年时,宇宙直径或将达到 10 万亿光年;……。

随着宇宙的不断膨胀,宇宙将变得巨大,可观测的宇宙中的物质也会变得越来越稀疏。通过引力,人们可以测出星系团的总质量,结果是普通物质加上暗物质的总质量只占临界密度的 20%~30%,远低于暴涨理论预言的临界密度。这样的状态很可能造成宇宙中的物质已经无法凝聚为恒星,更不会形成行星。

2.4.2 宇宙结构证据

1. 引力波

爱因斯坦的相对论认为,引力波是一种与电磁波一样的波动,当大质量物体加速时,时空会被拉伸、挤压,而这种扭曲能以引力波的形式被观测到。引力波是时空曲率的扰动,以行进波的形式向外传递。引力波以引力辐射的形式传输能量,即引力波从星体或星系中辐射出来。

研究发现,引力场与引力波都是以光速传播的,否定了万有引力定律的超距作用。引力波是以波动形式和有限速度传播的引力场。引力波的主要特点如下。

(1) 横波,在远源处为平面波。
(2) 有两个独立的偏振态。
(3) 携带可被探测到的能量。
(4) 在真空中有超距作用。

2. 爱因斯坦环

爱因斯坦环是指一种由于光源发出的光线受到引力透镜效应的影响,而使观测的光源形状改变而呈环形的现象。根据广义相对论,当光线由恒星发出,遇到大质量天体时,引力作用会使光线弯折,就像经过透镜一样,光线会重新汇聚。也就是说,我们可以观测到被天体挡住的恒星。星系的巨大引力使其成为强有力的透镜,地球观测者透过它们观察遥远天体时,会看到光源发散成环状,即爱因斯坦环。爱因斯坦环可以用来证明暗物质的存在,目前,科学家们正在努力寻找解释暗物质的理论及其观测方法。

3. 黑洞观测

在现代广义相对论中,黑洞是宇宙中真实存在的天体。根据黎曼曲率张量,黑洞的存在是由奇点和周围的时空构成的。第一个提出黑洞概念的是美国物理学家约翰·惠勒,他首次提出黑洞的中心是一块黑暗的区域,因为那里是它吸引力最强的区域。

从目前的研究结果看,黑洞拥有全宇宙最强的吸引力,任何进入其视界范围的物质都无法逃脱它的吞噬,就连光线也是如此。因此,人类无法直接通过肉眼观测到黑洞的存在,必须借助其他方法加以研究。

早在 2007 年，科学家们利用 XMM-牛顿卫星发现了一个黑洞，被黑洞吞噬的物质最终会成为吸积盘的一部分［图 2.6（a）］，而在被吞噬的过程中，物质会受到黑洞洞口环境的影响，被超强压力挤压，并产生周期性振动信号。2018 年，科学家们联合观测并对数据进行模拟分析，最终得到持续时间最长的黑洞的"心跳"［图 2.6（b）］。

研究还发现，黑洞的运行中存在喷流现象［图 2.6（c）］，该现象会对外喷射出不同波段的辐射，因此科学家们也可以利用各种波段的辐射光线来对黑洞喷流进行观测。黑洞的吸积盘也会释放出一些宇宙射线，如 X 射线和紫外线。要更准确地确定黑洞的存在并确定黑洞的大致模样，就要利用多台不同波段的望远镜对其进行长期的观测。

【拓展视频】

（a）被黑洞吞噬的星系　　　　（b）黑洞的"心跳"　　　　（c）黑洞的喷流现象

图 2.6　黑洞的发现

4. 黑洞与中子星的形成

根据现代天体物理学理论，超大质量恒星在步入生命末期后，其内部会因为重力不断收缩、坍塌和爆炸。在外层的物质不断向内坍缩的过程中，恒星内部的时空也被不断地压缩。聚拢在一起的物质在超强压力下形成密度巨大的物质，这样的物质堆积到一定程度后，就会发生时空扭曲，从而产生超强吸引力，这就是黑洞的形成。也可以理解为黑洞是超大质量恒星的终极归宿，一般恒星死亡后会变成白矮星，较大质量恒星死亡后变为中子星，即它们的演化取决于恒星质量。

质量大于太阳质量 30 倍以上的恒星在演化后期，经收缩、坍塌和发生超新星大爆炸后会形成黑洞或者中子星（形成黑洞还是中子星取决于其中心残留的致密物质的质量极限）。当残留质量达到钱德拉塞卡极限，即太阳质量的 1.44 倍时，就会坍缩成中子星，否则就是白矮星；当残留质量达到奥本海默-沃尔科夫极限，即太阳质量的 2.16 倍以上时，就会坍缩成黑洞。白矮星或者中子星在形成后，会有很多机会发生进一步的转化。靠近它们的恒星会被它们吸积而吞噬，或者发生相互碰撞，最终融合而向更高级别演化，即白矮星有可能变成中子星，中子星有可能变成黑洞，演变成黑洞后就不可能再有新的演变了。

5. 黑洞的质量变化

黑洞的质量通常为几百亿颗太阳的质量，其原因有两个：一是有些大质量天体（如大于太阳质量 100～200 倍的恒星）会坍缩成黑洞，还有星系中心巨大星云物质直接坍缩成黑洞；二是黑洞是所有恒星等天体的天敌，靠吞噬各种天体壮大自己。比如，观测发现 S50014＋81 类星体中间的黑洞就在吞噬周边的天体，每年都要吞噬约 4000 个太阳质量的天体物质，所以它会越长越大。

一般认为，相当于太阳质量 0.8～8 倍的恒星在死亡时由于中心的引力压不够，不会导致超新星大爆炸，只会变成一个红巨星，红巨星外壳气体物质飘散到太空后，中心只留下一个致密的白矮星，靠电子简并压抵御引力压，这里的电子简并压不是力，它是交换相互作用，与常说的四大基本力的相互作用完全不同，不需要交换媒介粒子，其本质是一种波函数的干涉效应，不涉及任何力。相当于太阳质量 8～30 倍的恒星会发生超新星大爆炸，残留物质会坍缩成一个超密的中子星，其密度较高，达到每立方厘米 1 亿～20 亿吨，依靠中子简并压抵御引力压。理论上黑洞的密度是无穷大的，但随着黑洞质量的无限增加，它的史瓦西半径（史瓦西半径是物理学、天文学，尤其是万有引力理论、广义相对论中的概念，指任何具有质量的物质都存在一个临界半径特征值。1916 年，卡尔·史瓦西首次发现了史瓦西半径的存在，这个半径是一个球状对称、不自转的物体的重力场的精确解。物体的史瓦西半径与其质量成正比。太阳的史瓦西半径约为 3km，地球的史瓦西半径只有约 9mm）会随之增加，而这时黑洞的密度将减小。

宇宙归宿有几种说法，其中一种是宇宙膨胀到一个临界点后就会重新收缩，最终坍缩成一个无限小的奇点，回归宇宙创生之前的原点。在某种意义上，这就是一个超级黑洞，一个包含整个宇宙的黑洞。因为黑洞中心就是一个无限小的奇点，与宇宙诞生前的奇点除质量外其他性质均基本相同。

当物质在黑洞核心急剧压缩时，一个新的宇宙蛋将逐渐形成，它包含生命和物质的基因信息，当宇宙蛋致密到极限时，黑洞的力熵将迅猛增加，并以亿光年的速度向外狂奔，宇宙蛋爆炸，另一个新的宇宙就此诞生，一切从头开始。可见，黑洞既是星系的终结者，又是新宇宙的创造者，研究黑洞对研究宇宙起源和归宿有着重要意义。

黑洞的发现意味着白洞也有可能会得到证实，而连接黑洞和白洞的时空隧道——虫洞存在的可能性的争论也可能会愈演愈烈。还有一些科学家相信空间是重叠的或者是平行的，再或者说世界上真的存在时空隧道，人类真的可以回溯到过去，也可以驶向未来。

2.4.3 物质的形成

从宇宙大爆炸至今，随着宇宙的急剧膨胀和冷却，密度和温度大幅度下降，宇宙已没有条件继续进行核聚变反应。虽然太初核合成只持续了几十分钟，但这个过程产生了如今宇宙中的一切物质基础。

1. 氢和氦的形成

宇宙中质子与中子比为 7∶1，中子不稳定，会与质子结合形成氦核，氦核质量约占宇宙质量的 25%，氢核质量约占宇宙质量的 75%，另外还有极少量的铍和锂。宇宙中的氦是大爆炸后不久在高温条件下形成的，支持了宇宙大爆炸论。

2. 恒星演化与物质变化

氦核形成后，剩余的大量氢原子由于引力束缚而聚集成越来越大的球体，引力造成的内部压力越来越高，这种压力会把氢原子紧紧压合到一起，并产生持续的聚变反应，形成新的恒星。研究认为，在宇宙诞生大约 1 亿年后，经过充分冷却，氢和氦的气体云结合形成了第一代恒星。

这些氢通过聚变反应形成新元素氦，氢燃烧后形成温度、压力和密度更高的白矮星，白矮星内的氦则在更大的压力和更高的温度下，再聚变为氧、碳；如此持续，不断合成越来越重的原子，直至铁的产生。图 2.7 所示为恒星在星云中的形成。

图 2.7　恒星在星云中的形成

【拓展图文】

由于第一代恒星的质量非常高，它们在合成铁元素之后走向死亡，因此会发生猛烈的超新星大爆炸。超新星大爆炸或者红巨星外壳飘散到太空的气体和物质会重新凝聚成再生星云，这些星云粒子经过漫长岁月的碰撞、凝聚，依靠自身引力渐渐形成坍缩态势，如果遇到一些宇宙事件（如新的超新星大爆炸、天体碰撞等引力波扰动），就会加快这些星云的凝聚速度，加速孕育出新一代恒星。我们生活的太阳系很可能就是从这种二次甚至三次再生星云中诞生的，否则就不会有这么多的重元素。

3. 超新星大爆炸与重金属形成

恒星内部核聚变产生的能量释放时会形成向外的扩张力，以对抗恒星本身万有引力形成的收缩力，维持恒星稳定。恒星越大，所需消耗的氢核能越多，氢核迅速减少；形成的氦核则继续聚变，形成碳原子和氧原子，聚变产物取决于恒星的质量。随着恒星内核质量堆积，引力越来越大，核聚变原料减少。当核聚变的能量和游离电子之间的简并无法抵抗引力压时，恒星就会以 $7.24×10^4$ km/s 以上的速度突然坍缩，高温物质以接近光速砸向内核，使内核温度迅速升高。此时，反弹效应发生，部分气体反旋向上，从内核吹出。在内核中，电子和质子挤压产生中微子，中微子穿过稠密气体时有一部分被吸收，气体获得巨大能量，从而发生巨大爆炸，产生强烈的 X 射线、γ 射线、紫外线，气体再次吸收热量，温度升至几百万摄氏度。超新星就在一场巨大的爆炸中毁灭，这种现象称为超新星大爆炸。

在超新星大爆炸期间，在中子俘获过程中又会合成更重的元素，即先在恒星中产生的氧、碳、铁等较重物质在大质量恒星的超新星大爆炸中被抛射出来，这些物质在太空中像灰尘一样游荡，直到与其他星尘埃通过万有引力汇合、凝聚长大，因重力形成新的恒星或行星。而超大质量中子星的合并是巨型的大原子量超铁元素（如金、银、铂等）的"制造厂"，即比铁更重的元素是在一些特殊环境中产生的。

科学家们通过对引力波光学信号的观测和对光谱的分析确定，证实了中子星合并确实是宇宙中金、银等超铁元素的主要起源地。不过，随着原子序数的增加，合成所需的条件越来越苛刻，所以元素丰度就会越来越低。

4. 宇宙的物质组成

天文学家通过引力透镜、宇宙中大尺度结构、天文观测和膨胀宇宙论等研究证明，暗能量、普通物质和暗物质分别约占构成宇宙总质量的68.3%、4.9%和26.8%。即人类已经发现的可以认知的普通物质占宇宙总质量不足5%，剩余部分由暗物质和暗能量等构成。

由于暗物质无法被直接观测，暗物质与普通物质间的相互作用也很弱，人类至今对它知之甚少。因此，揭开暗物质之谜被认为是继哥白尼的日心说、牛顿的万有引力定律、爱因斯坦的相对论、量子力学之后，人类认识自然规律的又一次重大飞跃。

2.5 今天的宇宙

目前的探测分析表明，可观测宇宙的直径达到了930亿光年。从宇宙大爆炸至今才大约140亿年，即宇宙的年龄大约是140亿岁，光传播的距离也就是大约140亿光年，但为什么可观测宇宙的直径为930亿光年呢？难道光不是世界上"奔跑"速度最快的物质吗？

2.5.1 可观测宇宙的形态

可观测宇宙又称哈勃体积，其直径是通过共同运动距离得到的，是宇宙膨胀导致的结果。其中，宇宙背景辐射的光波红移量是以地球为中心计算得到的。宇宙大爆炸之后，宇宙空间迅速膨胀，这种膨胀效应一直持续到今天。宇宙大爆炸后演变形成的可观测宇宙（图2.8）是以观测者为中心的可视球体。

【拓展图文】

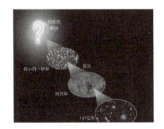  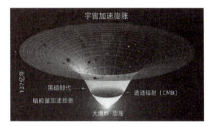

图2.8 宇宙大爆炸后演变形成的可观测宇宙

2.5.2 膨胀空间

爱因斯坦在相对论的基本假设中提出光速不变的原理，它是相对物质、信息、能量来说的。

1. 空间膨胀的本质

宇宙大爆炸之后发生膨胀的其实是空间，空间是不受光速限制的，也就是说，空间可以超光速膨胀。如前所述，在宇宙大爆炸发生的1s内，发生了大暴涨，宇宙空间的直径

在 10^{-33} s 内就暴涨到大约 1 光年,空间体积膨胀了至少 10^{78} 倍。想象一下,远小于一粒沙子的物体,直径在瞬间暴涨到数亿光年,再继续膨胀到可观测宇宙那么大。所以,大暴涨速度应是光速的 n 倍,远远超过光速。

其实,直到 45 亿年前,宇宙的膨胀还在加速。这种膨胀实际上不是物质、信息、能量的运动,而是空间的运动。星系退行并不是星系在动,只是星系之间的距离在变大。由于空间膨胀,光在空间中退行的速度比自身运动的速度还要快很多,因此用目前的观测技术和手段,宇宙中的很多区域我们看不到。

2. 可观测宇宙的直径

由于宇宙的膨胀是整体性的膨胀,各部分的膨胀效应相同。因此在宇宙大尺度上,星系之间是在彼此远离的。理论上,可观测宇宙早期的光是从当时距离地球 4200 万光年处发出的,由于宇宙膨胀效应,如今它距离我们 461 亿光年。但这也只是宇宙诞生 38 万年时发出的光,如果观测引力波和中微子,它们从宇宙诞生之初就开始在宇宙中传播了,那么这个距离就可以再延伸 4 亿光年,加起来就是 465 亿光年,即可观测宇宙的直径为 930 亿光年。

2.5.3 外星生命假说

外星人是否真的存在是很多人都关心的问题。我们可以从外星生命存在的可能性、外星生命可能存在的形式、人类找不到外星生命的原因等方面进行分析。

1. 外星生命存在的可能性

地球相对宇宙来说还十分年轻,而且作为银河系中的几千亿颗恒星之一的太阳系,其质量、结构也没有独特之处。在银河系中存在的类地行星有数千亿颗以上,平均每一个恒星系都会有数颗类地行星存在,其中就有相当数量的行星大概率会处于"宜居带",即类似太阳系。处于"宜居带"的星系数不胜数,不可能只在太阳系中诞生了地球生命。

从空间上说,宇宙可观测直径达 930 亿光年,其中包含的类似银河系的星系、恒星及行星数不胜数,甚至一些巨行星周围的卫星都有诞生生命的可能性。因此,可以肯定外星生命的存在,其智慧水平与我们人类相比,应该各有不同。

2. 外星生命可能存在的形式

由于元素种类的多样性,外星元素间结合成物质的反应必然与其自然环境密切相关。某些条件下发生的反应,在环境能量、元素组合和浓度等协同配合的情况下,会形成具有特殊活性官能团的特殊结构,并越长越大,最终发育成生命体。外星生命的形成环境、生存条件与地球可能有很大的差异。地球生命主要是以碳、氢、氧、氮为基础的碳基生命体,而外星生命由于形成环境的不同,可能以完全不同的组成形式形成"另类生命体",即组成外星生命体的物质成分、结构、形态可能与地球碳基生命体完全不同,可能是硅基生命体、氮基生命体、硫基生命体、磷基生命体,甚至原子序数更高的物质组成的生命体,可能具有我们人类目前的化学知识或认知能力还难以理解的成分和结构。

这些生命体中的一部分可能是高度智慧的生命体，不一定生活在人类划定的"宜居带"。在人类的认知中，生物无法生存于酸性环境和高温、高压环境中，但在太平洋、印度洋等洋底发现的大量深海热泉、海底烟囱周围，不仅水温和盐度偏高，甚至有高温卤水。这种极其严酷的条件不仅不是生命的禁区，反而还聚集了大量人类不曾认识的新物种（如蠕虫、蛤类、牡蛎、贻贝类、虾类、蟹类、水母、藤壶等，以及一些形状类似蒲公英的水螅生物），生机盎然，成为人们研究地球生物起源的新途径。即使在热泉区以外像荒芜沙漠的深海海底，仍出现了如蠕虫、海星及海葵等生物。由此可以想象，地外行星生态环境各异，物质聚集的形态千差万别，其中一些物质具有生长、发育、复制或繁殖能力，可能就是外星生命。外星生命可能极其复杂，甚至可能是多维生命体，不是我们人类现有的认知水平能够理解的。

3. 人类找不到外星生命的原因

人类从诞生以来就对星空充满幻想，特别是工业革命带来科技的迅猛发展，高科技让人类在一百多年时间内了解并认识了宇宙的结构、特性，并且登上了月球，探测了火星、土星、木星。但与地球生态的大自然相比，人类的力量十分渺小，没有能力在浩瀚的宇宙中发现和联系外星生命。人类只能先做好自己的事，快速发展科技，当我们认识世界的能力再提高后，与外星生命交流的可能性就会提高了。

有人疑惑，如果有高智商的外星生命，他们为什么没有联系地球人呢？这可能与我们人类的认知程度、科技水平有关。首先，相对于其他星球的高智慧生物而言，地球智慧人类发展的历史太短，其智慧和认知水平相对较低，即使外星生命在我们周围，可能我们也无法看到或与其进行交流。其次，外星生命也可能不屑与我们联系与交流，就好比我们人类看待珊瑚虫、蓝藻、细菌、潮虫、蚯蚓、花木等，人类无须与其建立联系，即使我们人类主动与其联系，它们也未必能够理解和应答。最后，外星生命可能并非地球上常见的碳基生命体，其结构形态可能是只有短暂生命周期的地球人类无法理解、认知和交流的。

2.6　古人的宇宙观

古人对天、地、时、空的看法、认识和主张构成了他们的宇宙观。古人的宇宙观包括物质观、时空观、运动观、成因观、辩证观和转化观。

2.6.1　物质观

宇宙大爆炸论告诉我们，宇宙大爆炸伊始，宇宙间只有能量，这验证了古代思想家们的直觉。例如，古希腊哲学家柏拉图提出的"从一发散"，中国古代老子在《道德经》中提出的"道生一，一生二，二生三，三生万物"，他们说的这个"一"就是能量。根据现代科学认知的能量守恒定律，能量能够凝聚成基本粒子。从此，宇宙开始了能量→基本粒子→原子、分子→无机界→生物界→人类的演化过程。

上下四方曰宇，往古来今曰宙。宇宙就是时间、空间和物质的总称。老子曰："天下万物生于有，有生于无。"也就是说，宇宙从无中诞生，是真正的"无中生有"。在原本没有物质，也没有时空的虚无之中，能量或是真空发生了突变，导致了宇宙大爆炸，新生的宇宙可以看作一个封闭体系，在极速膨胀的同时，温度快速下降，物质和时空就在宇宙大爆炸和随之而来的剧烈膨胀中随温度的迅速降低而产生。

2.6.2　时空观

时空观是指关于时间和空间的根本观点。逝者如斯夫，不舍昼夜。这是孔子对时间的看法。墨家提出了宇宙作为空间、时间概念，并认识到空间、时间与具体事物运动的一定联系，时间和空间都是连续不断的。对于整体而言，时空是无穷的；而对于部分而言，时空是有限的。即对于整个宇宙而言，时空是无穷的；而对于个人、具体事物而言，时空是有限的。时空观可以从中国古人对于修仙或神仙住所时间的描述中看到，如"洞中方七日，世上已千年"，又如东晋虞喜在穆帝永和年间作的《志林》中的短文说："信安山有石室，王质入其室，见二童子对弈，看之。局未终，视其所执伐薪柯已烂朽，遂归，乡里已非矣。"

古希腊德谟克利特认为，空间是物质运动的条件。亚里士多德用地点概念来表示空间，认为时间是连续的。随着自然科学的发展，布鲁诺、伽利略主张时间、空间是物质存在的绝对形式，并提出时空无限的思想。笛卡尔认为时间具有持续性，空间具有广延性，认为广延性是一切物体的共同属性。牛顿提出绝对时空的观点，认为物质和时空互不影响，空间就像空箱子，时间则像河流一样永远均匀流逝，物质就在这无限的空间和无穷的时间中永恒游动。爱因斯坦认为，物质与时空之间存在相互影响，有物质的时空是弯曲的，没有物质的时空是平直的。牛顿与爱因斯坦的看法有一个共同点，即虽然没有物质，但是时间和空间依然存在。霍金支持爱因斯坦晚年的看法，时间和空间不过是物质伸张性和广延性的表现，不存在一无所有的时间和空间，如果没有物质，也就没有了时间和空间。

2.6.3　运动观

勾股定理的发现者毕达哥拉斯认为，球形是最完美的集合体，大地是球形的，所有天体都是球形的。这与我国古人"天圆地方"的思想形成鲜明对比。

尼古拉·哥白尼认为，宇宙应是简单和谐的统一体。行星绕着太阳转，卫星绕着行星转。他改写了托勒密已经统治千年的地心宇宙体系，开启了宇宙学革命性时刻。牛顿的万有引力定律成为描述宇宙中星体间的相互位置和轨迹形成的关键。

爱因斯坦提出广义相对论，认为两个物体间的相互作用并非牛顿的万有引力那样直接产生引力，而是由每个物体（星体）对周围的时空产生影响，它们在时空中产生凹陷或扭曲，一个物体经过另一个物体的旁边，路径就会受到扭曲而偏向另一个物体，就好像物质相互吸引一样，最终大质量物体会将小质量物体吞噬。

2.6.4　成因观

我国一直有盘古开天辟地的传说，认为盘古开辟天地之前，宇宙是混沌的一团气，里面没有光,没有声音,这时,出现了一个叫盘古的人,他用巨斧劈开这团混沌之气,轻气开始往上浮,就成为天;重浊的气体往下沉,就成为地。到三国时期,吴国徐整在他的《三五历记》中描述盘古开天辟地时写道:"天地混沌如鸡子,盘古生其中。万八千岁,天地开辟,阳清为天,阴浊为地。""天日高一丈,地日厚一丈,盘古日长一丈,如此万八千岁。""数起于一,立于三,成于五,盛于七,处于九,故天去地九万里。"盘古成了顶天立地的巨人,他嘴里呼出的气成为风和雾,声音成为雷和闪电。盘古去世后,他的左眼变成太阳,右眼变成月亮,头发、胡须变成星星,身上的肉变成土地,四肢变成山脉,血液变成江河。至此,天上有了日月星辰,地上有了山川树木,万物欣欣向荣。这个传说反映了我国古人对宇宙空间结构的认知。

研究表明,中国古人的宇宙结构概念同住宿有关,其中"宇"是指屋宇,"宙"是由"宇"中出入往来。他们从屋宇中得到空间观念,从先秦《击壤歌》中"日出而作,日入而息"也可以看出由宇中出入而得到的空间、时间观念。

2.6.5 辩证观

中国古人认为的宇宙结构应是《易经》的"阴阳之道",老子《道德经》的道理源自《易经》中的《周易》。根据太极图(图 2.9)的阴阳转化思想,我们可以感悟到万物从出生、成长、壮大到极盛后,必然会逐步衰退,直至消亡。但这种消亡并非真正意义上的毁灭,而是以另一种形式存在,重新生长、壮大、消亡。

图 2.9 太极图

观察太极图中间的鱼形发现,达到极盛的时候就意味着走向衰退的开始。而阴中有阳,阳中有阴,说明事物的两面性、辩证性和关联性。这种思想应是人类辩证哲学思想第一个高峰的最佳表达形式。

2.6.6 转化观

在《周易·系辞上传》中有"易有太极,是生两仪,两仪生四象,四象生八卦。八卦定吉凶,吉凶生大业。"这里的"太极"可以理解为宇宙大爆炸前的初态宇宙,"易"就是变化,"易有太极"即宇宙发生大爆炸,于是演化出阴、阳两种属性的物质(两仪可以理解为物质和能量),两种属性的物质和能量可以相互转化,衍生、重组出状态不同的多种物质,称为四象,即太阴、太阳、少阴、少阳。古时的四象缺少明确的界定,但现代物理学研究发现,物质的四象可以理解为物质的四种形态(图 2.10):固态、液态、气态和等离子态,这四种状态的物质会相互转化,演变出自然界中不同属性的万事万物,即乾(天)、坤(地)、震(雷)、巽(风)、坎(水)、离(火)、艮(山)、兑(沼泽),称为八卦。八卦的变化反映出物质间相互转化的属性。

对比自然界中物质四种形态的相互转化,不难看出,在一定条件下,物质可以从一种形态变成另一种形态,并且遵守由科学家罗蒙诺索夫提出的质量守恒定律。

【拓展图文】

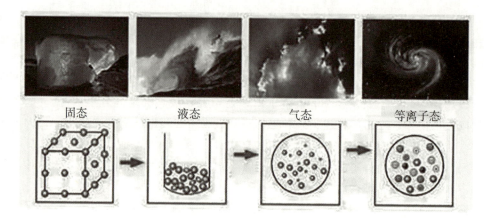

图 2.10　物质的四种形态

思 考 题

（1）想象并描述奇点的状态。

（2）宇宙大爆炸是"无中生有"还是"有中生有"？是否违反质量守恒定律？

（3）想象宇宙大爆炸之前是什么样的，是"真空""虚无"还是"能量"？能量从何而来？今天认知的能量都有特定载体，那么宇宙大爆炸前能量的载体是什么？这种能量是否违反热力学第一定律？

（4）有人提出宇宙中人类能够感知、测定的物质和能量都是正物质和正能量，那么，暗物质、暗能量可能以什么形式存在呢？

（5）黑洞是什么状态的？黑洞是不是以暗物质、暗能量的形式存在？

（6）想象并描述什么情况下周围的物质会急速地远离我们而去。

（7）宇宙演化的最终归宿是什么？

第3章 地球演化与生命兴衰

本章教学要点

知识要点	掌握程度	相关知识
地球形成与结构演变	认识地球的形成过程； 熟悉地球内部结构； 了解海陆演化	板块运动与软流层； 莫霍洛维契奇界面与地震波； 大陆漂移说、海底扩张说及板块运动说
地球环境与生态演变	掌握温度与环境变迁； 熟悉地貌与环境变化； 了解地球生命的保护伞	地震与板块； 火山喷发； 地球磁场
地球生命的起源与进化	了解生命起源理论与学说； 了解生命大爆发与演变； 掌握生物进化过程； 了解地球生命的未来	《物种起源》； 生物大灭绝

导入案例

地球不仅是我们生存、繁衍的家园，还是庇护地球上的生物、为人类发展和各种动植物繁衍的家园。探索地球的演变规律、顺应自然、和谐发展成为现代人类的重要共识。本章重点介绍地球的形成、演变规律，分析地球分层结构形成的原因，探讨地球上的海洋、陆地是如何"沧海变桑田"的，以及地震、火山喷发与板块运动的关系，探究生态环境变化与生命起源、物种进化与环境、生物灭绝与环境骤变的关系等，并分析地球安全的保护伞等问题，使学生了解自然变化都是有一定规律的，是不以人的意志为转移的。生命体作为地球的匆匆过客是渺小而脆弱的，尊重生命、顺应自然、和谐相处是人类持久发展的基础。

课程育人

生逢伟大时代是人生之幸，在百年未有之大变局中增强忧患意识，居安思危，用马克思主义的世界观和方法论去探索自然现象,研究自然规律,认识客观世界。党的二十大报告指出,要推动绿色发展,促进人与自然和谐共生,强调推进美丽中国建设。要教育大学生了解地球家园的沧桑变迁、认识和保护自然,就要激发其探究自然奥秘的兴趣和强烈欲望,培养其学科学、用科学、爱科学的探求精神,从而树立正确的人生观、自然观、环境观。

3.1 地球形成与结构演变

大约 140 亿年前的宇宙大爆炸及随之而来的暴涨,重子数产生,宇宙膨胀,温度降低,微观粒子逐步聚集,形成原子核、原子、物质,直至恒星系统相继出现。大约在 66 亿年前,银河系内又发生了一次大爆炸,其部分碎片和散漫物质(包括大量的氢气、宇宙尘埃等)聚集成太阳星云,太阳星云绕着中心旋转、集中,在引力收缩的过程中,这团星云中的大部分物质进入中心,经过长达约 20 亿年的持续凝集,开始有了形体,核心区域内的大多数物质收缩到中心,在高温高压下自发核聚变,形成开始发光的原始太阳,其质量约占整个太阳系总质量的 99.8%。大约在 46 亿年前,水星、金星、地球、火星、木星、土星、天王星等太阳系的各大行星及其卫星在吸积、碰撞中相继形成,同时,还有一些矮行星和大量的碎屑物在自己的运动轨道上相对稳定地运行。

【拓展视频】

地球是太阳系从内到外的第三颗行星,也是太阳系中处于"宜居带"中心、直径和质量中等、密度最大的行星。地球赤道半径为 6378.2km,有大气层和磁场,表面 71% 的面积被水覆盖,其余部分是陆地、冰川。从空中俯瞰,地球是一颗蓝色星球。

有关地球形成和其内部结构的相关认知,是人类对地球表面地形特征的直接观察,钻探获取的岩芯分析,火山喷发物成分与结构、地震波数据等资料的分析和推断的结果。地球各个组成部分的运动、演化,既相互联系又相互影响。地球结构、环境变迁,生命产生、演化和消亡等自然变化共同构成地球的演变历史。

3.1.1 地球的形成过程

随着现代科学技术和研究手段的进步,人们对地球成因的研究越来越深入。研究证实,地球和太阳系的其他行星均起源于太阳星云的分化物及宇宙尘埃的聚集。地球大约形成于 46 亿年前,月球则形成于约 45 亿年前。

1. 地球胎体形成

地球作为一个行星,其胎体起源于约 46 亿年前原始太阳星云中大量宇宙尘埃、碎片和散漫物质间的互相吸集。

在地球胎体形成初期,其结构较为松散,温度比较低,并无分层结构。随着聚集物质的增多,其体积持续增大,引力增强,能够吸引地球围绕太阳运动,更多远处大质量的物质聚集和长大。地球胎体由此遭到了大量陨石、小行星,甚至彗星的强烈冲击,加速了地球内外物质的交流。

由于宇宙尘埃、碎片和散漫物质都是原始核聚变产物的聚集体，其主要成分为各种不稳定同位素。同位素的衰变，在释放辐射能的同时释放出巨大的热能，持续增加地球胎体的内部温度。被地球胎体引力吸集来的大量宇宙尘埃、碎片、小行星、彗星等持续高速冲撞地球的胎体，并将其引力势能和冲击动能转变为大量的热能，加热冲击区域及周围环境。内部的裂变能与外部的热能交织，原始地球胎体开始重力收缩，温度逐步升高，达到近 1000℃ 的炽热半熔融状态，就像一个巨大的火球。

2. 塑型与物质交换

高温环境下，不同类型的物质还会发生不同类型的反应，形成不同密度的新物质，同时释放水蒸气、二氧化碳、硫化氢、氨、甲烷、氯化氢等为主要成分的气体，升腾到高空，形成原始的地球大气层，起到阻隔阳光、增温和减少昼夜温差的作用。但大气中没有氧气存在，地球还处于缺氧的还原状态。

随着地球温度逐渐升高，局部地表成为半熔融-熔融状态，在地球自转所形成的离心力作用下，趋于形成球形。而半熔融状态的物质在表面张力的作用下也趋于收缩形成球形结构，地球体积进一步收缩，密度增加，这种状态维持长达约 8 亿年的时间。

在半熔融-熔融状态的物质中，密度较小的硅铝质部分在浮力作用下不断上升；密度较大的重物质则会逐渐下沉，轻、重物质间慢慢发生分异，并按密度逐步分层。持续对流交换的结果是：密度较大的物质最终下沉到地球的中心，凝聚为固态的地核；中等密度的物质构成地幔层；密度较小的物质（如硅铝酸盐矿物）构成岩石圈，上层为地壳层。

3. 结构固化

在地球形成的 4 亿年到 8 亿年间，地球内部的熔融岩浆在地下热流的驱动下，也在不断发生运移、热量和物质的交换，或者发生化学反应。形成的各种轻物质，特别是气体物质，会在地壳薄弱区域不断喷涌，表现为剧烈的地质活动，导致多处火山喷发、熔岩流淌。

尽管当时表面温度约 230℃，但由于 CO_2 大气层带来的高气压，地表局部也能够存在液态的海洋。随着冷凝过程继续进行，海水通过溶解作用吸收大气中的大部分 CO_2，不过其含量在新地层和地幔循环出现时产生了剧烈的变化。

随着时间的推移，地球运行轨道的周围区域内能够被地球引力俘获的宇宙尘埃、陨石数量开始不断减少，陨石碰撞的次数也越来越少，特别是地球运行轨道周围的直径较大的地外小行星、彗星的碰撞次数越来越少，这对地球结构稳定性的影响越来越小。

随着冲击频率的降低，热能减少；同时，地球胎体中大多数放射性核素逐步完成衰变，形成稳定同位素，释放的辐射能量也持续减少。随着地球表面的温度逐渐降低，表层开始由外向内慢慢冷却，物质开始凝结，形成低密度火山岩为主的坚硬的地壳层。

4. 圈层形成

地壳的形成使地球表面的结构稳定性加强，地表温度持续降低使高空的水蒸气可以冷凝成水，形成降雨，返回地表，并聚集在低洼处，并且随地球的自转而流动，形成覆盖大部分地表的江、河、湖、海，由此水圈形成。

由于高空水蒸气在凝结过程中会溶解相当数量的二氧化碳、硫化氢、氨、氯化氢等为主要成分的气体，这些气体的浓度降低，温室效应减少，加速地表热量以长波形式散发，地表温度越来越宜居。同时，温差形成空气对流，改善区域环境，起到运输水汽和调节降雨的作用。地球表面形成的相对温和而独特的自然环境为生物的产生、生长和繁衍创造了基本条件。

经历了大约 38 亿年的漫长岁月，地球最终形成了稳定的古陆块。各种证据表明，早期液态的水圈是热的，局部甚至是沸腾的。目前发现的一些极端嗜热的古细菌和甲烷菌可能是最接近于地球上最古老的生命形式，其代谢方式可能是化学无机自养。澳大利亚西部瓦拉伍纳群中 35 亿年前的微生物，可能是地球上已经发现的最早生命的证据。

原始地壳的出现标志着地球由天文行星时代进入地质发展时代，具有原始细胞结构的生命也逐渐形成。但是在相当长的时间内，生物的种类和数量都非常稀少，直到距今 5.4 亿年前的寒武纪，带壳的后生动物才大量出现，故把寒武纪以后的地质时代称为显生宙。

3.1.2　地球内部结构

研究地球内部结构主要借助地震波的传播速度和距离地表深度关系，并结合钻探资料，通过综合分析得到。地球内部结构包括地壳、地幔与地核三部分，如图 3.1 所示。其中又有岩石圈、软流层、上地幔、下地幔、内核、外核等细分结构。

【拓展视频】

地球像人类一样，有自己的孕育时期、童年时期、青壮年时期（现阶段），未来的地球也必将走向衰老和死亡。地球的板块结构变化受自转、公转速度，地球内部的岩浆活动，太阳及周围行星、卫星的引力，甚至在银河系中的位置等因素的影响，有着自己的演化规律，是一个不可逆的变化过程。

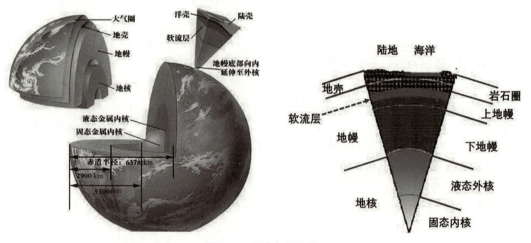

图 3.1　地球内部结构

1. 地壳

地壳是由岩石组成的固体外壳，是地球固体地表圈层构造的最外层，也是岩石圈的重要组成部分。通过地震波的研究判断，整个地壳平均厚度约17km，由密度较小的花岗岩（主要成分为钠钾铅硅酸盐）组成。其中，陆地地壳较厚，平均厚度为30～50km；高山、高原地区地壳更厚，最高可达70km；大洋地壳比较薄，尤其是在大洋盆底地区，太平洋中部甚至缺失，是一个不连续的圈层，平均厚度为6～10km，由玄武岩构成。

大洋壳层会延伸到大陆壳层下面，在表层地壳和地幔之间有个分界面，称为莫霍洛维契奇界面（简称莫霍面），具有反射地震波的特性。

研究发现，地壳好像一个放在刚性岩石圈上的"筏"，岩石圈漂浮在由黏性物质构成的软流层上。由于软流层的对流作用，漂浮在软流层上的这些刚性板块因不同区域受到地球自转离心力、地外星体（如月球）等对地球不同区域引力差异的协同作用，故这些刚性板块整体受力不均匀，从而导致板块间相互接近或远离，表现为板块间的挤压、碰撞、扭转或分离。板块间的应力变化是导致地震等地质活动的主要原因，也是地表形成造山运动的根源。同时，地球内部的黏稠岩浆等物质由于承受巨大的压力会在地壳结构薄弱区域（如断层处）溢出，岩浆涌出，火山喷发，带出大量火山物质。

测试发现，地壳中有90多种元素。其中，氧、硅、铝、铁、钙、钠、钾、镁八种元素的含量占地壳总质量的98.04%，其中，氧的含量占地壳总质量的48.60%，含量最多，其次是硅，硅的含量占地壳总质量的26.30%，其余80多种元素共占地壳总质量的1.96%。因此，地壳中上述元素的氧化物和含氧盐矿物居多，特别是硅酸盐矿物的分布最广，是构成地壳中各种岩石的主要组成物，也被称为造岩元素。

地壳结构示意图如图3.2所示。地壳主要由含硅、铝、镁等矿物的岩石组成。上层地壳的化学成分以氧、硅、铝为主，平均化学组成与花岗岩相似，称为花岗岩层或硅铝层；下层地壳富含硅和镁，平均化学组成与玄武岩相似，称为玄武岩层或硅镁层。

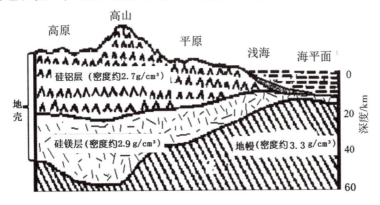

图 3.2 地壳结构示意图

地壳的结构主要以硅铝酸盐矿物组成的花岗岩为主。其中，长石约占铝硅酸盐矿物的60%，平均化学组成与玄武岩相似。目前，地壳中已发现的矿物种类有4000多种，包括岩浆岩、变质岩、沉积岩三大类。

2. 岩石圈

岩石圈是地球上部相对于软流层而言的坚硬的岩石圈层，厚度为60~120km，刚性较大，为地震高波速带。岩石圈包括地壳和上地幔的顶部，由花岗岩、玄武岩和超基性岩组成。岩石圈不是一个整体，而是被构造活动带割裂而形成的若干个刚性板块。

由于地球内圈和外圈之间存在较大的温度梯度，因此岩石圈间有黏性物质不断循环。因岩石圈下面是上地幔的低速层，长期处在高温高压环境中，故有少部分固体物质熔融，具有流变特征。黏性物质在地球内部热力等的作用下不断循环，使整个低速层发生流动变形，其厚度为180~200km，低速层为地震波低速带，也称软流层。

对岩石圈的认识，目前分歧很大。有人认为岩石圈与地壳是同义词，与下部软流层有区别，系过渡关系而无明显界面；也有人认为岩石圈至少应包括地壳和上地幔。

3. 地幔

地幔在地壳下面，是地球的中间层，厚度约为2900km，主要由致密的造岩物质构成，这是地球内部体积最大、质量最大的一层，约占地球总质量的68.1%。

地幔又可分为上地幔和下地幔。上地幔上部存在一个地震波传播速度减慢的层，即软流层，推测它是由放射性元素大量集中，蜕变放热，使岩石升温软化，并局部熔融造成的，很可能是岩浆的发源地。软流层以上的地幔是岩石圈的组成部分。下地幔温度、压力和密度均较大，物质呈可塑性固态。

4. 地核

地核是地球的核心部分，位于地球的最深部，其质量占地球总质量的31.5%，体积占地球总体积的16.2%。地核半径约有3470km，主要由铁、镍等元素组成，密度大（平均密度约10.7g/cm^3）。

根据大量的地震波传播速度的变化数据，科学家推测，地核又可分为内核和外核。内核和外核的分界面大约在5155km处。因为地震波的横波不能穿过外核，所以推测外核是由铁、镍等元素组成的熔融或半熔融状态物质。液态外核厚度约为2200km，会缓慢流动，故推测地球磁场的形成可能与它有关。其内部的固态金属内核半径约为1400km，温度非常高（4000~6800℃），压力达到360万个大气压。

3.1.3 海陆演化

地球表面的形态千差万别，有高山、峡谷、海洋、湖泊、河流、瀑布等，这些地表景物从地球形成史的时间尺度上看，都处于永不停歇的运动和持续的变化之中。人们甚至在被称为"世界屋脊"的青藏高原和喜马拉雅山腹地的岩石中，发现了三叶虫、鹦鹉螺、菊石、海百合和海藻等大量海洋生物化石。

1. 内部的温度及物质的交换

计算表明，核幔边界处温度约为2250℃，整个地幔平均自身压力条件下的绝热温度梯度为0.28℃/km。而将地幔物质的熔点作为地幔温度上限计算，核幔边界处温度约为3000℃。

通过计算绝热自压温度估计地核温度的下限和计算地核物质的熔点而估计地核温度的上限可知，地核温度的下限温度和上限温度分别为 4000℃ 和 5400℃。因此，地球是一个富含热能的储能装置，地球内外的物质、能量在不断交换（图 3.3）。

地球内部的热能已绝热储存达数亿年之久。地下的热能能够通过熔岩上涌至地面或地壳下接近地面的地方，或通过火山爆发、温泉外溢等途径，将其内部蕴藏的热能源源不断地输送到地表。

图 3.3 地球内外的物质、能量交换示意图

2. 海陆结构的变化

虽然形成初期的地球形貌已无从考证，但是通过不同地质年代形成的岩石和矿物质变化，再结合板块运动规律，科学家们能够通过计算机为我们模拟出地球形貌。

地球表面的形态处于永不停歇的运动和变化之中。例如，形成于约 11 亿年前的罗迪尼亚超大陆在前寒武纪晚期开始分裂。那时，地球的气候与今天非常类似，为生命的产生和生物种群、数量的增长提供了条件。大陆块分离，再聚合，再分离，直到形成今天的各大陆块。

地壳构造的演化及板块的形成与运动引起地壳的变动和海平面的升降。地震、火山等自然现象说明，地球内部处于热学和力学不平衡的状态，存在巨大的动力源，使地球的运动持续。目前，相关地壳形成及海陆变迁的模型很多，最具代表性的理论有大陆漂移说、海底扩张说、板块运动说等。

3. 大陆漂移说

19 世纪末，奥地利地质学家修斯认为，南半球各大陆块上的地层非常相似，可以虚拟地将它们拟合成一个大陆，称为冈瓦纳古陆。到 1910 年，德国气象学家魏格纳发现，大西洋两岸的轮廓线极为相似，经过潜心对比，1912 年魏格纳提出大陆漂移说，并在 1915 年出版了《海陆的起源》一书。他认为，在古生化晚期，地球表面存在一块统一的巨大古陆块——泛大陆或联合古大陆。经过分合过程，到中生代早期，泛大陆再次分裂为南北两大古陆，北为劳亚古陆，南为冈瓦纳古陆。到三叠纪末期，这两个古陆进一步分离及漂移，相距越来越远，由最初一个狭窄海峡逐渐发展成印度洋、大西洋等。到新生代，因为印度板块北漂到亚欧大陆的南缘，两者发生碰撞，青藏高原隆起，造成宏大的喜马拉雅山系，古地中海东部完全消失；非洲继续向北推进，古地中海西部逐渐缩小到现在的规模；欧洲南部被挤压成阿尔卑斯山系；南美洲、北美洲在向西漂移的过程中，它们的前缘受到太平洋地壳的挤压，隆起为科迪勒拉-安第斯山系；同时，两个美洲在巴拿马地峡处再次相互衔接；澳大利亚大陆脱离南极洲，向东北漂移到现在的位置。于是，海陆的基本轮廓发展成现在的规模。但是，由于魏格纳当时不能很好地解释大陆漂移的机制，因此其大陆漂移说受到质疑。20 世纪 50 年代中期至 20 世纪 60 年代，随着古地磁与地震学、宇航观测的发展，大陆漂移说获得新生，并为板块构造说的发展奠定了基础。

研究认为，大陆漂移的动力机制与地球自转的两种分力有关：向西漂移的潮汐力和指向赤道的离极力。较轻的硅铝质大陆块漂浮在较重的黏性硅镁层之上，由于潮汐力和离极力的共同作用，泛大陆破裂并与硅镁层分离，向西、向赤道做大规模水平漂移。

4. 海底扩张说

20世纪50年代以来，随着海底科学研究的深入，人们在利用放射性同位素法测定海底岩石的年龄时，发现了海底岩石的年龄相对很小，一般不超过2亿年，相当于中生代侏罗纪。这与大陆30亿年以上的古老岩石年龄相差很大，离海岭（大洋中脊）越近，岩石年龄越小；离海岭越远，岩石年龄越大，而且海底岩石在海岭两侧呈对称分布。到20世纪60年代，美国地质学家赫斯首先提出海底扩张说。他认为，海岭是新的大洋地壳的诞生处。海底扩张说是对大陆漂移说的进一步发展和佐证。

【拓展视频】

赫斯认为，板块运动的驱动力是地幔内的热对流。地幔温度很高，压力大，热对流形成强大的动能推动地壳运动。黏稠的地幔岩浆会从海岭顶部的巨大开裂处涌出，冷却后凝固在古老的洋底上，形成新的大洋地壳。以后继续上升的岩浆又把原先形成的大洋地壳推向两边，使海底不断更新和扩张。当不断扩张的大洋地壳遇到大陆地壳时，便会俯冲到大陆地壳之下的地幔中，然后逐渐熔化而消亡。这一过程实际上就是大洋地壳的"新陈代谢"过程，历时2亿～3亿年，因此，这也成为海底岩石年龄的上限。

这种地幔温度物质的涌升不会停止，而会在持续的地幔的涌升力、地球自转的离心力，以及地外天体间的万有引力的共同驱动下，反复撕裂大洋地壳，并从裂缝中涌出新的岩浆，再经冷凝、固结，覆盖在旧的大洋地壳的表面，如此反复，新的大洋地壳不断产生，把旧的大洋地壳向两侧推移，这就是海底扩张。

5. 板块运动说

1968年，法国地质学家勒皮顺把地球的岩石层划分为六大板块，即太平洋板块、亚欧板块、美洲板块、印度洋板块、非洲板块和南极洲板块。其中，太平洋板块全部浸没在海洋之下，其他五个板块既有大陆也有海洋。所有板块都漂浮在具有流动性的软流层之上。随着软流层的运动，各板块也会发生相应的水平运动。

地表以下70～100km厚的岩石圈不是完整的，而是由几大板块拼接而成的，分布在大洋底部或大陆底部的岩层构成了这些板块。

各大板块处于不断运动之中。通常，板块内部的地壳比较稳定，板块与板块交界地带的地壳比较活跃。据地质学家估计，各大板块每年可以移动1～6cm。这个速度虽然很小，但经过亿万年后，板块运动会使地球的海陆面貌发生巨大的变化：当两个板块逐渐分离时，在分离处会出现新的裂谷和海洋，如东非大裂谷和大西洋就是在两个大板块发生分离时形成的。可以想象，当两个坚硬的板块发生碰撞时，接触部分的岩层还没来得及发生弯曲变形，其中一个板块就已经深深地插入另一个板块的底部。由于板块的质量很大，碰撞的力量自然很大，插入部位很深，以至于把原来板块上的岩层带入高温的地幔中而熔化。而上部板块在挤压、楔插和撬推等力的作用下会快速隆起，如喜马拉雅山就是在3000多万年前，由南面的印度板块和北面的亚欧板块发生碰撞，印度板块插入亚欧板块的下方，在相对挤压下隆起形成的。

板块运动有时还会出现另一种情况：当板块向地壳深处插入另一板块的下方时，可以形成很深的海沟，如已知世界上最深的海沟——马里亚纳海沟，以及西太平洋海底的一些大海沟。

在这些大板块之间除了有大洋中脊的裂口，还有几千米深的海沟或者是巨大的断层。而大板块之中还有次一级的小板块，这些小板块间也在不停地运动。正是因为板块相对运动而碰撞或分离，应力集中爆发，造成地震、火山喷发和岩浆活动。应力释放在不同性质的构造部位，产生各种机理的地震，造就地表岩石断裂，形成各种地质断层。这就是板块构造说，可用以解释世界地震带、火山及各种地貌的形成。

随着地壳结构研究的深入，有人在这些大板块中又分出一些较小的板块。例如，把美洲板块分为北美洲板块和南美洲板块；把太平洋板块分为东太平洋板块和西太平洋板块。一些科学家还有如下观点。

（1）印度洋板块和非洲板块发生张裂运动，红海会不断扩张。

（2）非洲大陆将分裂为两部分，非洲大裂缝长达 56km。若是几千万年后，东非大裂谷断裂，则会从大河演变成大江甚至海洋，一片新的陆地也将形成。

（3）地中海会慢慢消失。

（4）南极大陆会向北漂移。

3.2 地球环境与生态演变

科学家将地球形成至今约 46 亿年分为三个主要阶段：第一阶段为形成时期；第二阶段为太古宙（元古宙），原始大气开始形成；第三阶段为显生宙，地球生物开始形成并开始演变。

3.2.1 温度与环境变迁

地球表面的温度在过去的数十亿年里一直在变化，如前 30 亿年一直在极端炎热与极度寒冷的交替中反复，这主要受外来小行星撞击强度、间隔及其引起的火山喷发规模、持续时间等的影响。

1. 地球温度的变化

影响地球温度的因素有很多种。地球围绕太阳运行的轨道、自转轴的倾斜角度、太阳系在银河系中的位置等都会影响地球的整体气候环境。除此之外，地球自身的因素（如大气成分、洋流，甚至生物本身）也能使温度发生变化。

而早期的地球环境主要受外来小行星撞击频率、冲击角度、对地表破坏程度及其引起的火山喷发规模、持续时间等的影响。在多种因素的综合影响下，地球有时冷，有时热。地球冷的时候，冰川覆盖了大陆，形成了地质学上所说的"冰期"。

【拓展视频】

2. 早期地球温度

地球在形成初期的几亿年中，是一个炙热的大火球。随着外来冲击次数和动能的减少，以及不稳定同位素的衰变，可供给的能量持续大幅减少，地表终于冷却到了液态水可以存在的温度范围。海水中的物质（分子）间也在持续进行着各种类型的化学反应，直到形成一些具有自我复制功能的有机物分子。这种能够自我复制的有机物分子逐渐成为混沌中的主流，又逐渐被另一种更稳定的有机物分子代替。就这样在相对稳定的环境中不断复制，不利于复制的过程终止，有利于复制的结果累积。

在原始海洋中经过十几亿年漫长的演变，终于在地球的海洋中开始出现形态非常简单的原核生物，它们大多为厌氧性原核生物。至此，生命出现了。可见，生命的本质是有机物分子的自我复制，而生命演化的本质是海量有机物分子在自我复制过程中产生的极小概率突变。但这时的地球还非常热，而且地球的大气成分中几乎没有氧气，主要是二氧化碳和甲烷等，这种严酷的环境持续了约 27 亿年，生命进化得非常缓慢。

大约在 23 亿年前，海洋中的部分厌氧性原核生物演化出分解水及释放氧气的能力，这种原核生物称为蓝藻，其在海洋中突然大量繁殖，借助光合作用分解海水，并释放出氧气，并使产生甲烷的细菌随之减少。地球中的氧气从无到有，慢慢增加。氧气一方面杀死了大量的厌氧生物，另一方面使大气中的甲烷氧化。甲烷浓度越来越低，温室效应逐渐下降，地球的温度也开始慢慢降低，最终形成了全球性的冰期。

3. 雪球地球

大约在 22 亿年前，地球表面出现过全球性的冰雪覆盖现象。而据同位素测定结果，在距今 8.5 亿～6.3 亿年又出现了成冰纪，其间地球经历了两次全球性长时间的冰雪覆盖，分别为斯图特冰期和马里诺冰期。当时地球上的陆地还没有分裂，而是聚集在一起的巨大的大陆，位置正好处于赤道附近。因为赤道附近接收的阳光多，而陆地吸收热量的能力弱，反射阳光的能力强，并且在夜间通过红外辐射，散发出去的能量也多，这样一来，地球表面蓄积的总能量就越来越少，从而导致气温逐步下降。温度下降导致地球上的冰川面积扩大，冰川是白色的，反射太阳能量的能力更强，就进一步造成了气温的持续下降。地球就此进入了寒冬，从太空中看，地球就是一个白茫茫的"雪球"。

在这两次冰川事件过程中，地表系统遭受极端寒冷气候的洗礼，全球海洋完全冰冻，地表冰盖厚度达到上千米，这种全球性的冰川事件称为"雪球地球"。那时，全球平均气温约为 -50 ℃，持续长达 5500 万年。由于全球冰封之后风化作用几乎停滞，二氧化碳的消耗大大减少，来自火山喷发等形成的二氧化碳不断积累，最终超过一定阈值之后，温室效应导致"雪球地球"快速瓦解。随后经过千万年的气温缓慢上升，冰川融化，海水解冻。残存的蓝藻又开始在海洋中大量繁殖，分解海水并释放出大量氧气。在超过数十万年的累积后，地球表面又开始降温，冰川面积再次扩大，接着又冰冻了大约 1500 万年。

在地球的冰期，可能是地球内部火山剧烈的运动导致全球性大规模火山喷发，与此同时，向大气中输送了大量的二氧化碳、二氧化硫和水蒸气等多原子气体。这些多原子气体在大气中累积到了一定程度，使气温显著上升，冰川开始融化，海水解冻。地球表面的温度就是在这样的环境中起伏变化的。

绝大多数原核生命在冰期中灭绝，但那些幸存下来的物种在气候回暖后重新开始萌发，并爆发出了惊人的能量，也给新生命的产生创造了机会。特别是那些能够进行光合作用的生物熬过了这场冰封浩劫后，成为地球生命的主角。光合作用使地球的大气成分彻底改变，也导致地球生命演化方向的改变。此后，生命开始更多地依赖氧气，氧气使能量的转化效率提高，生物形态和结构变得更加复杂，加速了地球生命的形成和功能多样化发展，成为地球演化史上的最重要的事件之一，即寒武纪生命大爆发。

4. 生命爆发与灭绝

在大约5亿年前的寒武纪，地球表面的平均温度为21℃。经过长达几百万年的冰雪消融，地球生态系统才逐渐恢复，新的物种不断出现，地球恢复生机。在早寒武纪，地球海洋中突然出现大量的无脊椎动物。古地质学家们几乎找不到这些生物的祖先化石，大量的物种突然出现，形成生物圈。例如，海百合就是一种诞生于早寒武纪的棘皮动物，生活于海洋里，有多条腕足，身体呈花状，表面有石灰质的壳，长得像百合花而被命名为"海百合"。在大量的海洋生物中，最初的霸主是奇虾和巨型羽翅鲎（海蝎子）。

在4亿年前，鱼类是当时地球的霸主。当时无脊椎动物仍繁荣，鱼类（如盾皮鱼类、软骨鱼类和硬骨鱼类）在海洋中大量繁衍。

在2.5亿年前的三叠纪，地球上的各大板块合并在一起，形成了盘古超大陆，外围是一个巨型的海洋——泛大洋。而在2.3亿年前的卡尼期，地球不仅非常热，而且其间还持续下了200万年的暴雨，形成了全球范围的卡尼期洪积事件。在二叠纪末期（卡尼期之前），地球经历了一次有史以来最为严重的第三次生物大灭绝事件，造成了98%的海洋生物及96%的陆地生物都在50万年内忽然消失，整个海洋和陆地的生命迹象都基本消失。科学家推断这次生物大灭绝事件发生的原因可能是有多颗小行星陆续撞击地球，造成大规模、持续性火山喷发，引发许多连锁反应。地球温度升高，海水在高温下蒸发，海洋生物因为失去栖息地而大量灭绝。同时，地壳变迁，泛大洋蒸腾的水汽无法深入盘古超大陆的内陆区域，导致陆地上高温，干旱少雨，很多地方形成沙漠（三叠纪留下来大量红色砂岩证明，那个时期的很多地方几乎没有植物存在的碳痕迹）。为了适应干旱酷热的环境，古生物纷纷进化出了相应的生存能力，如耐旱的沙漠植物出现。那时，主宰陆地的动物是劳氏鳄类及植食性动物（如喙头龙、坚蜥）等。

到卡尼期，地球上的高温还在持续，更多的水被蒸发到大气中。经过长时间的积累，大气中积攒了足够的水汽，整个盘古超大陆终于开始大范围、持续时间长达200万年的降雨。研究表明，卡尼期陆地年平均降雨量高达1400mm，地表径流的强烈冲刷使许多低洼处被砾石、碎屑物填平，山前峡谷形成大规模的洪积扇。连绵不断的雨水使陆地变得湿润，原来耐旱的动植物纷纷死亡，地球上长出了高大的植物，进而出现了大型食草动物，地球的生态系统发生了彻底地改变。

有了丰富的食物，大型食草类动物（恐龙）迅速繁衍，成为地球上的主导物种，这也让肉食性动物的体型变得更大。在这一时期，哺乳动物进化出来，由于恐龙等大型食草类动物占据主要生态位置，哺乳动物只能小心翼翼地生存着。

5. 未来地球温度的演变

自工业革命以来，人类向大气中排放大量的二氧化碳等温室气体，由此造成的温室效应让全球气温上升了1℃。如果任由二氧化碳等温室气体的浓度继续上升，地球有可能重蹈2.3亿年前的覆辙。

另外，计算机模拟计算表明，2.5亿年后，地球的几大板块将会再次合并在一起，成为终极大陆。那时，地球气候是否会像2.3亿年前那样，还不得而知。但不管怎样，气候剧变不会让地球成为不毛之地，每次大环境变迁都会让很多生物种群从地球上消失，同时能够适应新环境的新物种将会发展壮大，让地球再次焕发生机。

3.2.2 地貌与环境变化

地貌的形成和重塑有两个重要原因：一个是地球内力，另一个是地球外力。

1. 地球内力

地球内力是指由地球的内能（如岩浆活动、自转形成的离心力等）引起的地壳运动。地球内力创造了地表形态的基本轮廓，是塑造地形地貌的主要动力。地壳几大板块的宏观运动造成海陆分异和大的地形起伏，造成高山、盆地，使地面崎岖不平。其中，造山运动使地壳局部受力、岩石急剧变形而发生大规模隆起，形成山脉的运动，通常影响地壳局部狭长区域的地势构造。造山运动的特点是速度大、幅度大、范围广，常引起地势高低的巨大变化。同时，随着岩层的剧烈变形，也有水平方向上的位移，形成复杂的褶皱和断裂构造。褶皱、断裂、岩浆活动和变质作用是造山运动的主要标志。

地球经历了五次大的造山运动，分别是4.4亿年前（志留纪）的加里东运动、3.65亿年前（泥盆纪）的海西运动、2.5亿年前（三叠纪）的印支运动、2.05亿年前（侏罗纪至白垩纪末期）的燕山运动及6500万年前（新生代）的喜马拉雅运动。五次造山运动和五次物种灭绝的时间有惊人的重叠。

造山运动的动力源于地壳运动，其主要表现形式为地震和火山活动；但又不局限于地壳运动，还包括由于地壳运动或者其他原因引发的地质状况改变的动力，如山洪、冰雪，甚至风力等。从形式上看，造山运动不仅包括山体的形成，也包括山体的改变或者消失，结果是地貌改变、毁灭或者形成新的山体。

2. 地球外力

地球外力是指地表受太阳能和重力而产生的各种作用，如风化、流水、冰川、海流、波浪、潮汐及风力等的侵蚀、搬运和沉积作用等。地球外力进一步"雕塑加工"，破坏高山，填平洼地，使地面趋于平夷。

地球外力形成最多的是侵蚀地貌，即由侵蚀作用塑造形成的各种地形。水流在断层破坏的地区切割出冲沟、峡谷，流水使谷地和河床加宽、加深。例如，水土流失在黄土高原地区塑造出沟壑纵横的地貌；在西南石灰岩地区溶蚀出特有的岩溶地貌（喀斯特地貌）；海浪不断拍击岩石把岩石击成碎片，碎屑再研磨岩石加速破坏，在海岸边形成海蚀柱、海蚀桥、海蚀洞穴等海蚀地貌。冰川的侵蚀力极强，如在雪山众多的青藏高原就有许多特殊的冰川侵蚀地貌，可以形成角峰、冰斗、平底直谷等景观。

而在干旱的戈壁、沙漠地区，时常可以见到奇形怪状的岩石，有的像擎天柱，有的像石蘑菇，这是由风和风携带的岩石碎屑组成的风沙流对岩石表面物质、基岩磨蚀的结果，称为风蚀地貌。风蚀地貌包括风蚀柱、风蚀蘑菇、风蚀城堡、残丘、平顶层状墩台、风蚀穴、风蚀洼地、风蚀雅丹等，典型的风蚀地貌如图 3.4 所示。在风蚀地貌的形成中，流水的侵蚀作用同样巨大，两者协调程度的不同，为众多特殊地形的形成创造了条件。

（a）甘肃张掖丹霞地貌　　　（b）甘肃敦煌雅丹地貌　　　（c）新疆乌尔禾风蚀城堡

图 3.4　风蚀地貌

地表流水可分为坡面流水和沟谷流水。地表在坡面流水的冲刷下趋于破碎。流水汇集到沟谷，形成较集中的固定水流，其侵蚀能力较坡面流水显著增强。在流水的长期冲刷下，坚硬的岩石形成陡崖峭壁；流水下切河床，使之变深，形成沟谷地貌。流水汇成江河，并流淌到低洼处形成湖泊，或汇入大海。

在风和流水的搬运过程中，块度和密度较大的物质会随风速和流水速度的减小而率先下沉，形成重矿物聚集区；而后粗、中、细颗粒砂石会随流水速度的变小依次下沉；当水流进入流动缓慢的宽阔河道或静流状态的塘坝、湖泊时，微细颗粒物慢慢下沉；同时，日照、风等使水分蒸发，溶解的盐类物质逐步浓缩，经过数百万年日积月累，形成盐湖，甚至结晶形成盐类沉积层。每年的雨季都会为湖泊带来新的物质，如此反复，最终形成黏土与盐类矿物互层的特殊地貌。

长江、黄河、松花江等水系的流水裹挟大量泥沙，经过数千万年的搬运、沉积和改道，形成今天的长江中下游平原、华北平原、松嫩平原。长江口淤积的泥沙每年使崇明岛的陆地向前推进约 200 m；黄河多次改道使华北地区至淮河流域的淮北地区、苏北地区原有的众多湖泊淤积、填平，使入海口原有的许多岛屿与陆地相连，是黄河三角洲面积不断扩张的原因。

3. 地震与板块

地震又称地动，是地壳中蓄积的地质应力转变为能量并快速释放时造成的振动，其间会产生地震波。地震发生的地点称为震源，震源正上方的地面称为震中。破坏性地震的地面震动最剧烈处称为极震区，极震区往往是震中所在的地区。板块与板块之间的相互挤压、碰撞，造成板块边沿及板块内部聚集的巨大能量瞬间释放，从而导致地震。当刚性岩石的强度低于能量释放中产生的应力时，就会出现地层破裂和错动，以此释放应力，引起地震。

地震主要发生在大板块之间的边界上及大板块内部的深大断裂带上。

地震是局部地貌重塑的重要根源，不仅会造成房倒屋塌、人员伤亡，还会引起火灾、水灾、有毒气体泄漏、细菌及放射性物质扩散，甚至会造成海啸、山体滑坡、岩壁崩塌，在局部区域可阻塞河道，形成次生灾害。

从地震发生的频率看，亚欧板块与印度洋板块的交界地带、亚欧板块与非洲板块的交界地带均为地震高发区。东非大裂谷持续扩张的原因就是它位于非洲板块与印度洋板块的交界地带。

从我国近几十年发生的可观测的地震分布看，我国周边被环太平洋地震带、欧亚地震带和海岭地震带包围，地震主要分布在中西部地区，特别是青藏高原地区。汶川大地震发生后，其余震呈线性条带状分布在龙门山断裂带上，与断裂带高度重合，这说明断裂带是地质结构最薄弱的区域，也是应力最容易释放的区域。多次小规模的应力释放可以有效避免大地震带来的毁灭性打击。可见，地震发生的地点并不是随机的，而是呈现一定的规律性，地震活动的发生地和板块边界高度重合。

4. 火山喷发

火山喷发是地下岩浆等喷出物从火山口冲出，向地表释放大量能量的一种最具威力、最壮观的奇特地质现象。它是地壳运动的一种表现形式，也是地球内部热能在地表的一种最强烈的显示。刚性岩石圈的下方是一层以硅酸盐为主要成分且具有流动性的黏稠高温熔融岩浆，包含大量挥发性气体，如水汽、硫化氢、二氧化碳、二氧化硫、氟气、氯气等。在上部覆盖的地壳岩层的重压下，这些挥发性气体溶解在岩浆中无法溢出，流动的岩浆沿着断层、裂隙或岩层的薄弱处涌出或喷溢；当岩浆上升到靠近地表时，压力减小，挥发性气体会急剧膨胀，可能冲破覆盖层而喷发出来。火山喷发及挥发性气体喷发如图3.5所示。露出地表的岩浆会冷凝成火山碎屑岩或火山凝灰岩，未露出地表的岩浆则冷凝成玄武岩或花岗岩。如果火山在海洋中喷发，则形成海相火山岩。

【拓展视频】

图 3.5　火山喷发及挥发性气体喷发

岩浆被高速膨胀的气流裹挟着喷发到高空中，快速冷却，外层硬化。但其内部包含的气体由于压力释放，还在急速膨胀，外壳的强度不足以抵御气体的膨胀力而在高空爆炸，形成多孔结构的火山灰颗粒，以及部分没有爆炸的大颗粒火山弹等。从火山口流出的岩浆可以沿山坡或河谷流动，其表面逐步冷凝，但炎热的内部仍具有流动性，在后续岩浆及自身重力的推动下，会冲破表面尚未完全冷凝的硬壳而缓慢前行。岩浆的前端呈舌状，在岩浆冷凝过程中，由于岩石导热性和地表形态的差异，可形成波状岩浆、绳状岩浆、块状岩浆、岩浆瀑布和岩浆隧道等，岩浆如图 3.6 所示。

图 3.6　岩浆

地幔中的高温熔融岩浆涌入岩石圈或露出地表，慢慢冷凝后形成的岩石就是火山岩。岩浆在均匀冷却过程中由于收缩作用，发生柱状解理而裂开，形成规则的六边形或五边形火山岩石柱（图 3.7）。岩浆在冷凝过程中，各类矿物质成分会出现同类聚集析出的分异现象。随着埋藏深浅的不同，岩浆冷却速度差异很大。如果埋藏浅，则岩浆冷却相对快，分异弱，析出晶体颗粒微细的岩体；如果埋藏深，则岩浆冷却极其缓慢，甚至长达数万年，会形成晶体颗粒比较粗大的岩体。

图 3.7　火山岸石柱

3.2.3　地球生命的保护伞

地球上植被葱郁、动物兴旺，持续了几亿年，这一方面得益于地球大气层及其所含臭氧的保护，另一方面就是看不见摸不着的地球磁场的无形庇护。

1. 大气层和臭氧

地球大气层是大量气体聚集在地球周围而形成的数千千米的大气包裹层。气体随着距地面高度的增加而变得越来越稀薄。探空火箭在 3000km 高空仍发现有稀薄大气，有人认为，大气层的上界可能延伸到距地面 6400km 左右。

【拓展视频】

据科学家估算，大气质量约 6000 万亿吨，约占地球总质量的百万分之一。按大气层的各种气体体积分数分类，其主要成分包括氮气（78.1%）、氧气（20.9%）、氩气（0.93%）、二氧化碳（0.03%）、氖气（0.0018%），以及少量其他稀有气体，还有水汽和尘埃等。

大气层自地表起垂直向上，通常分为对流层、平流层、中间层、电离层和外逸层。

（1）对流层。对流层是大气圈贴近地面的最低层，是大气中最活跃、与人类关系最密切的一层。其下界是地面，上界因纬度和季节而异。对流层的平均厚度约为 12km，其中赤道地区对流层的平均厚度为 18～19km，极地地区对流层的平均厚度为 8～10km。常见的风、雨、雷电等天气现象就发生在这一层。该层温度随高度增加逐渐降低。

（2）平流层。从对流层顶至 60km 左右为平流层，该层温度随高度的增加迅速增高。平流层大气主要以平流运动为主，有利于高空飞行，飞机一般在平流层中飞行。另外，平流层中的臭氧层吸收太阳紫外线，保护地球上的生物免受大量太阳紫外线的辐射。

（3）中间层。从平流层顶至 140km 高空是中间层，该层温度随高度增加逐渐降低。流星体、陨石等大部分在中间层燃尽。

（4）电离层。电离层也称暖层或热层，是地球大气层的一个电离区域，即从中间层顶到 800km 的高空。电离层受太阳高能辐射及宇宙射线的激励而电离，该层温度随高度增加而迅速增高。电离层内温度很高，昼夜变化很大。由于电离层下部尚有少量的水分存在，因此偶尔会出现银白微带青色的夜光云。

（5）外逸层。外逸层也称逃逸层，是指电离层以上的大气层，即 800km 高度以上的大气层。外逸层空气在太阳紫外线和宇宙射线的作用下，其温度随高度增加而略有增高。该层大部分原子发生电离，使质子的含量大大超过中性氢原子的含量。外逸层空气极为稀薄，其密度几乎与太空密度相同，故又称外大气层。由于外逸层空气受地心引力极小，气体及微粒可以从这层飞出地球引力场而进入太空。据报道，每年通过外逸层进入太空的大气超过 10 万吨。外逸层是地球大气的最外层，关于该层的上界还没有一致的看法，实际上地球大气层与星际空间并没有清晰的界限。

大气层使地球宜居，是地球生命的保护伞。如果大气层消失，地球表面的水分将会迅速蒸发，生命便会枯竭。因为有了大气层，它将绝大多数的流星体、陨石阻挡在外，或将它们烧毁在中间层，缓冲了流星体、陨石对地球生态环境的影响。

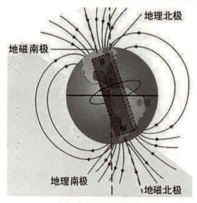

图 3.8　地球磁场

2. 地球磁场

地球磁场（图 3.8）类似于把一个巨型磁铁棒放到地球中心，地磁北极处于地理南极附近，地磁南极处于地理北极附近。地球南北磁极与地理南北极并不完全重合，存在一个微小且变化着的磁偏角。地球磁场属于电磁场，随地球公转而不随地球自转。

通常物质所带的正电荷和负电荷数量是相等的，但由于地核中物质受到巨大的压力和约 6000℃ 的高温，因此物质会变为带电量不等的离子体，即原子中的电子克服原子核的引力变为自由电子，加上地核中物质受到巨大的压力，自由电子趋于向压力较低的地幔运移，地核则处于带正电状态，地幔附近处于带负电状态。

由于地核的体积极大，温度和压力又很高，因此其导电率极高，电流就如同在没有电阻的超导线圈中永不消失地流动，从而使地球形成了一个磁场强度较稳定的南北磁极。电子的分布位置会受许多因素的影响并不是固定的，再加上太阳和月亮的引力作用，地核的自转与地壳和地幔的自转并不同步，会产生一个强大的交变电磁场，地球南北磁极因而会做一种低速运动，造成地球的南北磁极翻转。

地球磁场会受到外界扰动的影响，如从太阳日冕层抛射出的高温高速低密度的高能粒子流——太阳风的影响（图3.9）。太阳风的主要成分是带电氢离子和带电氦离子组成的一种等离子体。当粒子流进入地球附近时，部分会受洛伦兹力的作用绕过地球，其余部分会被类似磁镜的地磁系统俘获，通常在5～10个地球半径外的距离就被拦截。在太阳风的压缩作用下，地球磁力线向远离太阳一侧的空间延伸得很远，形成一个被太阳风包围的、彗星状的地球磁场区域，称为磁层。太阳风与行星磁场相

图3.9　太阳风对地球磁场的影响

互作用在行星背日面形成的长尾状结构，称为磁尾。太阳风与地磁场相持形成的曲面是磁层的边界，称为磁层顶。地球磁层位于距大气层顶600～1000km的高空，其外边界称磁层顶，距地面5万～7万km。在磁赤道附近，有一个特殊的界面，在界面两边磁力线突然改变方向，此界面称为磁尾中性片。磁尾中性片上的磁场强度微乎其微，厚度约为1000km。磁尾中性片将磁尾分成两部分：北面的磁尾朝向地球，南面的磁尾背离地球。

地球磁场除了能够有效屏蔽太阳风的危害，还能够大幅度减少这些高能粒子对地球大气层的冲击。特别是在减弱太阳爆发等极端事件的危害中，地球磁场作用巨大。太阳爆发是在短时间内通过增强的电磁辐射、高能带电粒子流和等离子体云三种形式释放巨大规模的能量现象。太阳喷射物质和能量到达近地空间后，会强烈扰动电离层，从而影响人类活动。

太阳耀斑爆发时增强的地磁辐射以光速到达地球空间，时间只需约8min，它主要扰动电离层，影响短波通信环境。高能带电粒子需几十分钟才能够到达地球空间，除了能引起极区电离层电子密度增加，产生电波极盖吸收事件，还会直接轰击航天器，给航天器带来辐射损伤等多种影响。日冕物质抛射的快速等离子体云需要1～4d才能到达地球空间，它首先与地球磁层发生相互作用，引起地球磁场变化，产生磁暴，随后引发地球空间高能电子暴、热等离子体注入、电离层暴、高层大气密度增加等多种空间环境扰动事件，对卫星运行、导航通信和地面系统产生一系列的影响。地球磁场的剧烈变化会在地球表面诱生地磁感应电流，这种附加电流会使电网中的变压器受损或者烧毁，造成停电事故，如1989年3月的强磁暴使加拿大魁北克地区大面积停电9h。除电力系统本身外，所有依赖电力的应用系统都可能遭受破坏。地磁感应电流还可能对管线系统造成腐蚀，影响石油、电缆等管线系统的正常运行。可见，磁暴的影响主要有对卫星、无线电通信和地面技术系统三个

方面的影响。

由于地球拥有磁场和稠密大气层的双重保护，地球上的生态环境要远远优于太阳系中其他行星上的生态环境。各种有害射线和高能辐射被屏蔽在地球的大气层外，磁暴对地球形成的三轮攻击也大多被地球磁层和大气层化解，从而为地球生命的诞生和繁衍提供了关键保障。

3.3　地球生命的起源与进化

地球生命的起源一直是科学家们持续研究和努力解决的重大问题。达尔文提出了物种起源学说，米勒以化学实验为依据，提出了化学起源说，随着人类科技水平的提高、古老化石的不断发现和研究，人们对生命起源问题及生命本质的认识将会越来越深入。

3.3.1　生命起源理论与学说

目前，科学家们对生命的起源问题存在多种臆测，提出的具有代表性的学说有创造论、生源论、宇宙生命论、自然发生说、化学起源说及热泉说等。

1. 创造论

创造论又称神创论，认为世界万物都是由神所创造的，如《圣经》就提出了神创造天地的理论。创造论主要在各天主教、基督教等教派的经典中出现和传播。但科学研究认为，生命体的最根本特征是自组织形成的，而不是被创造的。

2. 生源论

生源论又称生源说，认为生物体只能源于之前存在的另一个生命的理论，如鸡生蛋，蛋又可以孵出小鸡。这种理论同时也认为，生物化学过程只能发生在生物体内。

目前，许多科学家仍然认为，生命的形成必须有酶的存在，像蛋白质和遗传物质的形成需要数亿年的时间才能形成生命。但在地球的早期，并没有可以完成这一过程的充足的时间和条件。因此，生命一定是以孢子或者其他生命的形式从宇宙的某个地方来到了地球，即从生源论逐渐发展到宇宙生命论。

3. 宇宙生命论

宇宙生命论认为，生命是宇宙生来就固有的，一切生命来自宇宙。地球上最初的生命来自宇宙间其他早期的星球，宇宙中大量的生命孢子可以随着陨石、小行星、彗星或通过其他途径到达地表，成为地球最初的生命起点。

现代科学观察和研究表明，已发现的大多数星球不具备地球生命存活的条件，因为那里没有氧气，温度从接近绝对零度至数百摄氏度，压力从数十到数千个大气压，又充满具有强大杀伤力的紫外线、X射线和γ射线等，所以，任何生命孢子都不可能存活。例如，火星表面在接受太阳照射的地方，近日点和远日点之间的温差将近160℃，平均温度约为－55℃，冬天约为－133℃，夏天约为27℃。又如，月球表面在阳光垂直照射的地方，温度高达127℃，夜晚则降至－183℃，这主要是因为没有大气，月球表面物质的热容量和导热率又很低。

4. 自然发生说

19世纪初曾流行自然发生说，其认为生命是从无生命物质自然形成的，即生物可以由非生物产生，或者由一些截然不同的物体产生。我国古代就有"肉腐出虫，鱼枯生蠹"等观点；西方也有树叶落入水中变成鱼，落在地上则变成鸟等传说。

直到1860年，法国微生物学家巴斯德通过著名的鹅颈烧瓶实验，彻底否定了自然发生说。首先，巴斯德把肉汤灌进两个烧瓶里，第一个烧瓶就是普通的烧瓶，瓶口竖直朝上；而第二个烧瓶的瓶颈弯曲成鹅颈一样。然后，把两个烧瓶内的肉汤煮沸、冷却，两个烧瓶都敞口放置，外界的空气可以与肉汤表面接触。三天之后，第一个烧瓶里就出现了微生物，而第二个烧瓶里却没有。他把第二个瓶子继续放了一个月、两个月、一年、两年……直至四年后，鹅颈烧瓶里的肉汤仍然清澈透明，没有微生物出现。据此，巴斯德认为，肉汤中的微生物来自空气，而不是自然形成的，从而否定了自然发生说。

现代生物学和化学的研究结果证明，生命的创造只能通过遗传物质的复制及细胞的分裂过程来实现，同样否定了自然发生说。

5. 化学起源说

化学起源说认为，早期地球温度逐步下降以后，地球上的生命是由非生命物质经过极其复杂的化学过程在漫长岁月中逐步演变而成的。

最具代表性的生命起源验证实验是由米勒设计的，他假设原始地球大气层中只有氢气、氨气和水蒸气，没有氧气等。当他将模拟的大气通电引爆后，发现其中产生了一些氨基酸和氢氰酸等有机化合物。氨基酸是合成蛋白质的基本单元，而蛋白质是生命存在的形式；氢氰酸可以合成腺嘌呤，腺嘌呤是组成核苷酸的基本单元。因此，他认为生命从无到有的理论可以确立，证明生命是进化而来的。但米勒的实验也有很多的疑点，如所使用的能量大小、不同气体的配合结果差异很大等。虽然都产生了氨基酸、糖类等物质，但仍不能证明这就是生命的起源。

地质学家研究认为，地球早期大气圈中的还原性气体很少，而含有大量的二氧化碳和氮气，比米勒实验的气体多了一些惰性成分。在闪电的情况下，并不能形成大量的氨基酸，故米勒的实验结果难以代表生命的起源。另外，火星探测事实表明，火星大气中有氧气，但是没有找到生命，而米勒假设大气层中没有氧气存在，故没有生命也难以成立，因此，无法证明生命起源是由单细胞进化而来的。

6. 热泉说

经过多年探索，科学家们认为，氨基酸是构成有机体的最主要成分，而氮元素是构成氨基酸的基本成分，因此，氮元素转变为氨基酸的过程就成为生命起源过程中必要的一步。美国华盛顿卡内基研究所地球物理实验室的黑普教授等人实验发现，在300～800℃、

0.1~0.4MPa的环境下，氮分子和氢分子在金属矿物的催化作用下，发生还原反应，生成具有活性的氨分子，这个反应条件正是早期地壳和海底热泉系统能够提供的。其研究还发现，在800℃以上的环境下，氮元素只以氮气分子的形式存在，从而排除了早期地球大气中大量存在氨分子的可能。氮分子向氨分子的转换过程很可能发生在大量溶解了矿物质的海底热泉周围，富含氨分子的环境能更有效地满足早期生命起源对氮元素的需求。

此外，1967年，美国学者布莱克在黄石国家公园的热泉中发现了大量嗜热生物，其蛋白质超过60℃才会凝固，说明这些生物在60℃以上能够存活。1977年，克里斯发现在200~300℃、200~300MPa且含有大量一氧化碳、甲烷、氢气、硫化氢等还原性气体环境的太平洋底的热泉丛林——海底"黑烟囱"（图3.10）附近有大量嗜热微生物，这与30多亿年前的地球环境极其类似。因此，有科学家认为在古老的原始海洋中存在这种构成有机物分子的原始汤。

图3.10 海底"黑烟囱"

热泉生物能够生存完全依靠化学自养细菌的初级生产者。由于海底"黑烟囱"喷出的热液里富含硫化氢，这样的环境会吸引大量的亲硫细菌聚集，并能使硫化氢与氧反应，产生能量及有机物，形成化学自养。这类细菌会吸引一些滤食生物，或者能与细菌共生的无脊椎动物共生体，以氧化硫化氢为生存来源，形成以化学自养细菌为初级生产者的生态体系。

许多科学家在太平洋、印度洋、大西洋的海底"黑烟囱"附近发现各种各样前所未见的奇异生物，如大得出奇的红蛤、海蟹、血红色的管虫、牡蛎、贻贝、小虾和一些形似蒲公英的水螅生物等，如图3.11所示。

图3.11 海底"黑烟囱"附近的奇异生物

通常的贝壳是滤食性动物，有鳃、消化系统及进出水口等器官，但海底热泉的贝壳不一样，它们的消化系统及进出水口等器官呈退化现象，海底细菌则会住在它们的鳃里，在繁殖的同时，被贝壳体利用，因此，贝壳生长得非常快。据此，研究人员推测，海底热泉在地球早期如果能够产生足够的氨分子，通过海洋与大气的水和气体交换，氨分子占主导的早期地球大气中氨分子会逐渐增多。氨气属于温室气体，能够对地球表面起到保暖作用，这也解释了为什么在当时太阳能量不足的情况下地球上的海洋仍能保持液态。当然，上述理论还需进一步证实。

3.3.2 生命大爆发与演变

大约在40亿年前，最初的生命出现在了地球上，这些生物是最原始的原核生物，大多生活在深海热泉附近的极端环境中。

1. 早期生命现象

2000年，罗斯玛森在研究澳大利亚距今约32亿年的火山沉积岩时，发现了大量保存完好的丝状体，这说明当时生命在热泉附近已经大量存在。这些化石类似于现在的蓝藻，它们是一些肉眼看不见的原始生命，其大小仅为几微米到几十微米。

另外，在格陵兰的38.5亿年的岩石中发现了碳。碳分为两种，一种为无机碳，另一种为有机碳。科学家根据获得的两种碳的同位素分析，计算具有不同原子量的碳的比例，就可以推测这些碳的存在时间及来源。结果认为这些来源于有机碳。地球形成的年龄大约为46亿年，对比可知生命起源于距今46亿~35亿年之间，即地球诞生后的10亿年内，地球生命就产生了。但在地球形成的早期，引力作用使其表面受到了大量的小行星、陨石的撞击，局部温度瞬间可达数千至数万摄氏度，极不适合生命的生存。因此，地球上生命起源的时间不早于40亿年前。组成地球胎体的元素多为不稳定放射性同位素，在其衰变过程中会不断向外释放能量和射线，即使产生了生命，也不一定能在这样的环境下生存。

【拓展视频】

2. 原始生命基因

生物学家对热泉中发现的一些嗜热古细菌进行分子生物学研究时发现，它们的基因与现在普通细菌的基因的相同点不超过60%，这说明这些嗜热古细菌含有非常多的古老基因，很有可能就是生命起源时的基因种类。

现代研究还发现，热泉及附近有蓝藻、光合细菌、硫细菌等生物，其中一类古细菌在超过100℃的高温下异常活跃，会大量繁殖；如果温度下降，它们就进入休眠，不能正常活动，这些生物可能是地球生命起源的原始形式。在东太平洋海底的地壳活动带有许多温度超过100℃的海底热泉，有些热泉在冒出地面时会在出口处形成烟囱似的石柱，在石柱上生活着一种毛茸茸的软体动物——庞贝蠕虫。它们用分泌物从基岩上堆起一条细长的管子，身体就像珊瑚虫一样蛰居在里面，生物学家们通过水下仪器看到这些蠕虫有时会爬出管子，在四周游荡。经测量，管子的中心水温高达105℃，而管子外距离管子1m处的水温只有2℃左右，接近海底冷水，它们在这极度温差中自由游荡，既不怕热又不怕冷，是目前所知最耐高温、最耐温差的动物。在热泉周围的海水中，有高浓度的有毒硫化物和重金属元素，庞贝蠕虫都没有中毒。

值得注意的是,地球上氧元素虽然很多,但是在原始大气中的氧含量只有0.02%,近乎无氧。因此,地球上最初的生物应该是厌氧生物。大约在26亿年前,地球氧含量增加,真核生物出现;大约在5亿年前,氧含量再次增加,导致了寒武纪生命大爆发。因此,地球上真正开始出现复杂的生命体大约在5亿年前。

3. 寒武纪生命大爆发

大约5.42亿年前到5.3亿年前是寒武纪的开始时间。寒武纪地层在2000多万年的时间内突然出现种类众多的无脊椎动物化石,这说明在这一时期不同种类的动物(如海绵、节肢、腕足、脊索、蠕形动物等)相继大规模出现,大量与现代动物形态基本相同的动物在地球上同时出现,形成了多种动物同时存在的繁荣景象。中国云南澄江生物群、中国贵州凯里生物群和加拿大布尔吉斯生物群构成世界三大页岩型生物群,为寒武纪的地质历史时期的生命大爆发提供了证据。在更为古老的地层中,科学家几乎找不到这些生物的祖先化石,似乎大量的物种"从天而降",突然大规模出现,这被认为是古生物学和地质学上的一大悬案,自达尔文进化论提出以来就一直困扰着学术界。

在4亿年前,盘古大陆还没有分离,陆地上已经遍布裸蕨类植物,出现了如三叶虫等早期昆虫,以及正在进化的原始两栖动物,但爬行动物还没有出现。到泥盆纪时,肉鳍鱼类从海洋来到了陆地,原始两栖动物开始出现。距今约3.77亿年的晚泥盆纪,第二生物大灭绝发生,约75%的物种永远消失,但四足类动物幸存。鱼石螈是如今所有四足生物的祖先,是最早登上陆地的脊椎动物,现存陆生动物(如爬行类、鸟类、哺乳类等)几乎都是从这种原始的两栖动物进化而来的。

3.3.3 生物进化过程

生物进化是指一切生命形态发生、发展,由一种状态过渡到另一种状态的演变过程。1859年,达尔文发表《物种起源》,论证了地球上现存的生物都是由共同祖先发展而来的,它们之间有亲缘关系,并提出自然选择学说,以说明进化的原因,从而创立了科学的进化理论,揭示了生物发展的历史规律。

【拓展视频】

地球生物的繁衍、进化和消亡无不遵循适者生存的自然法则,生物进化又持续影响和改变着大气的成分和自然环境。

1. 生物进化与人类诞生

地球上的生命从最原始的无细胞结构状态进化为有细胞结构的原核生物,从原核生物进化为真核单细胞生物,然后按不同方向发展,出现了真菌界、植物界和动物界。其中,氧气从矿物质中溢出,为早期需氧生物的诞生和繁衍提供了环境基础,也为臭氧层的形成提供了物质条件。臭氧层与地球的磁场一起阻挡了来自宇宙的有害射线,保护了陆生生物,为生物大爆发提供了理想条件。

随后,植物界从藻类到裸蕨植物,再到蕨类植物、裸子植物,最后出现了被子植物;动物界从原始鞭毛虫到多细胞动物,再到脊索动物,进而演化出脊椎动物,脊椎动物中的鱼类又演化出两栖类再到爬行类,从爬行类分化出哺乳类和鸟类,哺乳类中的一支进一步发展为高等智慧生物——人类。生物进化的一般序列如图 3.12 所示。

大约在 5 亿年前，海洋中的生命种类和数量出现爆发式增长。大约在 4 亿年前，海洋生物大发展，并逐步走向陆地，形成生物圈。大约在 2 亿年前，恐龙繁衍，此时，盘古大陆开始分裂，逐渐漂移扭转和远离，形成了今天的欧亚大陆、美洲、非洲、大洋洲和南极洲。

大约在 6600 万年前的新生代，哺乳动物取代爬行动物而成为地球的主宰。各种原始生物在自然选择的法则之下逐渐进化。大约在 400 万～800 万年前，一批树上生活的古猿下到了地面，形成能够直立行走的类人猿，它们逐渐学会使用树枝

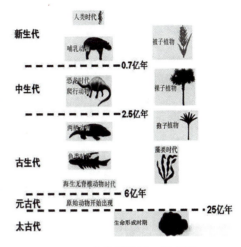

图 3.12　生物进化的一般序列

和石块，并在大约 200 万～300 万年前，进化为能够使用和制造工具的原始人类。上帝造人说认为，上帝用泥土造出了一个男人叫亚当，又造出一个女人叫夏娃，成为西方人类的始祖。我们中华民族也有自己的人文始祖——伏羲和女娲。

2. 生物大灭绝

生物大灭绝是指生物大规模的集群灭绝事件，或称生物绝种，即整科、整目，甚至整纲的生物在很短的时间内彻底消失，或仅有极少数留存下来。生物大灭绝对动物的影响远大于陆生植物，但总有一些类群幸免于难，或从此诞生，或开始繁盛。

生物大灭绝好像有一定的周期性，时间间隔大约 6000 万～7000 万年。五次生物大灭绝发生的时期如下。

第一次生物大灭绝发生于奥陶纪末期，导致大约 85% 的物种灭绝。

第二次生物大灭绝发生于泥盆纪末期，海洋生物遭到重创。

第三次生物大灭绝发生于二叠纪末期，导致超过 96% 的海洋生物和 70% 的陆地脊椎动物灭绝。

第四次生物大灭绝发生于三叠纪末期，导致大约 76% 的物种灭绝，其中主要是海洋生物，爬行类动物遭到重创。

第五次生物大灭绝发生于白垩纪末期，又称白垩纪大灭绝或恐龙大灭绝，导致三叠纪末期以来长期统治地球的恐龙整体灭绝。

3.3.4　地球生命的未来

人类的出现有 200 万年左右的历史，现代人类文明史不到 1 万年。19 世纪工业革命后，人类肆意捕杀动物、砍伐植被、开发资源，使地球生态系统遭到严重破坏，甚至严重影响到区域生态系统的平衡和稳定。据此科学家估计，人类的干扰使鸟类和哺乳类动物灭绝的速度提高了 100～1000 倍。而面对突发的自然灾害，人类还非常脆弱。那么，人类的贪婪和无度，会不会成为自身的掘墓人？人类有没有能力应对如白垩纪末期类似小行星撞击带来的灾变？人类统治地球的时间，会不会比恐龙统治地球的 1.7 亿年更长久呢？

1. 恐龙时期的地球环境

古生物学家通过对大量的来自不同区域、不同地质层位出土的恐龙化石进行碳14同位素测量，并结合多种先进的研究手段分析，终于证实：恐龙生活在距今约2.35亿～0.65亿年前，大约经历了1.7亿年。人类把恐龙生存的时代划分为3个地质时代：三叠纪、侏罗纪和白垩纪。

在三叠纪，恐龙开始出现；在侏罗纪，恐龙个体的体积达到最大；在白垩纪，恐龙种类最多。

在白垩纪，大气层中氧气含量是现在的1.5倍，二氧化碳含量是工业时代前的6倍。当时全球气候炎热、湿润，平均气温比现在高约4℃，降雨十分充沛，草木茂盛，巨树参天，为食草类动物（特别是食量巨大的恐龙）提供了充足的食物资源，食草类动物又成为食肉类恐龙的食物，如此，一个完美的食物链就这样运转了1.7亿年，几乎没有什么太大的变化。正是这种特殊且丰富的生物群落环境为近海及滨海地带形成丰富的石油、煤、天然气和油页岩矿产资源奠定了坚实的基础。

人类发掘出的大量恐龙化石，证明恐龙确实存在；而恐龙灭绝的原因曾有多种猜测，如疾病说、气候变迁说、酸雨说、物种斗争说、小行星撞击地球说等。

2. 恐龙灭绝与小行星撞击地球的证据

大量化石研究和地质考察认为，全球恐龙最终同时消亡是由于一颗小行星撞击了地球，及其诱发的一系列连锁灾难反应。通常，绝大多数撞向地球的小行星在还没落到地面之前就与上层大气高速摩擦而烧毁或爆炸成为碎块，其中稍微大一些的块体冲向地面成为陨石。陨石极快的飞行速度所携带的巨大能量会对地球表面形成强大的冲击及一系列连锁反应，甚至会给地球表面上的生命带来巨大的灾难。特别是直径达到数十米到数千米的大块陨石撞击地球表面时，其所携带的能量主要通过两个途径来释放：一是转化为热能，导致撞击区域的物质急速升温、熔融甚至汽化；二是转化为强大的冲击波，不仅会在撞击点冲击出巨大的陨石坑，还会使撞击点周围的各种物质颗粒高速飞溅。（图3.13所示为小行星撞击地球的想象场景及陨石坑）。在撞击和碎屑物飞溅过程中，高温会引起一定区域内的树木等可燃物着火，祸及生物。飞溅的碎屑物和烟尘再随地球自转慢慢坠落到特定区域。撞击的影响范围与小行星的直径、形状、撞击角度与部位等因素直接相关。根据小行星成分的不同，它们有可能会形成玻璃状的岩石团块等。通过寻找和研究这种玻璃状的岩石团块的分布规律，可以推测出小行星撞击点的大概位置，然后进一步分析和勘测，最终可以找到撞击点。

(a) 小行星撞击地球的想象场景　　　　(b) 陨石坑

图3.13　小行星撞击地球的想象场景及陨石坑

3. 计算机模拟研究

大约6600万年前，一颗直径10km的小行星以40km/s的速度猛烈撞击了位于墨西哥的尤卡坦半岛的海域，并在海底撞出一个巨大的深坑，致使地球内部岩浆汹涌喷出，难以计数的碎屑物喷向数万米的高空，造成了火山爆发、海水迅速汽化、森林大火，随即掀起的海浪高达1609m，并以极快的速度扩散，冲天大水横扫陆地，其释放的能量相当于100万亿吨梯恩梯（TNT）当量，最终形成直径超过180km的巨型陨石坑。整个地球被浓浓的火山灰和毒气覆盖，暗无天日，气温骤降，以至于数月乃至数年里，阳光无法穿透大气层到达地球表面，植物无法进行光合作用。同时，水蒸气冷凝，大雨滂沱，山洪暴发，泥石流等将恐龙等大量生物卷走并埋葬。地球因终年不见阳光而进入寒冷的冰封期，导致第三次生物大灭绝，曾经的陆地霸主恐龙就此消失，生物史上的一个繁盛时代就这样结束了。

美国科学家最新的计算机模拟研究显示，此次撞击引发全球性大火，估计有150亿吨烟灰进入大气层，在地球上空形成一层屏障，阻挡了超过99%的阳光，阳光无法到达地球表面，让地球陷入长达近两年的黑暗期，75%的生物灭绝。

实际上，地球上大多数植物已被撞击引发的大火焚毁，留下的部分也由于天空黑暗、气温骤降、接收不到阳光而休眠或死亡。受黑暗影响最大的应该是海洋浮游植物，它们位于海洋食物链的最底层。在浮游植物因无法光合作用死亡后，连锁效应最终导致许多海洋生物灭绝。在这种情景下，陆地气温可能下降了28℃，海洋表面温度则可能下降了11℃。此外，由于烟灰会吸收阳光，大气层中的温度变得很高，导致大量臭氧消耗；同时，烟灰中存储大量水蒸气，水蒸气发生化学反应产生氢化物，导致臭氧进一步消耗。

烟灰被清除后，臭氧消耗使得破坏性剂量的紫外线抵达地表，这可能进一步对留存生物造成危害。水蒸气一旦开始清洗大气中的烟灰，烟灰会随水蒸气落回地表，大气层的温度开始下降，导致水蒸气冷凝成冰粒子，进一步清洗更多的烟灰。气温下降导致降雨，降雨导致降温和烟灰沉降，在循环作用下大气很快被清洗干净，阳光照射地表，地表温度升高，厚厚的冰雪开始融化，休眠的植物开始发芽，地球开始慢慢恢复生机。

4. 考察与测试论证

早在20世纪80年代，物理学家路易斯·阿尔瓦雷茨和他的儿子地质学家沃尔特·阿尔瓦雷茨在研究白垩纪和古近纪交替时的地层中发现，铱的含量远远高于其他地层。而铱是一种密度极高的重金属元素，在地球形成早期的熔融阶段，这些较重的元素都已经沉入了地核，地壳中的含量极低。但这个时期的地层铱的含量很高，这只有一种解释——一颗铱含量很高的小行星撞击了地球，并且碎裂，甚至汽化，飞溅到空中，飘散到很远的地方，在地球自转离心力和万有引力的共同作用下，冷凝后的碎屑飘落回地球的各个角落，造成该时期形成的沉积地层中铱含量异常，这为科学解释恐龙灭绝的原因提供了有力的证据。

5. 人类未来的出路

随着科技越来越发达，人类对自然的认识逐渐加深，对地球未来发展趋势及潜在威胁的了解也将越来越深入，未来的科技手段可以帮助人类更好地利用自然资源，满足人类的生存和发展需求，也能帮助人类更好地顺应自然，保护生态，保护自己。但好奇心使人类不可能满足于现状，正如现代宇宙航行学奠基人康斯坦丁·齐奥尔科夫斯基所说："地球是人类的摇篮，但人类不可能永远被束缚在摇篮里。"

思 考 题

（1）为什么地球受到外来小行星撞击的次数越来越少？

（2）太阳把能量传递给地球，但为什么太阳到地球之间的太空是冰冷的？

（3）试分析黄土高原隆起的可能原因。

（4）生命能否在海底产生？在海底火山喷口或者热泉中，能找到微生物化石吗？

（5）通过对地球生命的研究，你认为在宇宙不同星系中存在生命吗？为什么？

（6）宇宙更适合硅基生命体，硅基生命体是什么样子的？

第 4 章 文明曙光

 本章教学要点

知识要点	掌握程度	相关知识
人类进化与智慧曙光	认识进化与能力提升； 掌握文字产生与文明演化	直立行走； 火的利用； 文字的使用； 文明进步
意识觉醒与知识形成	熟悉意识觉醒、意识与认知、知识知识形成与智慧发展	意识的产生； 认知的内涵； 知识、文化与智慧
古代文明	了解古代两河流域文明及拓展； 掌握中华文明； 认识美洲文明	古埃及文明、古巴比伦文明、古希腊文明、古印度文明； 黄河流域、长江流域史前文明分布； 玛雅文明

导入案例

在人类的进化过程中，直立行走解放了双手，提高了捕获效率，降低了觅食过程中的能耗。火的使用提高了人类的健康水平，延长了人类的平均寿命。定居点的形成为族群扩大和氏族部落的形成奠定了基础。农耕和畜牧养殖的逐步发展成为人口增加和国家发展的基础。文字的发明和使用使人类迅速摆脱蒙昧状态，文字成为人类走向文明的关键，对意识觉醒与知识形成、文化传承和文明进程影响深远，促进了科学意识的形成、知识的积累和科学的进步。知识的应用及生产力的发展成为海洋文明和大河文明发展的基础。

 课程育人

人类数百万年的进化史、数千年的文明史和200多年来的工业发展史充分说明，科技

是第一生产力。"历史告诉我们一个真理：一个国家是否强大不能单就经济总量大小而定，一个民族是否强盛也不能单凭人口规模、领土幅员多寡而定。近代史上，我国落后挨打的根子之一就是科技落后。"中华民族要实现第二个百年奋斗目标，必须走出一条新路，面向世界科技前沿、面向经济主战场、面向国家重大需求、面向人民生命健康，矢志创新。

4.1 人类进化与智慧曙光

4.1.1 进化与能力提升

人类起源于森林古猿，从灵长类经过漫长岁月的进化过程逐步发展而来，经历了猿人类、原始人类、智人类、现代人类四个阶段。生物学研究发现，遗传基因DNA是进化的，从而证实了进化论的科学性。

人类进化过程中的几个特殊事件促进了人类文明进程发生了质的飞跃，大大加速了智慧人类的形成。

1. 直立行走

为了适应生存环境的变化，部分生活在树上以采摘野果为生的古猿被迫从树上走向平地去寻找新的食物。捕猎就是古猿直接而有效地获得食物的方法。在捕猎和搬运猎物的过程中，其四肢和大脑得到锻炼，前后肢分工，四肢的功能慢慢分离。古猿逐渐开始直立行走，直立行走使其前肢获得解放，前肢所从事的活动越来越多，促进大脑发育。

为了生存和提高生产效率，古猿从使用随手捡拾到的树枝和石块等天然工具，到使用和保留更顺手的加工工具，慢慢产生了以自我为中心的意识。

直立行走不仅视野范围扩大，观察到的信息量增加，而且促使大脑发育，脑容量也加大，选择捕获的准确度提高，获取量增加，可供养的人口增加，应对自然灾害的能力增强。正如恩格斯所说："这就完成了从猿转变到人的具有决定意义的一步"，正是工具的使用，成为人类和其他动物最大的区别之一。

现代研究发现，直立行走所消耗的能量仅为四肢着地行走时消耗能量的25%左右，证明了人类直立行走方式的确立与能量消耗有关，这样所需要的食物更少。直立行走和智慧的发展使人类学会了农耕稼穑，有了更多的食物来源。

2. 火的利用

从古人的牙齿结构看，他们主要生吃食物，以肉食为主，采摘野果以补充狩猎不足，遇到食物匮乏时，偶尔食用一些谷物种子维持生存。雷电、火山喷发或陨石飞入等偶然事件引起森林、草原大火，造成局部猎物资源匮乏，为了生存，古人不得不食用被烧死的动物尸体，结果发现烧死的动物尸体不仅容易撕咬，味道也比生肉更好；而被火烧过的谷物的壳、皮分离，味道也更好。于是部分区域的原始人类就开始设法寻找、使用和保存火种。到晚期猿人时期，人类不仅学会了保存火种，还发现一些人工取火的方法，如击石取火、钻木取火。

火的利用不仅可以驱寒取暖、驱赶猛兽、围捕猎物，而且可以大幅减少食物中毒的危害，使人类的健康水平大幅提高，寿命延长；阅历增加，能够口传心授的自然知识也大幅增加。火种的使用和保存使原始人类的认知、思维和能力得到锻炼，变得更加智慧。因此，火的利用是人类进化史上具有划时代意义的事件，加速了猿人类向智人类转化的进程。同时，火的利用为陶器的烧制、青铜器的冶炼等提供了基础，使人类走向文明。

3. 定居点的建成

原始人类十分弱小，没有改造和控制自然的能力，只能抓住自然的直接馈赠努力活着，并通过迁徙来寻找食物，躲避各种灾难，面对疾病和不利的自然环境只有忍耐，以求生存。

早期猿人与现在的角马、野牛、藏羚羊等许多动物一样，会在一定地域范围内随着气候、食物链变化迁徙，并寻找自然洞穴居住。随着直立行走，前后肢逐渐分工，智力水平提高，自我意识觉醒，他们逐步学会模仿洞穴建造房屋，得以定居。定居点的建成大幅提高了原始人类抵御恶劣环境、自然灾害及猛兽攻击的能力。其健康水平得到提升，安定的生活为族群的扩大奠定了基础。

4. 原始农耕的形成

随着定居点的建成，原始人类逐步认识到四季变化，并观察到一些可食用作物的生长规律，于是开始围绕定居点进行农作物的种植。随着智慧的增长，改良工具的使用，打猎技能和效率的提升，猎物剩余出现，原始人类开始暂时圈养猎物以备不时之需，畜牧养殖逐渐形成。

定居点的建成也相对确保了原始人类的安全和生活的安定，减少了环境对原始人类健康状况的影响，疾病减少，寿命延长；生产和打猎的经验不断增多，生产能力不断提高，可以供养的人口增加，族群扩大。成员分工，各司其职，出现了巫医乐师，为文明的传承和发扬光大奠定了基础。原始人类在实践中发现某些天然植物、矿物、动物器官等具有治疗某些疾病、减轻症状的作用，于是产生了治疗药物。在治疗疾病的过程中，原始人类发现了一些诊断技术和专用药物。为了应对灾难，他们发现祈福、巫术能够减轻病痛，迷信产生。

在各种维持生计的活动中，原始人类逐步积累了经验，认识到许多自然规律，并将这些经验传授给后代，这就是智慧之光。从物种上说，智慧使原始人类从动物中进化出来，但他们的地位与动物相差无几，还不能把自己与周围的自然界分离开来。

5. 信仰与迷信的产生

原始人类的思维简单，分不清现实与幻想，认为自然界充满着神秘和恐惧，迷信和原始的宗教就此产生。同时，他们产生了敬畏自然、神化自然、崇拜自然的观念，如崇拜强大永恒的太阳、烈火、雷电、山川、巨石、动物、植物、祖先等。

原始人类以自己崇拜的东西作为氏族和部落的象征，即图腾。例如，龙图腾是中国汉族的民族图腾，是上古时代的原始信仰，源于天象崇拜。中华民族是由无数的氏族与部落在漫长岁月中逐渐融合而成的，龙身上潜藏有各个部落原始图腾的标记，如蛇图腾和鳄鱼图腾（从整体上看）、鱼图腾（鳞）、马图腾（尾）、鹿图腾（角）等。原始人类同其他动物一样，仰仗自然的馈赠，其生存及活动范围受自然条件的控制。最基本的生存方式是捕鱼、打猎、采摘野果，并随时应对洪水、干旱、猛兽，忍受食物的匮乏、疾病及死亡。

6. 新旧石器时代的工具

考古学家根据人类使用工具的加工程度所反映的生产力水平，将中国原始社会分为旧石器时代和新石器时代。

旧石器时代距今200万~1万年，原始人类在捕猎或抵御外来入侵时，仅能使用捡拾到的石块、木棒、骨骼等。他们偶然发现某种结构的工具比较好用，于是开始有意识地打磨石器，发现并学会用火，在合适的地方建造定居点，形成较大的群居区域，逐步演变成氏族和部落。

新石器时代距今1万~4000年，部分区域的原始人类学会了磨制石器、骨针等，工具变得更为精细、好用；捕猎水平提高，生产力进一步提高。随着定居点的建成，他们应对恶劣环境、防御洪水、猛兽及外来氏族攻击的能力增强，部落区域扩大，形成城市，演变成国家。有些地方的原始人类发现部分可食用作物的生长周期、生长条件，并成功栽培出农作物。他们还发明了弓箭、长矛等高级工具，使狩猎命中率大幅提高，出现了剩余猎物，并逐渐开始对其驯养，最终形成了农业和畜牧业。

4.1.2　文字产生与文明演化

文字不仅是人类书写语言、表达思想意识的符号，而且是传承知识、交流信息的工具。文字的出现是人类由蒙昧走向文明的分水岭，是人类进入文明社会的重要标志，对于文明的传承和交流具有深远意义。文字出现后，与之相关的艺术门类也随之诞生，极大丰富了文明的内涵。

1. 文字产生

人类书写文字的历史可以追溯到象形文字。随着人口的增加，为方便管理、沟通天地、实现愿望，占卜、祭祀天地和祖先等活动出现，以祈求上苍福佑平安。而为了记事，人类利用各种形状的绳结或画符来记录不同的事件或约定，画符逐渐演变成文字，并在漫长的岁月中不断成熟。

世界上最古老的象形文字可能是由苏美尔人创造的楔形文字，诞生于大约公元前3700年前的美索不达米亚，即现在的伊拉克。公元前2600年左右，文字使用量增加。公元前500年左右，楔形文字成为西亚大部分地区通用的商业交往媒介。已被发现的楔形文字多写于泥板上，书吏使用削尖的芦苇杆或木棒在软泥板上刻写，软泥板经过晒或烤后变得坚硬，不易变形。由于多在泥板上刻画，因此线条笔直，形同楔形。

古埃及的象形文字与楔形文字极为相似，是由祭司创造的，包括600多个象形符号，并在公元前3110—公元前2884年（第一个埃及王朝时期）得到极大发展。

中国古代的文献记载有黄帝史官仓颉造字的传说。"始作书契，以代结绳"。此前都是通过结绳记事，不同的事件打不同的绳结，但由于绳结形状各异，越来越复杂，日久难以辨认，以至于仓颉所记录的事件经常出错，导致黄帝与炎帝的议和失利。惨痛的教训使仓颉深感结绳记事无法适应需求，只有发明更好的记事方法才能解决问题，仓颉冥思苦想却毫无头绪，一天他早起去山上狩猎，看见山鸡在雪地上留下的爪印，小鹿留下蹄印，清晰的爪印和蹄印形状不一，于是他茅塞顿开，画出爪印就称作鸡，画出鹿蹄印就称作鹿，世界上任何东西，只要画出它的象形，就能够记录。之后他整理素材，创造出代表世间万物的各种符号，即早期的画符。随着每一个画符所代表的含意逐步确定，画符所形成的各种符号就成为早期被族群认可的文字。我国考古发现的最早的画符距今已有8000多年。

仓颉通过观察鸟兽的足迹造字，从此中华民族的辉煌历程便有了有序传承的记载。相传，仓颉造字成功后，引发一系列神奇事件，如《淮南子·本经训》记载，"昔者仓颉作书，而天雨粟，鬼夜哭"。仓颉造字成功感动上天，"天雨粟"成为二十四节气之———谷雨来源的传说。

但实际上，汉字并非仓颉一人之功，他应该是将流传于远古先民部落中的各种有意义的符号进行搜集、整理、汇编和进一步规范，形成一套文字体系，并引导大家规范使用的倡导者。中国早期的象形文字过于复杂，不方便使用。后人经过不断改进、简化和完善，创造出会意字、形声字等。

2. 文字的使用和功能演变

早期的文字作为象征，主要刻画在神殿、庙宇、石壁、骨片、龟甲等耐久的物件上。随着文字记事和传播功能的显现，书写工具和载体的改进，文字也被刻在石碑、墓碑、竹简、木牍、动物皮革、丝绢、纸张、布料上，使文字的应用得到普及，并被更多的人学习、模仿、再创作，从而演化为文化的传播和文明的传承。

文字不仅用于记录族群中发生的各种重大事件（如祭祀活动），还用于记录日月星辰、四季变化、农耕养殖、房屋建造、阴阳历法、奇异天象、极端事件等。可见，文字的诞生使人类告别蛮荒，走向文明，极大地推进了人类文明的进程。

纵观世界文字的发展历史，世界上还没有任何一种文字能够像汉字这样经久不衰。从成熟的甲骨文，经历金文、大篆、小篆、隶书、楷书、草书、行书等书体演变，发展到今天的简化汉字，已经有6000多年的历史。

中国汉字与西方字母文字是完全不同的，其书写和掌握的速度、应用的难度差异很大。考古发掘证实，在甲骨文出现之前，中国已经出现了多种形态的早期文字，它们是贾湖遗址、半坡文化陶器上画符的延伸，经过千年演变、完善和规范，在商朝时期形成了相对完善的中国汉字体系。

3. 文明进步

大约在6000年前，人类文明发生了一次巨大的进步，步入了金属时代。此时，一些地区的人类已经学会使用和冶炼青铜等金属，相继以青铜器替代石器，生产力水平和劳动效率大幅提升，农业耕作的区域增大，人类开始为将来能获得食物而奔忙，而不是以捕获现成的自然物为生，这为社会制度的变革提供了物质基础。

而在全球范围内，文明的进程并不均衡。在蛮族的海洋中，文明不断产生、消灭；但整个蛮族的素质也在与文明的碰撞、融合中不断提高；最终有几个文明氏族得以生存、成长并延续。有人认为，文明一旦产生就不会消失，一旦进步就不会倒退，这样的观点显然缺乏根据，玛雅文明神秘消失就是典型的例证。

在遍布没有开化的野蛮部族的世界里，偶然诞生的最初文明会影响和压迫周围的蛮族，反过来也会受到蛮族的不断冲击，甚至有可能被蛮族所消灭。例如，汉唐以来，北方游牧民族不断侵犯文明程度更高且富庶的中原地区，特别是成吉思汗及其子孙的大军，不仅推翻了南宋，还毁灭了欧亚众多帝国，版图扩展到印度河和多瑙河等地。

4.2　意识觉醒与知识形成

自然生态中的所有生物，毫无例外地都在为了生存去主动选择或抢占有利的生存环境，这就是自然法则。动物、植物都具有这种主动行为，即原始蒙昧意识。

4.2.1　意识觉醒

意识是指人脑对于客观物质世界的反映，也可以理解为感觉、感知、思维等各种心理过程的总和。通过身体感官接收到的视觉、听觉、嗅觉、味觉、触觉等信息被感官认知，而体会到的过程称为意识过程。不同发展时期的人类，其意识状态、清晰程度不同，从原始人类模糊的蒙昧意识，演变成智人类清晰的认知，进而到现代人类主动研究、发现事物的本质规律而成为知识的过程，是非常漫长的。

1. 意识的产生

森林中的树木为争夺阳光而越长越高，柔弱的藤蔓为获取阳光会依附树干爬到树冠获取阳光，捕蝇草、猪笼草为了能够在贫瘠的土地上生存会进化出捕杀昆虫的本领，含羞草应激卷曲以自保，许多花朵利用香味和花蜜引诱昆虫为其传粉，等等。这些植物的自适应本能就是其进化出的适应自然的意识结晶。

动物也是同样。猫科动物捕猎，河狸抓鱼或使用鹅卵石打碎蛤蜊食用，大量的候鸟、角马、野牛、大象、藏羚羊等野生动物每年都会定期长距离迁徙以追逐食物来满足生存需求，金刚鹦鹉为了缓解所食棕榈果和花朵等食物中的生物碱毒会啄食岩壁上的泥土，多种鱼类定期洄游是为族群繁衍生息，雄狮、驯鹿、公牛决斗等行为都在遵循族群繁衍壮大、优胜劣汰的自然法则，等等。这些都是动物对自然条件做出的本能反应。

这种潜意识中注定的行为是受原始蒙昧意识驱使且与生俱来的自然本能，不以人的意志为转移。人类对外界的各种反应主要来自条件反射，并由此产生恐惧、兴奋、悲伤等各种情绪，即意识构成了人类认知客观世界的基础。

人与动物的最大区别在于人会主动学习、创造和变通，能够随着所处环境的变化调整自己，适应持续生存的需求。原始蒙昧意识的出发点是生存和繁衍，具有自然、原始、野蛮、蒙昧、不受人类干预的特点。原始人类就是在这种状态下，通过不断学习和积累，经历了数十万年的缓慢进化，才逐渐对大自然有了较清晰的认识，使头脑更加发达，应对恶劣环境的能力更加强大，从而迎来突飞猛进的智力加速和进化过程。

2. 意识与行为

意识不仅是人脑对于客观物质世界的反映，也受认知、情绪、欲望等内心活动的影响。意识影响行为，心态影响意识，进而意识决定行为，行为决定结果。意识是由大脑感知而出现的心理活动，有意识的行为能够改变和主导无意识的心理活动。因此，心态是人类能动地认识世界和改造世界的动力源泉。

人类的行为是受意识控制的，意识没有达到，行为不会实现超越。意识和行为有着密切的联系，意识支配行为，又通过行为表现出来，即行为是意识的表现。行为是在一定程度的刺激反应下产生的，并通过心态和情绪表达出来。

3. 意识的特点

原始人类为了生存不得不主动捕鱼、打猎、采摘野果，为适应各种恶劣环境而进行迁徙，寻找洞穴居住。而支配他们去觅食、穴居、迁徙的动力就是原始的生存意识。原始人类的意识简单而模糊，常常分不清现实与想象。一个典型的实验是：我国第一个丹顶鹤自然保护区成立初期，保护区中丹顶鹤的数量不足10只，为了激发丹顶鹤的活力，研究者异想天开，在丹顶鹤活动的核心区周围布设了10余面巨大的镜子。当丹顶鹤从镜子中看到很多与自己一样激动、翩翩起舞的丹顶鹤时，便愉悦地冲向镜子，与镜中向他奔来的"丹顶鹤"汇合，以示友好。实验说明，有些动物很难分清现实与镜像。

原始人类在与族群、部落中的不同个体的交往中，认知了自己的社会地位和应负的责任，学会了服从与尊重等共同的群体意识。由此可见，人类从蒙昧到认知，再到变成共有的知识及意识，经历了一个漫长的实践与磨砺过程。人类的意识具有主观性、同一性、流动性和能动性等特点。

4.2.2　意识与认知

意识是人类对自然和事物的一种印象及其形成的条件反射，是人类面对某种事物的下意识行为反应。认知是比较清楚的意识，明确知道这个事物是什么，可能会怎样变化，该如何应对。

1. 从意识到认知

各种生物都有一定的意识，但这种意识大多数是被动的条件反射式的呈现。大多数的智慧生物，如猫科动物的匍匐狩猎行为，鬣狗、狼群集体协同捕获大型动物的行为，都是潜意识的表现形式和结果。再如，巴西灵猴爱吃椰子，他们会将采摘的椰子放到一个天然的大石盘上，搬起石块砸破椰壳，长此以往，大石盘上留下了数十个比碗口还大的圆形石坑，这就不能简单解释为蒙昧意识的条件反射，而应为有意识的主动行为。同样，人类开始有意识地制作和使用工具，模仿洞穴建造房屋，也是从模糊的意识逐步进化到比较清晰的认识和自觉的行为过程。

可见，意识源自内心的感受，这种感受不仅受客观世界的影响，还受社会环境、文化及心理因素的影响。意识来源于对物质、生活环境、社会环境的感觉，并对人的行为模式和思维方式产生极大的影响。认知比意识层次更高,认知使动物有了主动性和灵活性。

2. 认知的内涵

认识是人脑反映客观事物的特性与联系,揭示事物对人类的意识产生作用的思维活动过程。广义的认识包含人类的所有认知活动,是感知、记忆、思维、想象、语言的理解和产生等心理现象的统称。所谓"老马识途",靠的是经验、记忆和感觉,是意识的过程及结果。认知是一种对认识到的信息进行加工并做出反应的过程,其前提是外部世界不依赖于人类的意识而存在,并且可以被感知的客观现实。这种信息可以分为刺激的接收、编码、存储、提取和利用等一系列阶段。从狭义上讲,认识有时等同于记忆或思维。

认知是人类对现实世界直接或经过加工后的反应,这种反应有时是肤浅的、片面的和不完整的。随着经验的不断积累,认知的不断再现并被逐步证实,人类对事物产生、发展与演变过程的本质了解越来越清晰,认清了事物演变、发展的自然规律,那些片面而肤浅的认知就逐渐变成了知识。例如,人类认识到四季交替的规律、周期及对自然环境的影响,结合观察到的农作物生长的自然规律,通过总结凝练,形成了指导农耕的二十四节气歌,这就是知识。

4.2.3 知识形成与智慧发展

对于知识,至今都没有一个统一而被公认的定义。总体来说,知识应该是符合文明发展方向的,是人类对客观物质世界,以及人类自身精神世界、社会活动等规律探索结果的概括和总结,或是人类认识自然、改造自然、理解社会的成果结晶。

1. 知识的产生

知识包括对事实、信息的描述,以及在教育和实践中获得的技能。知识是系统化的认识,通过深思熟虑、提升、总结或评估处理,而凝练出的具有改变自身或周围环境的系统性理论成果和实践经验,是人类文明和社会进步的基础,既具有自然属性,又具有文化属性,是感性意识和理性认识的升华,可以演变成为文化。

古希腊哲学家柏拉图认为,知识必须满足三个条件:一定是被验证过的,正确的,而且被人们相信的。这三个条件可以作为知识的衡量标准。例如,热力学第一定律告诉我们,自然界中的一切物质都具有能量,能量有多种形式,能够从一种形式转换为另一种形式,从一个物体传递给另一个物体,在能量转换和传递过程中,其总量保持不变,能量既不能被创造,也不能被消灭,这就是能量守恒定律。该定律已被众多实验验证过,是正确的,并且是被人们普遍接受的知识,是20世纪最伟大的科学发现之一。

目前,人类积累起来的、经过验证的、正确且被接受的知识很多,如各种基本的物理定律,数学公式、定理,基本化学反应方程式等,这些知识构成了人类智慧发展的基石。

2. 知识的特点及作用

在蒙昧时代,常识性知识曾是很多人赖以谋生的技能,如过去的私塾先生、乡村教师等被作为当地文化的代表。但中华人民共和国成立后,随着全国性扫盲运动的开展,中小学义务教育的普及,特别是互联网时代的到来,常识性知识变得十分易得,故现在很难成为个人或群体作为谋生的技能。常识性知识有利于整个民族素质的提升和整体实力的增强。

知识能够扩宽人的眼界、提高修养、修身养性、增长才干、提高技能、获得财富、通晓法则、增强信心等。每个人的知识结构各不相同,有人有深度,有人有宽度,有人二者兼备,有人完全空白。社会成员都在利用自己的知识及由此形成的能力,不断地根据生存需求从自然或社会中各取所需,这就是知识的应用。知识能使一个民族变得优秀、国家变得强大、繁荣、昌盛,而知识改变命运的本质就是个体的知识找到了用武之地。当然,社会上仍有一些不法之徒,利用伪科学或迷信蒙骗他人。

在信息时代,卓越的专业知识及知识应用能力是靠不断学习、钻研、验证、总结、凝练、提升等反复实践得到的。知识改变命运与个人的专业能力、专业知识水平、与社会需求的契合点及对机遇的把控程度有关。不存在绝对真理,要带着疑问去学习和思考,成功的秘诀是领悟与突破。

3. 知识、文化与智慧

知识是人类文明和社会进步的加速器,是文明传承的基础。知识具有文化属性,而文化是人类社会相对于经济、政治而言的精神活动及其产物。知识是感性意识与理性认识的升华,是从客观认识演变成兼具物质需求、社会需求和精神需求的认知。知识的积淀和升华形成文化。文化是智慧族群的社会现象,是群族内具有传承、创造和发展的精神总和。例如,儒家文化、道家思想等的产生、发展、成熟,直至成为一种礼教,都遵从这一规律。文化具有民族性、地域性和时代性的特点。

智慧是生物基于生理、心理及神经器官的一种高级创造性思维能力,包含对自然与人文的知识、感知、记忆、理解、分析、判断、联想、辨别、逻辑、计算、情感、态度和行为等。智慧不仅使人深刻地理解自身、事物、社会、宇宙、过去、现在、未来,而且使人拥有思考、分析、探求真理的能力。

智慧是由智力、知识、方法技能、思想观念、宗教信仰、审美评价等多个子系统构成的复杂体系,经过平衡,以某项需求为前提,提出判断、决策和执行能力,即对一切事物能迅速、灵活、正确地理解和决断的能力。利用各种知识理解世间万物的自然法则,智慧是知识应用的最高境界。

4. 智慧特点和作用

智慧不同于知识,知识是可以通过学习、研究、总结得到的,是对事物的演变规律和本质属性的认识。而知识是智慧的基础,但知识不等于智慧,知识只有得到科学的利用才能演化成智慧。

知识和常识不是智慧,智慧是哲学思想,能一通百通。知识则不同,学习一门知识,就能理解、认识相关学科的知识。而对于没有学过的其他专业知识,"隔行如隔山",不懂就是不懂,还不能够不懂装懂,这就是知识。智慧不是通过学习就能够得到的,而是来源于我们的本性、本心或悟性,也就是通常所说的"觉悟"。觉悟源自内心的觉醒、领悟。例如,伟大领袖毛泽东并不是自然科学家,而是无产阶级革命家、马克思主义者和战略家,但他却能凭借自己的辩证唯物主义观点和矛盾论思想,对现代物理学发展中的瓶颈问题,即物理学界非常疑惑的"基本粒子是否可分"提出自己的见解,认为物质是无限可分的，基本粒子也是无限可分的。1955年，毛泽东在中央书记处讨论原子能事业发展的扩大会议上强调，从哲学的观点来说，物质是无限可分的。基本粒子也应该是可分的。一分为二，对立统一。

这一论断已经得到了现代物理科学研究成果的证实，并使一些著名的物理学家惊讶和敬佩。例如，诺贝尔物理学奖获得者美国物理学家谢尔登·格拉肖提出毛粒子的概念，并于1979年向国际社会和科学界呼吁：把基本粒子下一个层次的物质组成命名为毛粒子。由此可见毛泽东的智慧并领略到毛泽东思想是指导中国人民战胜一切困难的法宝。

由此也可以看出，世界万物间都是有着紧密联系的，既相互关联，又相互影响和协同。用智慧解决问题，全盘考虑，究其本源，抓住要害，对症下药，能够无往而不胜。中国经济的发展如何从原有的资源消耗型、劳动密集型生产方式转向生态友好型、技术密集型生产方式，党的二十大报告提出，绿水青山就是金山银山、冰天雪地也是金山银山的绿色发展理念，推动构建人类命运共同体，展示出中华文明智慧的传承与发展。

4.3 古代文明

在全球范围内，文明的演进速度并不均衡，在不同区域出现了几个代表性文明，分别是：以底格里斯河和幼发拉底河流域（现伊拉克）的古巴比伦文明，尼罗河流域的以古埃及为代表的古代两河流域文明、印度河和恒河流域（现印度、巴基斯坦）的古印度文明、古希腊文明、黄河流域和长江流域的古中华文明及古代美洲文明。

4.3.1 古代两河流域文明及拓展

世界上的五大文明古国中，古埃及、古印度、古巴比伦和古希腊，其地理位置主要分布在地中海沿岸的各大流域，一开始就可以通过水路相互沟通，甚至互相影响，关系密切，都属于地中海文明。

1. 古埃及文明

公元前3000多年，在尼罗河畔（古埃及）和两河流域（苏美尔）出现了有文字记录的最早的国家。这里的人类能够制造青铜器，知道兴修水利和农田灌溉，开始使用带轮子的工具，创造并使用文字，留下了一些编年史。古埃及人把文字写在经过处理的纸草上，苏美尔人把文字刻在泥板上，一些纸草和泥板甚至保留至今。

（1）古埃及的文字。

文字是古埃及文化的集中体现，在早期王国出现之前，古埃及人就发明了图形文字，经过长期的演变，形成了圣书体、僧侣体、世俗体等象形文字，并逐渐演变成更加简化的文字形式。象形文字多刻于金字塔、碑、庙宇墙壁等神圣的地方。

纸草是用古埃及盛产的一种植物制成的，古埃及人将其茎晾干，切成薄片并压平，用来书写文字。僧侣体多写于纸草上，但因为纸草时间长了会干燥、碎裂，所以能够保存至今的纸草文书很少。

(2) 古埃及的历法。

埃及人发现尼罗河总是周期性泛滥，每次时间相隔几乎都为 365 天。他们发现每当天狼星与太阳同时从地平线升起的那一天，尼罗河就开始泛滥。于是他们把一年定为 365 天，而把天狼星与太阳同时从地平线升起的那一天作为一年的起点，并将一年分为 12 个月，每月 30 天，余下的 5 天作为年终节日，这就是古埃及的太阳历。另外，古埃及人还绘制了星图。

(3) 古埃及的数学及度量衡。

古埃及人根据实践总结出许多几何学理论知识。由于每年尼罗河泛滥，损毁了土地原有的界限，需要重新丈量，因此产生了高水平的几何学。例如，他们能够计算圆的面积，当时所用的圆周率 $\pi=3.1605$；最重要的长度单位是钦定的腕尺，长度是从帝王的肘至中指尖的长度，约合 52.3748cm（20.62in）；能够计算三角形、长方形、梯形的面积及立方体、柱体的体积。古埃及人的算术技能主要是加减法运算，他们很早就采用了十进制记数法，还能求解一些代数方程，如比较简单的一元二次方程。度量衡的统一为商品流通、建筑设计、土地丈量提供了依据。

(4) 古埃及的医学成果。

古埃及的医学较为发达，他们留下的较为完整的医学草纸书有六七部。其中，成书于第十八王朝（约公元前 1584—公元前 1320）的埃伯斯草纸书是一部宽为 0.3m，厚为 20.23m 的医学巨著。该书记载了许多病症的医疗方法，包括内科、妇科、眼科、解剖、生理、病理等多方面的知识，所载药方约有 877 个。

(5) 古埃及的木乃伊。

因为古埃及人认为人的尸体是灵魂的安息之地，所以古埃及人有制作木乃伊的传统。其制作方法是：用融化的松脂涂在面部；用凿子从左边鼻孔将筛骨捣碎，倒出脑浆，加入药物和香料；掏去尸体内部除心脏外的各种脏器，用盐、香料、树脂等多种物质进行涂覆，以防腐败；风干后，用麻布包扎，使尸体得以保存，用这种方法保存的尸体就叫木乃伊。一般做一个木乃伊至少要七十天。

(6) 古埃及的建筑成果。

公元前 2500 年左右，金字塔和狮身人面像矗立于尼罗河畔。埃及第四王朝的胡夫金字塔最大。相传，狮身人面像是胡夫的儿子哈夫拉为自己的金字塔修建的附属建筑，也有传说认为在公元前 2610 年，法老胡夫来巡视快要竣工的自己的陵墓金字塔时，发现采石场上还留有一块巨石，即命令石匠们按自己的相貌雕刻出一座狮身人面像。

在古埃及，狮子是力量的象征，狮身人面像是古埃及法老的写照。雕像坐西向东，蹲伏在哈夫拉的陵墓旁。像高 21m，长 57m，脸长 5m，一只耳朵就长 2m，头戴"奈姆斯"皇冠，额上刻着"库伯拉"圣蛇浮雕，下颌有帝王的标志——下垂的长须。

这尊雕像几乎一直被黄沙掩埋。在公元前 15 世纪 20 年代前后，曾经被图特摩斯四世挖出，但是不久又被沙漠覆盖。拿破仑 1798 年抵达之时，这个雕像颈部以下的部分还依然被沙掩埋着，1817 年才开始局部清理，直到 1926 年，其整个身躯才完全浮出沙面。

古埃及人认为，人生只不过是一个短暂的居留，而死后才是永久的享受。因而，古埃及人把冥世看作尘世生活的延续，在陵墓中，还为法老建造出上天的天梯，以便法老死后由此上天。

胡夫金字塔高 146.5m，由 230 万块巨石砌成。占地 52900m^3，石块平均重 2.5t，最重达 160t，石块间没有黏着物，没有缝隙。金字塔的总体坡度呈 52°的锥角，正好是建筑学中自然塌落现象的极限角的度数。

此外，古埃及还有亚历山大灯塔、阿蒙神庙等建筑。

（7）古埃及的考古发掘。

古埃及的考古发掘始于 1798 年拿破仑远征埃及之时。拿破仑随军带去了许多生物学家、地理学家、考古学家和地质学家，所到之处都进行了大量的科学考察。后来大批欧洲学者在埃及进行考古发掘，发掘出的物品基本与流传下来的古埃及编年史相符。

2. 古巴比伦文明

苏美尔人在公元前 3000 年就创造了最初的文明，吸引了周围其他民族的关注。在两河流域外围的阿拉伯人和犹太人的祖先闪米特人，崇尚苏美尔人的先进文明，羡慕他们的富裕生活。闪米特人不断涌入两河流域，与创造了先进文明但逐渐走向衰落的苏美尔人不断发生着冲突与融合。

从公元前 2000 多年开始，闪米特人在两河流域占据了统治地位，建立了巴比伦帝国。之后，赫梯人和亚述人先后入侵和征服巴比伦帝国，首都巴比伦城数度被毁。直到公元前 146 年，迦太基在第三次布匿战争中被罗马人消灭，闪米特人才暂时退出了地中海的政治舞台。

（1）古巴比伦的文字与数学。

苏美尔人创造了目前已知的最古老文字——楔形文字，楔形文字写在泥板上，形成泥板书。在公元前 3000 年，苏美尔人还发明了数字和数学，他们开始使用十进制与六十进制，因此他们的很多规定都与 60 有关。例如，他们规定一小时有 60 分钟，一分钟有 60 秒。公元前 2500 年，古巴比伦人就能计算矩形面积和长方体体积；计算圆面积和圆柱体体积时圆周率取 3，将一个圆周分为 360°；制定了平方、立方、平方根、立方根的数字表；掌握了分数、加减乘除四则运算的方法，能够求解某些一次方程、二次方程，甚至三次方程；并用等比级数和等差级数来表示月亮的辉度。

（2）古巴比伦的天文学、历法和法律。

苏美尔人最早发现了日食、月食的周期；发现了五大行星——水星、火星、金星、木星、土星；记录了太阳、月亮运行的有关数据，还有星体位置，并且绘制出详细的星图，甚至有些星象学家可以认识到地球是一个球体。

苏美尔人利用月亮的阴晴圆缺规律制定了太阴历，把一年定为 365 天，划分为 12 个月，一昼夜为 24 小时，每小时 60 分钟，这种时间的划分方法一直沿用至今。苏美尔人还使用了"闰月"的概念，并规定 7 天为一星期。星期中的日期分别以太阳、月亮、火星、水星、木星、金星、土星的名字来命名，如太阳日是星期日、月亮日是星期一、火星日是星期二、水星日是星期三、木星日是星期四、金星日是星期五、土星日是星期六，这就是星期的最早起源。

古巴比伦王国的《汉谟拉比法典》是世界上最早的一部系统完备的成文法典，该法典全面地反映了古巴比伦社会的情况。

（3）古巴比伦的建筑成果。

古巴比伦城位于现今伊拉克首都巴格达以南 88km 处的幼发拉底河和底格里斯河的交

汇处，拥有巴别通天塔和世界七大奇迹之一的空中花园。公元前 7 世纪末，新巴比伦王国再度兴起，巴比伦城进入了一个新的黄金时代。相传公元前 604 年，国王尼布甲尼撒二世与米提亚公主赛米拉斯结婚了。米提亚处于伊朗高原，山峦起伏，森林茂密；而巴比伦城在一片大平原上，满地黄土，于是公主思乡，整日郁郁寡欢，愁眉不展。尼布甲尼撒二世为了讨好公主，在王宫附近模仿她的故乡风光和当时流行的宗教建筑神坛，建起一座有山有水有树有瀑布的空中花园。空中花园长约 120m，高约 25m，为阶梯式的四层建筑，底座面积约 1260m^2，种植了许多奇花异木，还建有富丽堂皇的宫殿。现在，伊拉克政府在巴格达市的台拉公园里建造了一座模拟空中花园。

在《圣经·旧约·创世记》第 11 章中记载，创世之初，人类语言相通，联合成统一强大共同体，他们在协力兴建一座繁华而美丽、希望能通往天堂的巨型高塔。高塔天天增高，直插云霄，此事惊动了上帝，上帝感觉如果人类真的修成了通天塔，那么以后没有什么事干不成了，自己的权威和旨意会受到人类的挑战。为阻止人类的计划，上帝使人类说不同的语言，造成沟通不畅，导致这座高塔的建造半途而废，建塔计划失败。人类各奔东西，族群间经常为生存和权势争斗。但结合那个时代人类的建筑科技和材料水平，从辩证唯物主义的观点看，建塔计划失败是必然的结果。人类本身就是分散在全球各地的，有各自的语言和种族，与上帝无关。高塔中途停工在宗教艺术中的象征意义是：如果人类肆意妄为，最终只会落得一事无成、混乱不堪的结局。

公元前 2000 年左右，文明从古埃及和两河流域逐渐扩展到巴尔干半岛的最南端，以及地中海沿岸地区，并传播到伊朗高原和印度河流域，从而形成了地中海文明。

3. 古希腊文明

古希腊文明诞生于巴尔干半岛南端。作为一个文明古国，古希腊奠定了现代哲学的基础，培育了一大批早期的哲学家和科学家，他们在冶金、纺织等工业技术，科学（数学、医学、哲学、天文学、建筑学等），文学、戏剧、雕塑、绘画等文学艺术方面，以及建筑等方面作出了巨大贡献，为后世罗马帝国的强盛奠定了科学文化基础和物质基础。因古希腊人也从古老的东方文化中吸收了丰富的营养，故希腊文学具有显著的东方色彩。

公元前 1000 年左右，最早一批摆脱野蛮状态的雅利安人依靠卓越的天性和不凡的想象力，开创了古希腊文明。古希腊文明创造者认为，宇宙万物都拥有生命，他们以其独特的理性和智慧，建构起令世人惊叹的文化，形成人类文明的一座丰碑。古希腊时期是整个人类历史上文化巨人荟萃的时期，这些文化巨人大多都在其专业领域建有辉煌业绩，开创了人类社会科学和哲学之先河。

（1）古希腊的历史与神话。

在古希腊的神话时代（约公元前 12—公元前 7 世纪），神话故事最初都是口耳相传的，直到公元前 7 世纪才由大诗人荷马记录并整理于《荷马史诗》中。《荷马史诗》包含《伊利亚特》和《奥德赛》两部，各部 24 卷。《伊利亚特》描述了长达十年之久的特洛伊之战，重点描述了最后五十天中发生的故事。这些作品采用神话的手法，热情讴歌万能的神灵与喋血的勇士，不管是神圣的雅典娜、波塞冬，还是凡间的阿喀琉斯、赫克托，不管是希腊人还是特洛伊人，不管是胜者还是败将，凡有英雄气概之士都被颂扬。

此外，公元1世纪的巴布里乌斯用格律诗改写了120多则伊索寓言。从神话诗歌到寓言故事，古希腊为后世欧洲文学的发展提供了原始模板和灵感源泉，影响深远。

(2) 古希腊的艺术与思想成就。

古希腊时期（我国春秋战国时期）还为人类遗留下来许多宝贵的物质财富、艺术财富和精神财富，如《米洛斯的维纳斯》《掷铁饼者》等著名雕塑。那个时期的哲学思想和科学成就持续影响着今天的哲学发展和科学研究。

(3) 古希腊的科学发展。

按古希腊历史的走向和科学发展的特征，可将古希腊划分为四个时期：爱奥尼亚时期、雅典时期、亚历山大时期和罗马时期。

爱奥尼亚时期（公元前600—公元前300），是古希腊地理学的诞生时期。雅典时期（公元前480—公元前330）是古希腊自然科学大发展的时期，其主要特点是自然哲学，即自然科学与哲学融为一体，发展了几何学，证明了勾股定理。雅典时期的自然科学家同时是哲学家，代表人物有德谟克利特、亚里士多德、泰勒斯、阿那克西曼德、柏拉图等。

其中，德谟克利特（约公元前460—公元前370）进一步发展了他的老师留基伯（约公元前500—公元前440）提出的万物的本源是原子的理论，认为原子是组成万物最小的、不可分割、不可改变的物质粒子。

亚里士多德（公元前384—公元前322），古希腊伟大的思想家、百科全书式的学者。他在天文、物理、力学、化学、气象学、心理学、逻辑学、历史等方面都有所研究，著有《物理学》《论产生和消灭》《天论》《气象学》《动物的历史》《动物的结构》等众多著作。他在天文学方面认为地球是球形的。原因是他观察到，在航海中，远方的来船总是先看到桅杆，后看到船身，甚至可以看到水面是弯曲的。

亚历山大时期（公元前3世纪—公元前2世纪中期）。这一时期古希腊文化中心逐步由雅典转向了亚历山大城，自然科学开始从自然哲学中分化出来，形成了独立的学科。代表人物有：欧几里得，著有《几何原本》，给出了点、线、面等概念；阿波罗尼奥斯，著有《圆锥曲线论》，研究抛物线、椭圆、双曲线等，而且他首次发现了双曲线有两支；阿基米德，物理学家、数学家，他把实验方法同数学方法、科学研究与技术应用、感性经验与理性思维很好地结合起来，为近代科学方法的形成作出了贡献，还提出了浮力定律（阿基米德定律）和杠杆原理。

罗马时期（公元前2世纪中期—公元5世纪）。这一时期，古希腊的自然科学发展出现了停滞状态。代表性科技成果是儒略历法。公元前46年，罗马统治者儒略·凯撒在埃及太阳历的基础上进行修改，根据太阳的周期制定了儒略历，结束了古罗马历法的混乱局面。到1582年，罗马教皇（格列高利十三世）组织一批天文学家根据存在的问题对儒略历进行了再次修改，这就是人们所称的公历（或阳历）。代表人物是托勒密，他把古代的地心说发展成系统的地心说，其地心说能够对行星运动作出十分精确的说明。托勒密地心说宇宙模型在当时是一大进步。

(4) 古希腊的建筑成果。

帕提农神殿、宙斯祭坛等古希腊建筑，以其尺度感、体量感、材质感、造型、色彩，以及建筑内绘画、雕刻艺术，给人以巨大强烈的震撼，其梁柱结构、构建的特定组合方式及艺术装饰手法，均是宝贵的艺术遗产，对欧洲、世界建筑设计乃至现代艺术的影响已长达两千年之久，被认为是欧洲建筑艺术的开拓者、源泉与宝库。

(5) 古希腊罗马时期的科学停滞。

在罗马时期，自然科学和社会科学的发展出现一定程度的停滞状态。其原因可能是：①罗马帝国依靠农业和军事维持其统治，没有繁荣的商品市场刺激科学发展；②罗马人从古希腊人那里吸取了许多现成而直接可用的科学成果；③基督教的产生极大地阻碍了科学发展。

4. 古印度文明

古印度是人类文明的发祥地之一，兴起于印度河流域，主要分布在今天的印度、巴基斯坦、孟加拉国、尼泊尔、斯里兰卡等国。古印度人建立了严格的社会等级制度，修建了宏伟的寺庙、雕像群，创作了精美的绘画、雕塑，在文学、哲学和自然科学等领域对人类文明作出了独创性的贡献。

在文学方面，古印度人创作了不朽的《摩诃婆罗多》和《罗摩衍那》，其中《摩诃婆罗多》曾经被认为是世界上最长的史诗。在哲学方面，古印度人创立了因明学，相当于今天的逻辑学。古印度还是世界三大宗教之一的佛教的发源地，对亚洲诸国产生了一定的影响。

古印度哈拉巴文化中已经创造了自己的文字，文字主要留存于各种石器、陶器和象牙制的印章上，这些文字符号有象形的，也有几何图案的，至今尚未完全成功译读。

(1) 古印度的数学成果。

在公元前5世纪，古印度数学家就创造了"零"的概念，并创立了其数字符号"0"，"0"后来演变成阿拉伯数字。阿拉伯数字实际上起源于古印度，然后通过阿拉伯人传播到西方。古印度人还创造了十进制。在几何学方面，他们已经知道了勾股定理，算出了圆周率等于3.1416，创造了级数的求和方法，引入了负数和无理数运算，等等。

(2) 古印度的医学成果。

古印度十分重视医疗。成书于公元1世纪左右的《阿柔吠陀》是古印度最早的一部医学著作，载有内科、外科、儿科等治疗方法。《妙闻集》则记载了解剖学、生理、病理、内外科、妇科、儿科等知识，各类病症达1120种，一些外科手术已有相当高的水平，记载外科手术器材达120种。古印度人能够识别如黄疸、麻风、天花、关节炎等病症，懂得如何使用驱虫药，还发明了疫苗。

(3) 古印度的天文、历法、农牧手工业。

在天文学方面，古印度人在吠陀时代就知道五星（金星、木星、水星、火星、土星），将五星与太阳、月亮并称为七曜，认为七曜都是围绕地球旋转的。他们还规定一年为12个月，每月为30天，一年共360天，所余差额（5天）用每隔五年加一个闰月的方法来弥补。农业方面，栽种的作物有大麦、小麦等，此外，椰枣、果品也是人们喜爱的食物。当时，人们已经能够驯养牛、山羊和各种家禽。

古印度的哈拉巴文化遗址中出土了大量铜器、各种美妙绝伦的手工艺品和奢侈品，这表明古印度人已经掌握了金、银等金属的加工技术。制陶业和纺织业是哈拉巴文化的两个重要手工业，染缸的发现表明当时已掌握纺织品染色技术。

(4) 古印度的建筑成果。

古印度人是最早使用烧制过的砖建造房屋的人类,烧砖的发明是建筑技术史上的一件大事。古印度人留下了大量宏伟、精美的建筑群作为宗教活动场所,如用坚硬的河底砂岩建成的卡杰拉霍寺庙群中,有大量精美的雕刻、浮雕,造型栩栩如生,被认为是古印度文明的奇葩。此外,还有位于孟加拉湾附近的科纳克太阳神庙、默哈伯利布勒姆古迹群、顾特卜塔、耆那教巨型石雕像、马哈巴利普兰巨型浮雕、泰姬·玛哈拉(简称泰姬陵)等都是人类的建筑瑰宝。

(5) 古印度的宗教与历史。

公元前6世纪左右,古印度产生了佛教。印度教是在4世纪前后由婆罗门教吸收佛教、耆那教等教义和民间信仰逐渐演化而成的,所以也称新婆罗门教。8世纪经商羯罗改革,新型印度教形成,主要经典有《吠陀》《奥义书》《往世书》《摩诃婆罗多》《罗摩衍那》等。古印度的历史是从莫卧儿帝国(1526—1858)开始记录的,一位名叫图西尔·达斯的人用印地语改写了史诗《罗摩衍那》。

古印度的历史多以引用记录印度历史的相关文献获得,如东晋法显法师的《佛国记》、唐代玄奘法师的《大唐西域记》等,成为研究印度、尼泊尔、巴基斯坦、孟加拉国及中亚等地古代历史和地理信息的重要资料。

①法显法师(334—420)。法显,俗姓龚,东晋司州平阳郡武阳(今山西省临汾市)人。幼年时,三个兄弟先后夭折,父母唯恐法显也遭遇不测,十三岁时就让他剃度为沙弥(沙弥为求寂、息慈、勤策,即止恶行慈,觅求圆寂的意思;在佛教僧团中,指已受十戒,未受具足戒,年龄在七岁以上、未满二十岁时出家的男子),但仍住在家中。后因患病将死,才将他送往寺院。病愈之后,法显不再返回俗家。二十岁时的他受具足戒,慨叹律藏残缺,因而发愿前往西域、印度寻求戒律原典。399年,65岁的法显从长安出发,经西域至天竺,先后游历30多个国家,收集了大批梵文经典,历时14年,觅得真经戒律,最后归国。其间,为了将悉心翻译、抄写的梵文经典、律法等带回故国,已近耄耋之年的法显不断南迁,最后取道海上丝绸之路,在惊涛骇浪中,从狮子国(今斯里兰卡)乘商船回国。他在海上遭遇风暴,漂流到爪哇,412年5月搭乘前往广州的商船,途中又遇到暴风雨,商船迷航,只好随风漂流,就在船上的粮食和淡水即将用尽之际,看到了陆地,可谓九死一生。法显艰难回到故土,终于完成了自己的理想,成就了一段不朽的取经传奇,成为中国史上第一位到海外求经的僧人。

法显是中国历史上有记载的第一个到达印度取经的人,其代表著作《佛国记》成为印度历史、地理及佛教文化史的有力佐证。大约200年前,一位法国汉学家德·歧尼曾在其论文中提出"中国人东渡美洲"的论证,他认为,在《佛国记》中,东晋高僧法显从西域归国途中,因遭遇风暴被飓风卷走后,随洋流漂泊而至的耶婆提国可能就是今南美洲的墨西哥沿岸地区。

②玄奘法师(602—664)。玄奘是我国唐代高僧,汉传佛教佛经翻译家,中国汉传佛教唯识宗创始人。玄奘俗姓陈,名祎、洛阳缑氏(今河南省洛阳市偃师区缑氏镇)人。13岁出家,21岁受具足戒。他游历各地,参访名师,学习《涅槃经》《摄大乘论》《杂阿毗昙心论》《俱舍论》等。在学习过程中,他感到各师所说不一,各种经典常发生矛盾,于是决定西行求法,以解迷惑;但上奏朝廷西行求法未被允准。贞观三年(629年)朝廷因

饥荒允许百姓自行求生，玄奘便从长安出发，经姑臧（凉州城古称，今甘肃省武威市凉州区）出敦煌，经今新疆及中亚等地，辗转到达中印度摩揭陀国王舍城。他进入当时印度佛教中心那烂陀寺，师从戒贤法师学习《集量论》《中论》《显扬圣教论》《大毗婆沙论》《对法论》《因明论》《百论》《俱舍论》《顺正理论》《声明论》等，着重钻研《瑜伽师地论》，兼学梵书《声明记论》。五年后，他先后游历印度等数十国，再回那烂陀寺后，戒贤法师让玄奘主讲《摄大乘论》《唯识抉择论》。他还著有《会宗论》三千颂，融会了空有二宗，批驳了师子光反对《瑜伽师地论》的观点，因而深受戒贤法师的赞赏。他曾和"顺世论"者辩论获胜，还独自同小乘论师辩论并获胜。此外，戒日王在曲女城专为玄奘设无遮大会，请玄奘宣讲大乘教义，获得更大声誉。

史书记载，玄奘西行求法，往返十七年，旅程五万里，所历百有三十八国，于贞观十九年返回长安，带回大小乘佛教经律论，共计五百二十夹，六百五十七部。归国后玄奘受唐太宗召见，住长安弘福寺，后又住大慈恩寺。从贞观十九年开始，他主要从事讲经、译经事业，先后译出《大般若经》《解深密经》《大菩萨藏经》《瑜伽师地论》《大毗婆沙论》《成唯识论》《俱舍论》等大小乘经论共七十五部，一千三百三十五卷。他还把中国的《大乘起信论》和《老子》译为梵文，传入印度；并将其取经沿途的见闻撰写成《大唐西域记》十二卷。

4.3.2 中华文明

中华文明诞生于黄河流域、长江流域，又称大河文明。中华文明是完全独立产生的文明，从目前考古发现获得的实物和文字证据看，中华文明的诞生可能略晚于海洋文明。中华文明的文字记录只能追溯至公元前1600年商朝的甲骨文，而确切的编年史记录则更晚一些。西汉司马迁的《史记》和其他史书虽然谈到商朝之前有夏朝，夏朝之前还有三皇五帝时期。但不同的文献对三皇五帝的叙述不尽相同，而且没有明确的纪年划分和传承关系，如《尚书大传》里的三皇分别指天皇燧人氏、人皇伏羲氏、地皇神农氏，在《尚书序》中的五帝分别指少昊、颛顼、帝喾、尧、舜。

此外，《史记》中还记述了大量传说，如女娲补天、大禹治水、夸父追日、后羿射日、精卫填海、钻木取火、愚公移山等，均作为神话故事流传下来。

1. 黄河流域、长江流域史前文明分布

在距今约200万年前，中华大地上的多处区域已经有人类出现。据地质演变史的考证，在距今约115万年前的早更新世的晚期，黄河尚未形成，其流域内有大量互不连通的湖盆，各自形成独立的内陆水系。随着青藏高原的隆起和快速抬升，河流侵蚀、冲刷和洪水袭夺，历经105万年的中更新世，各湖盆间逐渐连通，构成黄河水系的雏形。距今10万至1万年间的晚更新世，黄河才逐步演变成从河源直到入海口且上下贯通的大河。而今天的黄土高原所覆盖的区域曾经丛林茂密、气候温润、鱼虾密布、野生动物遍地。

在黄河流域，几乎遍布距今10000～7000年的旧石器文化遗址、7000～3700年的新石器文化遗址、3700～2700年的青铜器文化遗址和出现于公元前770年的铁器文化遗址等。可见，从旧石器时代起，黄河流域就成为中华文明的发展中心。考古证实，早在150万年前，现今山西省运城市芮城县境内的黄河沿岸已出现西侯度猿人，100万年前在陕西省西

安市蓝田县出现蓝田猿人，30万年前出现大荔猿人，7万年前在山西省临汾市襄汾县丁村出现早期智人，3万年前在内蒙古自治区鄂尔多斯市乌审旗无定河镇大沟湾出现晚期智人。

与黄河流域一样，长江流域也是中华民族的摇篮和中华文明的发祥地。在云南省楚雄彝族自治州元谋县发现中国最早的人类化石和遗迹，这说明长江流域的人类活动历史悠久。此外，在长江上中游地区还有云南"丽江人"、四川"资阳人"、重庆"巫山人"、湖北"长阳人"的化石、发明的石器和晚期人类的遗迹。距今6000～4000年，长江中游地区的原始人类已经过着以水稻种植为主的农业、渔猎为辅的定居生活，创造出较高水平的原始社会文化，以及大规模的族群聚集的城池。此外，我国已发现的旧石器时代文化遗址还有北京人、山顶洞人等。

2. 朝代更迭

考古工作者通过大量发掘和考古研究证实，夏朝、商朝、周朝确实存在。

(1) 夏朝。

目前已被发掘的河南省洛阳市偃师区二里头遗址距今3800～3500年，相当于夏朝时期。夏朝人没有留下文字记录，文物被发现的也不多，主要是一些石器、玉器及少量的青铜器。在二里头遗址出土的玉器约有1202件，青铜器约有200件，包括礼器、烹煮器、酒器、兵器、铜牌饰等。二里头遗址出土文物示例如图4.1所示。

(a) 兽面纹铜牌饰

(b) 乳钉纹青铜爵

图 4.1　二里头遗址出土文物示例

西方人认为，文明必须满足四大要素之一是文字。由于夏朝遗址考古中，没有能够找到公认的文字，因此夏朝的存在受到质疑。

(2) 商朝。

商朝（约公元前1600—公元前1046）是中国历史上的第二个朝代，是奴隶制王朝，是中国第一个有同时期文字记载的王朝。前后相传17世31王，延续500余年。从夏朝至商朝，是石器时代到金属时代的过渡，也是汉字诞生的时期，是中华文明的一次飞跃。商朝人刻在龟甲或兽骨之上的甲骨文，或是铸造在青铜器上的金文（也称钟鼎文），是目前发现的我国最早的文字。商朝甲骨文示例如图4.2所示，这些甲骨来自河南省安阳市殷墟。考古证实，殷墟是商朝后期的都城。

(a) 龟腹甲 1

(b) 龟腹甲 2

图 4.2　商朝甲骨文示例

在甲骨文没有被发现之前，西方人不承认商朝的存在，殷墟中发现的大量甲骨文，以及出土的带有铭文、符号的大量青铜器，使西方权威承认商朝存在的客观历史。

（3）周朝。

周朝（公元前 1046—公元前 256）是中国历史上继商朝之后的第三个华夏民族的奴隶制王朝。周朝分为西周和东周两个时期。商朝人迷信鬼神，注重民心，从商朝至周朝是从奴隶社会到封建社会的过渡，是中华文明的又一次大飞跃。

3. 甲骨文的发现与发掘

甲骨文的发现与一个农民的荒诞经历有关，对华夏文化来说，充满悲怆、无奈和庆幸。李成是河南省安阳市小屯村人，为了赚钱他是第一个把甲骨文作为药材运送并贩卖到城里的人，他虽然毁灭了难以计数的甲骨文，但他也使甲骨文重现人间，得以认识和研究，为后来的发掘保护提供了直接依据。

有一次，他患了疥疮，疼痒难耐，坐在田头，无意中捡起一块刻有花纹的白骨片，揉搓成粉末并涂抹在疥疮上，疼痒神奇地止住了。几次涂抹后，疥疮竟然治愈了。于是他收集四散的各种形状的白骨片，送到城里的药店贩卖。药店老板查阅药典发现这就是"龙骨"，是救治重症沉疴的良药，于是大量收购，但"龙骨"在当地的用量不大，库房空间有限，药店老板后拒收刻有花纹的"龙骨"。为此，李成首先将所有"龙骨"上的花纹刮掉，再送到药店去卖，并把"龙骨"捣成粉末在集市、庙会上叫卖。药店老板为了赚钱，陆续把"龙骨"转卖到各地，也进入了京城各大药店。

1899 年夏天，金石学家王懿荣身染疟疾，久治不愈，便请一位老中医为其把脉诊断，药方中就有一味"龙骨"的药，这立刻引起了王懿荣的注意。家人从药房抓回中药后，王懿荣发现"龙骨"的碎片上镌刻有奇异纹络，便派弟子赵军和家人到京城各大药店以重金把刻字的甲骨全部买下，以至于不惜倾其家财。他对搜集到的刻有花纹的"龙骨"进行研究，在他壮烈殉国前收集了 1500 余片。此后，王襄、孟定生、刘鹗、端方、胡石查等人都相继开始收集和研究"龙骨"，他们是中国甲骨文最早的研究和收藏者。

1928年，历史学家傅斯年决定发掘殷墟，具体由董作宾领导。至1937年，前后共进行了十五次发掘，地点除了河南省安阳市的小屯村，还有后冈及侯家庄西北冈、高井台子、大司空村等地，共出土龟甲、兽骨24900多片。抗战期间发掘被迫停止，多达12000余片甲骨及众多文物被日本侵略者掠走。

甲骨文是契刻在龟甲或兽骨上的文字，商朝时期用于记载祭祀、占卜事件，距今3000多年，被认为是中国历史上最为古老的文字。尽管大部分甲骨文还没有被译读出来，但从译读出来的甲骨文内容推断，当时的文字记述已相当成熟，人们不可能一开始就能够如此系统地对事物进行非常具体的描述，文字与语言的结合，以及表述事务、传递思想需要一个漫长的纠错、完善过程，才能够逐步达到成熟。所以，文字学家、语言学家及考古学家推断，在夏朝时期的中原人中，特别是上层统治者，为统治者服务的那些能够驱妖除魔、沟通天地、占卜吉凶、治疗疾病的巫医药师，以及方士、术士等人，应该已经初步掌握了文字的使用。

商朝精美的青铜器皿、服装、车马、宫殿、文字体系，以及文字记述的事件，都不可能突然出现，必然有一个承前启后的传承过程。西方人不承认夏朝存在就是因为没有发现夏朝遗留的文字，也没有发现商朝对夏朝的文字记载。

4. 夏朝文字缺失的原因

古人将记载历史的文字多刻在竹简木牍上或皮革上，难以保存千年。而商朝殷墟中发现的刻有文字的龟甲骨是古人专门用于记录祭祀、占卜问天，沟通天界的谶语、卦辞的骨片，并不是用于记载历史的文字。由于龟甲、兽骨的耐腐蚀性相对较强，因此得以保留。

秦始皇当年推行车同轨，书同文，行同伦，统一度量衡，统一货币，极大地促进了经济、社会和生产力的发展及文化思想的统一，强化了中央集权和华夏的大一统。但同时在一定程度上把早期的原始文字及作品废除或销毁，特别是其"焚书坑儒"等事件，使大量记录历史的竹简、木牍、皮革、丝绢等永远消失。即使有少量文物留存在某个角落，也很难被发现和解读。如果生搬硬套西方权威的观点，因为没有找到文字，就否定夏朝的存在，可能会将"中华文明探源工程"陷入一个无解的死循环。

中华民族的文明史需要我们用更加科学、创新的方法去研究和破解，不能被西方的偏见所左右。中华文明应该从国家、图文画符、器物、礼器、徽章、祭祀礼仪等考证，而不应该完全遵循西方所谓的文字、城市、青铜、祭坛的判断标准。正如习近平总书记出席世界经济论坛"达沃斯议程"对话会发表致辞时强调，各国历史文化和社会制度差异自古就存在，是人类文明的内在属性。没有多样性，就没有人类文明。多样性是客观现实，将长期存在。

5. 从画符到文化

贾湖遗址出土的龟腹甲上的画符（图4.3）和半坡陶器上的线条符号（图4.4）曾被认为是装饰用的花纹。但有考古研究者认为，在某种意义上这些典型特征的符号是装饰图案，也是雏形文字的表现形式。由于多数人仅将其看作一种接近文字形式的符号，因此没有将其当作汉字的起源。人们从夏朝出土的陶器上也只发现了花纹，而没有文字，所以有学者提出，陶器上的花纹（黑线斜纹）和图案其实都是时代文字。

图 4.3　贾湖遗址出土的龟腹甲上的画符

图 4.4　半坡陶器上的线条符号

早在 20 世纪 60 年代，南京博物馆的张正祥在现江苏省扬州市高邮市龙虬镇龙虬庄村意外发现村后水渠里布满了贝壳和陶片，经验告诉他这是史前文物，一同的考古专家也确认龙虬庄遗址是新石器时代的遗址。

20 世纪 90 年代起，考古队对该遗址进行了 4 次发掘，发现有类似甲骨文的文字，命名为龙虬庄陶片文字（图 4.5），并发现龙虬庄陶片文字比甲骨文还早 1000 年左右。

20 世纪 80 年代以来，考古专家陆续在山东省、河南省、内蒙古自治区及黄河沿岸等多地的各种古墓遗址中，发现了一些刻有文字的骨头，这是距今 5000 多年的骨刻文（图 4.6）。骨刻文被专家们认为是中国最古老的文字，是因为像这样刻画的类似字符有很多，看起来像是一种文字的记载，还有这些文字大多数像是一些人和动植物之类的形象符号，这些符号的旁边多次出现了"偏旁"，布局与结构也是有规律可循的。最重要的一点就是骨刻文上面的一些字已经在辞章中出现。因此，骨刻文已经形成了一种文字体系，最有名的记载是《昌乐骨刻文》。

图 4.5　龙虬庄陶片文字　　　　　　　　图 4.6　骨刻文

6. 古代中国的科技文明

(1) 科学技术方面。

在农学方面,3000多年前我国已经有了关于农作物的记载,如麦、稻、粟、稷、菽等。古人在总结农业生产经验基础上,形成了376种农业专著,其中影响较大的有《氾胜之书》《齐民要术》《陈敷农书》《王祯农书》《农政全书》五大农书,其是中国现存古代农学专著中的杰作。

在冶金方面,4000多年前我国已经掌握了冶金技术,可以将铜和锡的混合物制成青铜。春秋时期我国已经掌握了铁的冶炼和使用。

在法制方面,公元前200年左右,中国统一为一个完整国家,拥有统一的语言、文字、货币、度量衡和其他能够实现有效治理的法制体系。

在数学方面,我国早在春秋时期就有了分数概念和九九乘法表。古代数学名著有《海岛算经》《五曹算经》《孙子算经》《夏侯阳算经》《张丘建算经》《五经算术》《缉古算经》《缀术》《周髀算经》《九章算术》。《九章算术》是其中最重要的一部,是我国最早的一部数学专著。《九章算术》是按246个题目分成9章编写而成,故因此而得名。它记载了勾股定理和开平方的解法。它标志我国古代数学体系的形成,对我国数学发展有着重要的影响。

在天文学方面,代表人物是祖冲之(429—500),他的原籍是范阳郡遒县(今河北省保定市涞水县),其祖先因北方战乱迁居江南。公元429年(宋文帝元嘉六年),祖冲之出生于南朝宋代一个士大夫家中。祖冲之的祖父祖昌曾任大匠卿,负责建筑。据《隋书》记载,祖家世代掌管历法,对天文历法很有研究。在家庭气氛的熏陶下,祖冲之自幼便对各种科学技术,特别是对天文、历法、数学等产生了浓厚的兴趣。祖冲之在青年时就有博学多闻的名气,并且被朝廷征召到华林学省从事学术研究工作。

祖冲之把中国古代的天文学和数学推进到一个新的高度。在天文学领域中,他经过长年的观测与推算,发现当时所颁行的《元嘉历》错误很多,不精密,与实际天象之间的误差很大。例如,日、月所在的位置与实际天象差了3°;冬至和夏至那天的日影都相差了1天;所推算的金、木、水、火、土五大行星的出没时间相差了40天之多。他在33岁时,修正了当时历法的错误,制定了一部新的历法——《大明历》。

祖冲之在数学方面的卓越贡献之一是他算出圆周率的真值在3.1415926与3.1415927之间。其所求出的圆周率的精确度在当时世界也是独步一时。直到1000年之后,15世纪阿拉伯数学家阿尔·卡西和16世纪法国数学家维叶特才超越了他的成果。

(2) 医学方面。

中华民族在长期的医疗实践中形成了独特的中医诊疗和中药理论,它以内容丰富、功效神奇享誉中外,时至今日仍是一块亟待发掘的宝藏。传统医学有四大经典著作:《黄帝内经》《难经》《伤寒杂病论》《神农本草经》。其中,《黄帝内经》是我国医学宝库中现存成书最早的一部综合性医学典籍。《黄帝内经》为古代医家托黄帝之名而作,为医家和医学理论家联合创作,一般认为成书于春秋战国时期。它以黄帝与岐伯、雷公等对话的方式讨论医学病理等问题。全书共18卷,分《灵枢》《素问》两部分,内容涉及生理学、病理学、诊断学、治疗原则和药物学等多方面知识。

《黄帝内经》在理论上建立了中医学上的阴阳五行学说、脉象学说、藏象学说、经络学说、病因学说、病机学说、病症、诊法、论治、养生学及运气学等；强调治本清源，标本兼治，反对舍本逐末及头痛医头、脚痛医脚的片面治疗观；主张不治已病，而治未病；提倡养生、摄生、益寿、延年。该书是中医理论形成的重要标志，奠定了人体生理、病理、诊断及治疗的认识基础。2000多年来，它对中国中医、中药理论及实践的发展产生了极大的影响，被称为医之始祖。此外，中医的针灸、刮痧、拔火罐等是我国中医药及中医治疗的独创方法；望、闻、问、切四种诊法沿用至今。

东汉张仲景（公元150～154—公元215～219）今河南省邓州市穰东镇张寨村人，被尊称为医圣。其创作的《伤寒杂病论》系统地分析了伤寒的原因、症状、发展阶段和处理方法，创造性地确立了对伤寒病"六经分类"的辨证施治原则，奠定了理、法、方、药的理论基础，具有很高的学术价值，是从古至今最有影响的医学著作之一。

扁鹊（公元前407—公元前310），姬姓，秦氏，号卢医，原名秦缓，字越人。春秋时期，扁鹊悬壶济世、望闻问切、医到病除，被人称为神医，在《史记·扁鹊传》及韩非子《扁鹊见蔡桓公》等著作中均有记载。

2012年，成都地铁修建时挖出古墓，墓中发现大量竹简，文字整理发现，可能是失传2000多年的扁鹊医书。经初步整理发现，这些医书不仅包括古代医术中的诊断方法，还有众多古代医学理论和药方。墓中出土的人体经穴髹漆人像与扁鹊医书残片（图4.7）对古代针灸史和中华医学起源研究有重要的价值。

(a) 人体经穴髹漆人像

(b) 扁鹊医书残片

图4.7 人体经穴髹漆人像与扁鹊医书残片

华佗（约145—208），今安徽省亳州市人，东汉末年医学家，精通内科、外科、妇科、儿科、针灸科等，施针用药，简而有效。华佗积极倡导体育锻炼，认为这是治病强身的手段，他编了一套五禽戏，模仿虎、鹿、熊、猿、鸟的动作，即虎的扑动前肢；鹿的伸转头颈，熊的伏倒站起，猿的脚尖跳跃，鸟的展翅飞翔。

李时珍（约1518—1593），生于今湖北省黄冈市蕲春县，著有《本草纲目》。该书包括1892种药理，附有11096个处方，绘制了1100多幅药物形态图形，还有一些有价值的其他内容。该书于1593年出版，出版后立即被译成英语、法语、德语等多种语言，流传于世界，成为医药史上的世界名著，达尔文把该书誉为"中国古代的百科全书"。

4.3.3 美洲文明

出现在中南美洲的美洲文明，也是相对独立的文明。在哥伦布 1492 年发现新大陆，欧洲人大批涌入之前，美洲印第安人的总数已达四千万，拥有 1700 多种语言，但这些文明被丛林分割成几乎互不联系的若干部分。其中形成最早的是中美洲墨西哥的玛雅文明，与玛雅文明交相辉映的还有墨西哥的阿兹特克文明，南美洲沿太平洋沿岸的哥伦比亚、秘鲁和智利的印加文明等。

1. 玛雅文明

依据中美洲编年，玛雅历史可分成前古典期、古典期及后古典期。前古典期（公元前 1500—公元 300）也称形成期（相当于我国的商朝时期），历法及文字的发明、纪念碑的设立及建筑的兴建均在此时期形成。古典期（约 4—9 世纪）是全盛期，此时期文字的使用、纪念碑的设立、建筑的兴建及艺术的发挥均达到极盛。在后古典期（约 9—16 世纪），北部奇琴伊察及乌斯马尔等城邦兴起，玛雅文明逐渐衰弱。最终，在 16 世纪时，玛雅文明的传承者阿兹特克帝国被西班牙帝国消灭。

【拓展视频】

全盛期的玛雅地区分成数以百计的城邦，然而玛雅各邦在语言、文字、宗教信仰及习俗传统上属于同一个文化圈。诞生于热带丛林而不是大河流域的玛雅文明奇迹般地崛起和发展，其衰亡和消失同样充满神秘色彩。公元 8 世纪，玛雅人放弃了高度发达的文明，大举迁移。创建的每个中心城市都终止新的建筑，城市被完全放弃，繁华的大城市变得荒芜。玛雅文明一夜之间消失于美洲的热带丛林中。

玛雅文明虽然处于新石器时代，但在天文学、数学、农业、文字及艺术等方面都有极高的成就。玛雅文明与中华文明有如下相似之处。

（1）文字及艺术。

玛雅人使用象形文字，文字的发展水平与中国的象形文字很相近，但符号组合比汉字还复杂，至今尚未有人能完全解读。玛雅文明的雕刻、彩陶、壁画也有很高的艺术价值，被称为"美洲的希腊"。此外，玛雅人通过长期观测天象，已经掌握了日食周期和太阳、月亮、金星的运动规律。玛雅文明的建筑工程达到当时世界最高水平，能对坚固的石料进行雕镂加工。

（2）玉器与信仰。

玛雅文物中有很多是玉器，中国人和玛雅人喜爱玉石，并且具备精巧的玉器雕琢能力。更为巧合的是这两个民族都有把玉与生命、繁衍联系起来的信仰，有些玛雅玉器竟与江南史前文化——良渚文化的玉饰惊人地相似。玛雅文化中的羽蛇神形象与中国腾云驾雾的龙有些相像。玛雅壁画上的羽蛇神头像、玛雅祭司所持双头棍上的蛇头雕刻也接近龙头的造型。除此之外，玛雅人对于羽蛇神，和中国人对于龙的祭拜，都与祈雨有关。

此外，玛雅人知道兴修水利，修建城市、庙宇和金字塔等；培育了玉米、马铃薯、花生、番茄、辣椒、向日葵等农作物；驯养了家畜，但没有马匹；会冶炼金、银、锡、铅等金属，但不会冶炼铜或青铜，更不会炼铁。

2. 其他美洲文明

（1）阿兹特克文明。

阿兹特克人原属纳瓦语系发展水平较低的一个部落，后来因吸收、融合其他印第安优秀文化传统而迅速崛起。11—12世纪，他们从北部迁入墨西哥中央谷地，1325年在特斯科科湖西部岛上建造特诺奇蒂特兰城，于15世纪在墨西哥中部建立了帝国。阿兹特克文明拥有较精确的历法系统；农业灌溉技术发达；已经出现了原始阶段的"货币"；宗教神话具有鲜明的特色，并且对后世也影响深远；建筑技术也非常精湛，建造出了特诺奇提特兰古城这种十分雄伟的建筑；社会阶级划分森严，拥有完备的法律系统。

（2）印加文明。

11—16世纪，印加文明的政治、军事和文化中心位于今日秘鲁的库斯科。其中心区域分布在南美洲的安第斯山脉上，大约是今南美洲的秘鲁、厄瓜多尔、哥伦比亚、玻利维亚、智利、阿根廷一带。

3. 美洲文明探源

长期以来，很多人怀疑印第安文明与华夏文明有一定的联系，但证据不足。例如，美洲的印第安人与我们同属蒙古人种，和我们有着亲密的血缘关系。一般认为，印第安人主要是通过白令海峡从亚洲迁移过去的。但也有人认为白令海峡并非古人类进入美洲的唯一通道，或许古人类早已掌握一定的航海技术，他们有可能从太平洋的北部、中部、南部航海进入美洲。

我国古代就有"殷人东渡"的记载。"殷人东渡"是指周武王伐纣时，一些殷商的军队及同盟者战败后拒绝投降，渡海东去，下落不明。有学者认为，殷商的军队及同盟者从福建、台湾等地出发，顺着太平洋黑潮，是能够漂流至美洲大陆的。这部分人登陆美洲后，见面互致问候就是"殷地安"，一种说法是为了祝福家乡"殷地"安康，另一种说法是为了纪念自己是殷部落所在地"殷地安阳"的人。

美国考古学家在新墨西哥州、加利福尼亚州和亚利桑那州的多个岩壁上发现了商朝甲骨文。在美洲发现的一些岩画文字（图4.8）、陶器、航海文物（如在北美发现的石锚和我国古代船锚相似）等，都与我国古代文化似乎有某种联系。

图4.8 岩画文字

4. 传说与文字考证

"慧海东来"是说南齐永元元年（499年），有一个叫慧海的和尚从东方远航而来，描述了他去过的"扶桑国"的风土人情。慧海和尚所说的扶桑国应该就是今天的墨西哥。早在唐代姚思廉编撰的《梁书》卷五十四——《东夷列传》中就有记载,扶桑国者,齐永元元年(499年),其国有沙门慧深,来至荆州,云:扶桑在大汉国东二万余里,地在中国之东。其土多扶桑木,故以为名。扶桑叶似桐,面初生如笋。国人食之,实如梨而赤,绩其皮为布,以为衣,亦以为绵。作板屋,无城郭,有文字,以扶桑皮为纸。……国王行,有鼓角导从,其衣色随年改易。……有牛,角甚长,以角载物,至胜二十斛。车有马车、牛车、鹿车。国人养鹿,如中国畜牛,以乳为酪。有桑梨,经年不坏。多蒲桃。扶桑国无铁有铜,不贵金银。市无租估。其婚姻,婿往女家门外作屋,晨夕洒扫。经年,而女不悦,即驱之;相悦乃成婚。这一段描写的恰恰是5世纪时墨西哥的社会生活现状,所以"扶桑国"的物产和风俗习惯与墨西哥的十分吻合。而沙门慧深是当时著名的僧人,不是一般的佛教徒。

近年来,一位印度学者伊尔娜依拉美经过几年的细心探索和充分的论证,从古玛雅语和中国古汉语的特殊对应关系(表4-1)的研究中发现,玛雅人的语言与中国古汉语的发音、词义非常接近,有些几乎一模一样,于是她提出了玛雅文明属于中国华夏文明的分支和延续的观点。不仅在语言方面,玛雅语和中国古汉语有很多相似的地方,而且在祭祀方面,玛雅人的祭祀方式也与殷商的祭祀方式很相似。

表4-1　古玛雅语和中国古汉语的特殊对应关系

中国古汉语		玛雅语		中国古汉语		玛雅语	
han	(男子)汉	hhan	女婿/丈人	tan	谈	ttan	说话
tan	炭	taan	灰	suan	酸	suun	酸
bao	包	pauo	包	chi	吃	chii	吃肉
chi	齿	chii	口	chuan	船	chem	船
zhong	种	chum	种	tuan	团(圆)	tom	圆
keng	坑	kom	坑洼	wa	蛙	uo	蛙
gan	干(戈)	kan	捍卫	an	俺	en	我
yi	伊(他、她)	y	他的	deng	登/凳	tem	登/凳
tan	坛	tem	神坛	pang	胖	pem	胖
cha	叉	cha	叉	chai	柴	che	柴

从玛雅人使用的语言与中国古汉语的特殊对应关系分析发现,华夏文明和美洲玛雅文明有着极近的亲缘关系。因此可以说,玛雅文明与华夏文明具有一定的渊源。

5. 人口迁徙可能性考证

有学者考证认为,几千年前就曾有轩辕华夏部落中部分族群从中国东北部穿过俄罗斯,绕过白令海峡向东迁徙,趁冬季白令海峡冰封之期到达北美洲,沿太平洋沿岸一路南行,最终到达南美洲。随着华夏文明与玛雅文明亲缘关系被国际学者广泛研究,经过大量的史料记载与考证之后,两种文明具有亲缘关系的说法得到一定程度的认同。

据史料记载,由于躲避战争、灾难,或者寻找更好的生活环境,以及文化交流等,

5000年来，中国先祖历史上曾有好几次大规模的迁徙，并在当地定居繁衍，足迹已遍布全球，为中国文化传播作出了不可磨灭的贡献。另外，公元前1046年，武王伐纣时殷商王朝的主要兵力大多远征在外，由于信息不畅，路途遥远，回朝救驾的军队赶回首都朝歌之时，殷纣王已战败。这些殷商王朝的军队并没有归顺周武王，而是一直向外迁徙，直至走到今墨西哥境内，并与当地的居民结合繁衍，共同创造了玛雅文化。

《地学杂志》在1913年刊论：在墨西哥之地发掘了众多泥制的古塑像，面貌与当年中国人别无二致，衣饰冠发和中国人数十世纪之前的穿戴也是一致的。种种迹象表明，美洲大陆实际上是由中国人最先发现的。墨西哥博物馆的画册曾有记录奥尔梅克人的陶质头像，与我国华北人的长相十分接近。

早在1852年，曾有美籍华人乔治·休率领众人驾驶8艘小艇从广东下海，随后进入太平洋黑潮，最后漂流至加利福尼亚州。

还有一个真实的故事：在李嘉诚基金会的支持下，汕头大学四名学生（孟亚洁、陈钰丽、梁敏甜和黎晓冰）组成"功夫茶茶"（Kung Fu Cha-cha）队，参加了泰斯卡威士忌跨大西洋划艇挑战赛，她们从来自全球的25个参赛队伍中脱颖而出，以34天13小时13分的成绩打破女子队世界纪录，而两年前英国女子队创下的世界纪录是40天8小时26分。这不仅是首支挑战该赛事的中国队伍，也是划渡大西洋史上最年轻的参赛队伍。

参赛划艇多为7m长、不足2m宽，无动力，出发前需备齐所有修缮装备和一路必需的补给，如干粮、水等，全程无补给。这是一项极限体育运动，在烈日、风浪、缺乏睡眠及各种未知状况下，参赛选手需二十四小时不间断接力划行。

李嘉诚每天用手机的卫星追踪程序查看她们的进度，为她们的勇气和努力感到骄傲。勇斗惊涛骇浪和到达终点的"功夫茶茶"队如图4.9所示。

图4.9　勇斗惊涛骇浪和到达终点的"功夫茶茶"队

6. 玛雅文明的毁灭与反思

玛雅文明神秘消失的原因众说纷纭，有人认为是社会内部战争，以及在宗教外衣下的人祭行为造成社会劳动力的大量损失，内战造成知识传承的断裂，幸存下来的人只能在很低的水平下重新发展；也有人认为是玛雅人对大自然的过度开发，大规模建造城市，破坏生态，受到上天的惩罚；还有人认为是持续的极度干旱，造成食物短缺，文明崩溃。但是，美洲文明中的阿兹特克文明、印加文明的农业基础与玛雅文明十分类似，在没有被西班牙人毁灭之前，仍然发展得欣欣向荣。所以，环境并非毁灭玛雅文明的唯一因素。玛雅文明的神秘消失可能与欧洲入侵者野蛮地人为破坏，以及他们从欧洲带过去的疾病，特别是天花的蔓延有密切关系，致使美洲文明在极短时间内遭到了毁灭性的摧残。

新航路开辟后，欧洲列强不断入侵，掠夺当地居民的土地、财产，使当地居民流离失所，被迫向生活条件恶劣的地方迁徙。印第安人的人口从大约四千万锐减到不足一千万，印第安人留下的文明古迹、文字记录几乎完全被销毁。这证实了西方人提出的毁掉一个民族最好的办法就是毁掉其文字、文化传承、文明记忆和精神。欧洲入侵者制造的这场人为灾难使人类失去了解开美洲文明之谜的钥匙。

从古希腊文明的衰落、古罗马帝国的征服，再到中世纪至暗时期的演变史可以看出，人类的文明会被野蛮征服。例如，美洲的阿兹特克文明被西班牙帝国消灭；八国联军入侵北京，抢掠故宫、颐和园，并焚毁了圆明园；日耳曼蛮族进入罗马，就像天主教士兵进入君士坦丁堡和耶路撒冷一样，都在掠夺财富。

思 考 题

（1）远古的地球与人类活动无关，为什么也会周期性地出现极端的酷暑和严寒？

（2）为什么地球表面会出现生物大爆发和生物大灭绝事件？

（3）智慧的产生与文明演化的规律是由谁主导的？未来的地球人类会走向何方？

（4）植物的趋光性、吸收水分、捕捉营养素的主动性，捕蝇草、猪笼草捕杀昆虫的本领，榕树的绞杀行为，都是思维支配的结果吗？

（5）欧洲人用武力征服了美洲，毁灭了玛雅文明，这是野蛮战胜了文明吗？

第二篇
意识觉醒与科技发展

第 5 章
社会文明与科技革命

 本章教学要点

知识要点	掌握程度	相关知识
文明演进与社会进步	熟悉文明演进； 了解东西方文明进程对比； 了解竞争助推思想文明高峰	物质文明； 百家争鸣； 危机意识
欧洲文艺复兴	掌握文艺复兴发生的背景； 熟悉文艺复兴的核心与本质； 了解文艺复兴的历史作用与持久影响	文艺复兴时期的代表作品
三次科技革命	熟悉三次科技革命发生的背景； 掌握三次科技革命的特点； 了解三次科技革命对中国发展的影响	三次科技革命的对比
第四次科技革命	了解第四次科技革命的时代背景、社会影响、特点及对其的畅想	信息化、智能化、数字化技术
反思	掌握近代中国落后原因； 掌握科技兴国发展科技	《谈政论》； "新四大发明"

导入案例

从原始社会的生存文明和古代社会的农耕文明，到近代社会的工业文明和现代社会的信息文明，人类文明演进的每一步都经历了蒙昧与文明间血与火的洗礼。科技创新助推人类意识觉醒，支撑认识和改造世界的手段向更高层次文明迈进。特别是欧洲文艺复兴运动，促进西方理性精神的发扬光大，为全球三次科技革命的形成、发展和不断向更高层次演进奠定了基础。"鉴古而知今，彰往而察来"，通过实行改革开放，实施科教兴国战略，借鉴人类优秀文明成果，我国迈向高质量发展之路。

课程育人

自 2013 年习近平总书记提出"一带一路"倡议以来，我国围绕建设"和平之路、繁荣之路、开放之路、创新之路、文明之路"的美好愿景，擘画行动纲领，迈向更加美好明天。观察海洋文明或两河流域文明的地图，我们发现"一带一路"倡议区域的地理版图与人类古文明区域高度重合，这说明爱好和平的中国人民在推进中华民族伟大复兴、实现中国梦的同时，将携手文明古国的人们借助三次科技革命的动力和即将汹涌而至的第四次科技革命的浪潮，推动"一带一路"国家利用现代科技的成果，再现历史辉煌。

习近平总书记说："物之不齐，物之情也。"世界万物万事总是千差万别、异彩纷呈的。如果万物万事都清一色了，事物的发展、世界的进步也就停止了。对于文明的标准问题，中国人也应该有自己的客观分析。

5.1 文明演进与社会进步

5.1.1 文明演进

文明的存在、发展离不开物质基础。先进生产力是社会巨变的源动力，是人类文明进步的宝贵财富。追根寻源，才能以古方今、古为今用。文明是一种社会进步的程度或状态，与野蛮相对立。文明是人类历史积累下来的有利于认识和适应客观世界、符合人类精神追求、能被大多数人认可和接受的人文精神、科学知识和发明创造的总和。文明使社会经济和文化发展达到比较先进的状态。文明涉及的领域广泛，包括家族观念、民族意识、技术标准、礼仪规范、宗教观念、风俗习惯、工具、语言、文字、信仰、法律，以及城邦、乡村和国家的发展状态。

工业革命以来，人类以征服自然为目标，造成了一系列全球性的生态危机，说明地球已经无力支持工业文明的高速发展，需要开创一种新的文明形态来延续人类的生存，这就是生态文明。如果说农业文明是"黄色文明"，工业文明是"黑色文明"，那生态文明就是"绿色文明"。物质文明、精神文明、政治文明和生态文明是现代文明的标志。

1. 生产力进步助推物质文明发展

物质文明是指人类物质生活水平达到一定状态，是生产力发展水平的具体体现，是文明赖以存在的物质基础，包括农业、畜牧业、手工业生产技术的发展及其与自然科学知识的结合程度，反映出人们认识物质世界和改造物质世界的能力。人类诞生以来，物质文明经历了原始文明、农耕文明、工业文明、信息文明四个主要阶段。

（1）原始文明。

原始人类对自然的理解和认识肤浅，生产力水平低下，主要以渔猎、采摘自然食物为主要生存方式，活着是最基本的生存需求。物竞天择，适者生存，生存既要个人努力，又要依赖族群护佑。族群成员以血缘为纽带，不仅要找到足够的食物，还要应对洪水、猛兽及异族侵犯等各种灾难来维持生存，族群中那些作战勇猛、头脑聪慧的成员会被推举为族长。个体成员的生存必须借助于强大族群的保护，而族群的生存与发展还要借助所有个体成员的共同力量。族群内所有成员间的地位基本相同，他们同甘共苦，个体成员间有较为明确的分工。此阶段为典型的原始共产主义阶段。

族群发展壮大的前提是有足够的生活物资和安全环境。在自然知识十分匮乏的条件下，使成员同心协力，统一思想、保持一致，崇拜强大（如雷电、巨石、虎、豹），迷信鬼神成为思想教化、促进团结的重要手段。那些有较多知识的巫医药师等人被认为能通神，就成为族群中具有一定地位和影响力的管理者。

随着新石器时代的到来，人类学会制造和使用工具，认识自然、顺应自然和利用自然的能力增强，猎物捕获增加的同时学会了农业种植和畜禽养殖，剩余食物和物质增加，族群能够养活更多的人口，族群不断壮大，出现了城邦。但为了争夺生活资源，族群间会不断争战，又不断联合，在战争与联合中组成了国家。

（2）农耕文明。

农耕文明是指由农民在长期农业生产中形成的一种适应农业生产、生活需要的国家制度、礼俗制度、文化教育制度等的集合。其特点是男耕女织，自给自足，物质很少用于商品交换。在思想观念上，这个阶段的人类受封建思想束缚，闭关自守。从社会制度来说，农耕文明包括奴隶制社会和封建社会。从生产力水平分析，人类从青铜器时代过渡到铁器时代，但农耕文明发展到后期，其制度和文化越来越限制社会的发展。随着剩余食物的增多，战败者演变成奴隶。人类的自我意识增强，原始共产主义氏族制度逐步瓦解，特别是人们发现青铜冶炼技术以后，生产力水平得到大幅提升，从母系社会过渡到父系社会，此时的原始社会文明逐步完成了向农耕文明的转化。

中国的农耕文明集合了儒家文化及各类宗教，形成了自己的独特文化内涵和特征，包括国家治理理念、人际交往理念、语言、戏剧、民歌、风俗及各类祭祀活动等，是世界上存在的最为广泛的文化集成。

随着欧洲文艺复兴运动的兴起，人类的劳动生产力水平进一步提升，原有的小农经济、个体小作坊已经满足不了社会商品流通对产品的巨大需求，只有扩大生产规模、发展工业才能解决，于是农耕文明逐步迈向工业文明。

（3）工业文明。

工业文明是以工业化大生产为重要标志，机械逐步替代人工的一种社会文明状态。其特点是：工业化、城市化、商品化、法治化与民主化，教育逐步普及，科技迅猛发展，经济持续快速增长，社会阶层流动性增强，非农业人口比例大幅增长。随着工业文明的推进，科技在整个社会生产力发展中的作用越来越重要，出现劳动方式最优化、劳动分工精细化、劳动节奏同步化、劳动组织集中化、生产规模扩大化，经济集权寡头化等新的发展趋势。这些特征也可视作推动农耕文明向工业文明转化的重要因素。

与其说工业文明在两百年间创造了远超于此前几千年的财富，不如说科学技术在两百年前完全继承了生命几亿年来的遗产。农作物可以积累半年或一年来自阳光的能量，猎物、牲畜可以积累几年或十几年来自阳光的能量，森林可以积累几十年或几百年来自阳光的能量，而煤、石油、天然气等能源是地球植被积累了几亿年的阳光。如此丰厚的遗产最终催生了工业文明的爆炸式发展。

(4) 信息文明。

信息文明是人类创造的一种高于工业文明的新文明形态。20世纪50年代以来，通信技术快速发展，带动了整个社会的生活方式、经济发展方式、生产组织形态和人与人之间交流方式等的革命性变革。特别是计算机、互联网和移动通信等的结合，将人类的文明状态迅速推到一个前所未有的高度，这就是信息文明。

信息文明是以现代信息技术为手段，信息经济为基础，通过对信息资源的有效开发和整合，借助人工智能和大数据，有效利用全社会的信息资源、物质资源、科技资源、人力资源，实现人类社会各领域、各方面的协调发展和整体进步。信息文明的产生促进了自然资源的优化配置，减少了交通成本、物流成本；化解了贫困地区物质交流和商品化的难题，提高了全社会的工作效率和生态文明建设水平。

总之，随着人类认识自然、顺应自然、利用自然的能力得到极大增强，物质成果的生产速度和生产效率大为提升，人们物质生活水平得到改善，寿命延长，人口增长。同时，城市膨胀、道路及住房拥挤、垃圾围城、污染加剧、资源枯竭、生态破坏、温室效应等诸多问题出现。

2. 丰衣足食促进精神文明

精神文明是人类在物质文明的基础上产生的一种人类所特有的意识形态，它是人类各种意识观念形态的集合。正如《管子·牧民》中所述，"仓廪实，则知礼节；衣食足，则知荣辱"。这里的"知礼节""知荣辱"就是今天所说的精神文明。可见精神文明是人类在改造客观世界和主观世界数千年的实践过程中所创造的引领人们团结、友爱、向上、奋进的精神成果的总和，是人类智慧、道德的进步状态，包括思想、意识、道德、教育、科学、文化和哲学等非物质形态的财富。精神文明表现为社会文化、智慧的状况，如教育、科学、文化、艺术、卫生、体育等各项事业的发展水平，以及思想政治、道德风尚、世界观、人生观、价值观、理想、信念、情操、觉悟、组织性、纪律性等的状况。因此，精神文明具有继承性，是人类文明基因和优秀文化的传承，并在实践中不断丰富和完善。

精神文明为物质文明的发展提供思想保证、精神动力，以及政治法律保障和智力支持；物质文明为精神文明建设提供生存和发展的基础，二者相辅相成，相互促进。在物质文明基础上，解决了生存压力的人们已经不满足于吃饱穿暖，而是随着物质生活条件的改善有了更高的精神追求。这种精神层面的追求会随着物质的丰富快速提升，而精神文明助推物质文明升级，向更高层次发展，二者缺一不可。

3. 政治文明强化社会进步

政治文明又称制度文明，是人类改造社会的政治成果总和，是由政治意识文明、政治制度文明、政治行为文明组成的有机统一体。政治制度文明是政治文明的核心，是政治文明乃至整个人类文明演进的重要标志。政治文明建立在一定的物质文明和精神文明发展的基础上，反映了社会的物质文明和精神文明的制度化、规范化水平。

在国家治理中，制度建设问题带有根本性和全局性。制度文明的层次标志着领导集体管理艺术和技巧的成熟程度，它关系到统治阶级集团所代表的群体利益的实现状况和政权运作的相对稳定状况。制度文明建设是一个国家政治、经济、文化建设的重要内容，它的进程依赖于社会现有的物质文明和精神文明的整体水平。从某种程度上说，一个国家的文明程度集中地反映在它的制度文明状况上，制度文明体现并制约着该国在物质文明和精神文明方面所能达到的程度。就国际社会而言，制度文明的状况除此之外还更多地与国际社会各种势力的力量对比状况联系在一起。

中华人民共和国成立以来，党和国家历来重视政治制度建设。党的二十大报告明确提出，我们坚持走中国特色社会主义政治发展道路，全面发展全过程人民民主，社会主义民主政治制度化、规范化、程序化全面推进，社会主义协商民主广泛开展，人民当家作主更为扎实，基层民主活力增强。人民民主是社会主义的生命，是全面建设社会主义现代化国家的应有之义。全过程人民民主是社会主义民主政治的本质属性，是最广泛、最真实、最管用的民主。必须坚定不移走中国特色社会主义政治发展道路，坚持党的领导、人民当家作主、依法治国有机统一，坚持人民主体地位，充分体现人民意志、保障人民权益、激发人民创造活力。

4. 生态文明和谐发展

生态文明是人类文明发展的一个新的阶段，是工业文明之后的新文明形态。生态文明强调人类遵循人与自然、人与人、人与社会和谐共生、良性循环、全面发展的客观规律，以增进人类持续繁荣为基本宗旨的社会形态。生态文明是人类为保护和建设美好生态环境而取得的物质成果、精神成果和制度成果的总和，是贯穿于经济建设、政治建设、文化建设、社会建设全过程和各方面的系统工程，反映了社会的文明进步状态。

从人类文明发展的历程看，原始文明阶段，人类主要靠采集果实、渔猎为生，顺从自然、敬畏自然。农耕文明阶段，人类依靠体力、畜力进行简单的、有限规模的春种秋收、男耕女织，守护"绿水青山"，争取"金山银山"，顺应自然的绿色发展。工业文明阶段，人类利用机械规模化、集团化开发和利用自然资源，既彰显出人类"改天换地"的能力，又生产出远远超出人类自身需求的大量物质商品，建造出越来越多的足以影响地球生态稳定的超级工程，制造出众多的武器，使自然生态在短短的一个多世纪就满目疮痍，资源枯竭，生态环境持续恶化，温室效应、自然灾害频发。人类的欲望无限膨胀，贪婪自私，挥霍无度，缺少节制，人与自然的矛盾日益突出。

开展生态文明建设是人类在面对资源保障趋紧、环境污染加重、生态系统退化、灾害频发的严峻形势下提出的。以生态文明建设为引领，协调人与自然关系，解决好工业文明带来的矛盾，在开发和利用自然资源过程中，必须尊重自然、顺应自然，树立保护自然的生态文明理念，走可持续发展、绿色发展道路，这是人类文明发展的必然趋势。

步入信息文明新时代的人类，认识和改造自然的能力已经空前强大，已经不满足于吃饱穿暖的物质文明，而在生存理念上追求低脂、低盐、低钠、减肥、健康、长寿等目标，渴望利用互联网展示自我、成就自我，这些精神需求也使部分在现实中找不到自我的人们沉溺于网络，难以自拔。因此，我们要充分利用现代科学技术，发挥聪明才智，用新的理念和智慧，解决人与人、人与自然的矛盾，并对现代物质文明和精神文明的内涵进行重新发掘，借助政治制度的科学干预，促进人与自然和谐相处，发展绿色、高效的生产力，改善生态环境，实现"绿水青山就是金山银山"的绿色发展战略。

未来的人类会大规模利用现代信息技术，依靠大数据、人工智能、互联网和绿色技术,充分高效地利用自然资源;提高闲置设备、产品的再利用率,减少浪费;学习生态文明建设的核心内涵,"既要绿水青山,也要金山银山""绿水青山和金山银山绝不是对立的""绿水青山就是金山银山"。自觉把人类活动限制在生态环境能够承受的限度内,对山水林田湖草沙进行一体化保护和系统治理。

5.1.2 东西方文明进程对比

生产力水平的快速提升、农耕经济的快速发展,促进了经济制度、思想文化、生产力水平和人口数量的快速增加。不同文明间的生产力水平差异巨大,由此带来了东西方的经济、文化、观念、政治制度发展的显著差异。

1. 历史朝代和社会制度对比

从目前考古发掘到的实物及找到的文字记载看,西方有确切文字记载的文明史可能比中国早。中国夏朝之前的文明中,几乎没有找到确切的编年史,发现的文字记载比较少。西方的封建社会持续约 1500 年,中国封建社会从周朝开始持续了 2000 多年;西方国家的工业化时代持续了约 300 年,中国工业化进程约 120 年,由此造成中外社会文明形态的差异。中外历史更迭及文明阶段的大致时间对照见表 5-1。

表 5-1 中外历史更迭及文明阶段的大致时间对照

时间	西方	文明阶段	东方(我国)	文明阶段
公元前 3500 年	古巴比伦文明	原始文明	炎帝、黄帝、尧、舜、禹时期	原始文明
公元前 2500 年	古埃及文明			
公元前 2000 年	古印度文明		夏朝	农耕文明
公元前 1500 年	玛雅文明		商朝	
公元前 1000 年	荷马时代		周朝	
公元前 500 年	波斯文明		战国时期	
公元前 200 年	罗马帝国	农耕文明	秦朝	农耕文明
			隋唐时期	
公元 600 年	阿拉伯帝国		明朝	
公元 1700 年	英国	工业文明	清朝	
公元 1912 年			"中华民国"	
公元 1949 年	美国	信息文明	中华人民共和国	工业文明
公元 2000 年至今				信息文明

从表 5-1 可以看出,落后的原始文明持续时间久远,而人类知识积累、生产力水平的提高为新文明加速发展奠定了基础。知识积累、欲望膨胀刺激新的科技进步,迫使文明阶段快速向更高层次发展,造成新文明持续的时间成倍缩短。

2. 技术发展、社会制度与经济形态对比

在以物质文明为基础的人类社会文明中，人们对自然的认知能力、手段及知识的产出量、积累量随着时代发展成倍提高，生产力水平则呈指数级上涨。各历史时代的经济形态、社会制度与文明阶段见表 5-2。

表 5-2　各历史时代的经济形态、社会制度与文明阶段

历史时代	经济形态	社会制度	文明阶段
新旧石器时代	渔猎、采集经济	原始社会	原始文明
青铜器时代	农业经济	奴隶社会	农耕文明
铁器时代	农业经济	封建社会	
蒸汽时代	市场经济	资本主义社会	工业文明
	计划经济	社会主义社会	
信息时代	数字经济	人类命运共同体	信息文明

在未来的 500 年间，信息文明将主导人类社会的经济发展，全社会的生产力发展水平将空前提高。聚变能、太阳能、水能、风能和地热能将成为社会的主要动力。粮食、果蔬、肉、蛋、奶等生活物资，主要靠现代技术稳定生产，按需投放，而非自然产出，全球范围内将消除贫困、饥饿。智能化使人们的生活更加便捷，"衣来伸手，饭来张口"将成为现实。地月旅行将成为常态、地火航班定期运营。人类的精神文明将会出现两极分化，共产主义理想成为社会发展理念，制度更加科学、规范。通过上层建筑，结合信息数据，调整社会发展结构和生态平衡，对自然生态具有潜在危害的超级工程建设的论证将更加慎重。

5.1.3　竞争助推思想文明高峰

翻开人类文明史可以发现，文明进程往往与战争和王朝的更迭密不可分。公元前 600—公元前 300 年是人类文明的"轴心时代"，人类的思想获得空前解放，文化得到了快速繁荣，出现了百花齐放，百家争鸣的局面。人类社会在刀光剑影和思想交锋中飞速发展，出现了人类文明进步的第一个高峰。

1. 先贤辈出

公元前 500 多年，对东方文化产生巨大影响的东方三大圣人几乎同时出现，他们是被尊为道教及道家始祖的老子、创立儒家思想（儒教）的孔子、古印度佛教的创始人释迦牟尼。与中国诸子百家交相辉映的是，在古希腊出现了如苏格拉底、柏拉图、亚里士多德等一大批伟大的哲学家、思想家和科学家。他们的思想成果有力地推动了思想进步和精神文明，促进了科学的发展。

2. 百家争鸣

中国的诸子百家，其中诸子是指老子、孔子、庄子、孟子、墨子、荀子、韩非子、管

子、商鞅等一大批春秋战国时期的政治、军事、天文、历法、地理、医药等方面的杰出人才。以他们为代表形成了我国的儒家、道家、墨家、法家、阴阳家、名家、纵横家等许多学派。其中对我国及周边国家的政治和文化发展及传承影响比较大的是儒家、道家、法家、墨家四家。《道德经》《老子》《论语》《孟子》《庄子》《荀子》《墨子》《韩非子》等典籍，是这四家理论体系精髓的代表。其中《论语》《孟子》和《庄子》不仅具有较高的文学价值，也奠定了中国封建王朝的治国理念，从精神上铸就了中国人的生存之道和哲学思想。

（1）儒家思想。儒家思想主张"仁义礼智信"，规范社会的核心思想是"礼"和"仁"。孟子和荀子分别提出"性善论"和"性恶论"。

（2）道家观点。道家观点主张清静无为，无为而治，强调个人主义，提倡顺其自然，体现一种对自然法则的追寻，即人法地，地法天，天法道，道法自然。

（3）法家理念。法家提出人际关系的本质是"自力自为"，与儒家的"克己复礼"相反，主张依法治国。

（4）墨家精神。墨家精神主张"兼爱""非攻""服从"，强调爱与和平，反对战争，体现出为达和平目的不惜牺牲个人的集体主义精神。

3. 危机意识加速文明进程

人类只有获得更多的物质，抢占更好的生存区域，才能够获得更好的发展。所以，战争频发，群雄割据。为了化解战争危机，赢得战争，找到减少损耗的方法，仁人志士各显身手，思想教化、组织动员、排兵布阵、兵器制造等就在这样的争战及准备中获得了空前的发展，文化得到了快速繁荣。下面通过两则故事感悟其内在原因。

（1）鲶鱼效应。西班牙人爱吃沙丁鱼，但沙丁鱼离开大海就会死亡，死掉的沙丁鱼味道不好，销量也差，而抵港时活着的沙丁鱼卖价比死鱼高出好几倍。一次偶然的发现，渔民找到了生财之道，他们把几条沙丁鱼的天敌——活鲶鱼放在船舱的鱼槽里，鲶鱼便会四处游动寻找小鱼吃。为了躲避天敌的吞食，沙丁鱼自然加速游动，从而保持旺盛的生命力，沙丁鱼的死亡率大幅减少，提高了渔民的收益。

（2）在珍宝岛保卫战中，我军布设反坦克地雷，成功缴获一辆苏军坦克，科研人员对其全面拆解分析，用很短的时间就成功研制出能够打穿复合装甲的新型穿甲弹和无后坐力炮，使我国陆战装备获得有力提升。

4. 文明传播加速发展

阿拉伯人对东西方的经济文化交流作出了重要的贡献。他们影响着海上丝绸之路，其商船横越印度洋，直到我国的广州和泉州。中国的四大发明、印度的数字（今天所谓的阿拉伯数字）和十进位制等，都是阿拉伯人通过丝绸之路经西亚、北非传播到欧洲的。

通常认为中国在春秋时期进入封建社会，但从已有的资料分析来看，中国历史上的分封制，最早出现的朝代可能是商朝，并在西周得到了完善与发展。由于封建社会制度及相应的生产力水平明显优于西方的奴隶制度，因此中国的生产力和技术等综合国力从春秋战国时期开始就超过西方国家，成为当时世界上最先进、最强大、人口也最多的国家。从战国时期到明朝中期，中国文明领先世界长达2000多年。

但是，当时的中国在数学、科学、艺术和体育方面都不及西方。这可能是由于中国的封建社会来得过早，而封建制度以儒家思想教化国人，儒家思想又过于束缚人的思想意识、精神和行为，特别是统治者推崇的"君为臣纲、父为子纲、夫为妻纲"这些礼教、观念严重影响了社会心理的健康发展。有人说，中国有诸子百家，单单缺少欧几里得这一家，这就为中国后来的落后，埋下了种子。

5.2 欧洲文艺复兴

文艺复兴是13世纪末在意大利各城市逐步兴起，之后扩展到西欧各国，于16世纪在欧洲盛行的一场体现新兴资产阶级要求的思想文化运动，它打破了神学的束缚，促进了思想解放。

5.2.1 文艺复兴发生的背景

文艺复兴发生的背景是新兴资产阶级与封建教会间的社会结构与政治结构有矛盾。欧洲的中世纪是特别"黑暗"的时代，在教会的管制下，人的思想被教权严重束缚，理想的人应该是自卑、消极、无所作为的，人在世界上的意义不足称道，就是王权也要受到教权的极大限制。但随着资本主义思潮的萌芽和发展，人们冲破这种限制的动力越来越强烈。

中世纪的基督教教会把上帝当作绝对权威，使其成为封建等级制度的精神支柱。一切文学、艺术、哲学都要遵照《圣经》的教义，文学艺术死气沉沉，科学技术难以突破；否则，就会受到宗教法庭的审判，甚至处以死刑。例如，乔尔丹诺·布鲁诺由于勇敢地捍卫和宣传哥白尼的太阳中心说，被教会视为"异端"，烧死在罗马鲜花广场。之后黑死病在欧洲的蔓延加剧了人们心中的恐慌，人们开始怀疑宗教神学的绝对权威。

1. 社会政治结构调整的需要

在文艺复兴时期，意大利处于城市林立状态，各城市都是一个半独立或独立的"国家"，14世纪后各城市逐渐从共和制走向专制。独裁者追求享乐，信奉新柏拉图主义，希望摆脱宗教禁欲主义的束缚，而支持艺术家对世俗生活的描绘。圣方济各教会的宗教激进主义力图摒弃正统宗教的经院哲学，歌颂自然之美和人的精神价值。罗马也走向腐败，允许艺术偏离正统的宗教信条。这种与众不同的社会氛围为意大利出现罕见的文化繁荣提供了必要条件。各种思潮尽管受到教廷及神圣罗马帝国的牵制，但先进知识分子在文艺作品中表达出反君主制思想，以及对公平、公正、共和与善治的强烈渴盼，他们追求自由的理念，这些反映出意大利似乎已开始脱离封建制度，将商人和商业作为其社会基础。

2. 物质积累与商品流通

城市经济的繁荣使各种物质的积累增多，只有通过市场流通才能更好地物尽其用，满足不同成员的需求。商业和商品经济促使市场择优选购、讨价还价、成交签约，大家都是斟酌思量之后做出自愿行为，这就是自由的体现。意大利呼唤人的自由，陈腐的欧洲需要一场新的提倡人的自由的思想运动,这成为资本主义的萌芽。

要想获得这些自由,还要有生产资料所有制的自由,而所有这些自由的共同前提就是人的自由。随着贸易的发展,许多有远见的人获得事业成功,富商、作坊主和银行家等更加相信个人的价值和力量,更加充满创新进取、冒险求胜的精神;而那些多才多艺、高雅博学之士受到人们的普遍尊重。这为文艺复兴的发生提供了深厚的物质基础和适宜的社会环境,新兴资产阶级的力量得到壮大。

3. 外来思潮

14世纪末,奥斯曼帝国不断入侵东罗马帝国(拜占庭),东罗马人带着大批文学艺术成就很高的古希腊、古罗马的艺术珍品,以及文学、历史、哲学等书籍,纷纷逃往西欧避难。在这些作品中,人们自由地发表各种学术思想和科学观点,与黑暗的中世纪形成鲜明的对比。

一些东罗马的学者还在意大利的佛罗伦萨办了一所希腊学院,讲授古希腊辉煌的历史文明、文化成就等。这种辉煌的文学、艺术与哲学成就,与当时人们追求的精神境界高度一致,于是许多西欧的学者强烈要求恢复古希腊和罗马的文化和艺术。这种要求就像春风,慢慢吹遍整个西欧,文艺复兴运动由此兴起。

此外,有人认为,1295年从元朝回到威尼斯的马可·波罗所著的《马可·波罗游记》向欧洲人展示了充满诱惑的东方高度文明、富饶的东方世界,引发了欧洲人强烈的探索欲望及东西方文化的频繁交流,开阔了欧洲人的视野,加剧了欧洲人学习先进文化的复兴思潮。

5.2.2 文艺复兴的核心与本质

新兴资产阶级认为古希腊、古罗马艺术文化是光明发达的典范,中世纪的文化则是一种倒退。他们借助研究古希腊、古罗马艺术文化,通过文艺创作力图复兴古典文化,宣传人文主义精神,是一次对知识和精神的空前解放与创造。

人文主义精神的核心是以人为中心,而不是以神为中心,提倡人性,肯定人的价值和尊严;主张人生的目的是追求现实生活中的幸福,倡导个性解放,认为人是现实生活的创造者和主人。其本质是新兴资产阶级在复兴古希腊、古罗马艺术文化的名义下发起的弘扬资产阶级思想和文化的反封建的新文化运动。

5.2.3 文艺复兴的历史作用与持久影响

文艺复兴运动推动了古典哲学、文学和艺术的发展,促进了人们的觉醒,为欧洲资本主义的萌芽奠定了思想和文化基础,并诞生了一批人类历史上最伟大的思想、文学、艺术作品和科学发现,促进了人类思想解放和文化发展。

1. 文学艺术复兴

文艺复兴满足了城市社会、世俗生活对文学、艺术的多样化需求,使文学及艺术作品在数量和种类上都远远超过中世纪。

文艺复兴时期的代表作品如图 5.1 所示。达·芬奇的壁画《最后的晚餐》、祭坛画《岩间圣母》和肖像画《蒙娜丽莎》，这三幅作品被认为是欧洲艺术的拱顶之石。莎士比亚的著作《哈姆雷特》《罗密欧与朱丽叶》等深刻地批判了封建道德伦理观念和社会陋习，充分体现了人文主义精神。但丁的长诗《神曲》（总共分为三部分：《地狱》《炼狱》和《天堂》）反对中世纪的蒙昧思想，表达了执着追求真理的思想。

(a)《最后的晚餐》

(b)《岩间圣母》

(c)《蒙娜丽莎》

(d)《哈姆雷特》

(e)《罗密欧与朱丽叶》

(f)《神曲》

图 5.1　文艺复兴时期的代表作品

2. 历史作用

文艺复兴是人类历史上第一次资产阶级的思想解放运动，推动了世界文化的发展，促进了人们的觉醒，开启了工业化征程，为资产阶级革命做了思想动员，为资本主义的发展做了必要的思想和文化准备。因此，恩格斯曾高度评价文艺复兴在历史上的进步作用，他认为这是一次人类从来没有经历过的最伟大的、进步的变革，是一个需要巨人而且产生了巨人——在思维能力、热情和性格方面，在多才多艺和学识渊博方面的巨人的时代。

文艺复兴发现了人和人的伟大，肯定了人的价值和创造力，提出了人要获得解放，个性应该自由。

（1）重视人的价值，要求发挥人的聪明才智及创造性潜力，反对消极的无所作为的人生态度，提倡积极冒险精神。

（2）重视现世生活，藐视虚无缥缈的来世或天堂神话；追求物质幸福；在文学艺术上要求表达人的感情，反对虚伪和矫揉造作。

（3）重视科学实验，反对先验论；强调运用人的理智，反对盲从；要求发展个性，反对禁锢人性；在道德观念上要求放纵，反对自我克制；提倡公民道德，认为事业成功及发家致富是道德行为。

（4）提倡乐观主义的人生态度和为创造现实的幸福而奋斗的进取精神，把人们从中世纪基督教神学的桎梏中解放出来。

3. 持久影响

文艺复兴带来一段科学与艺术革命时期，对当时的社会政治、科学、经济、哲学等都产生了极大的影响，揭开了近代欧洲历史的序幕，被认为是中古时代和近代的分界。马克思主义史学家认为文艺复兴是欧洲封建主义时代和资本主义时代的分界。

但是，文艺复兴也有一定的消极影响。在传播资产阶级思想和人性的过程中，它过分强调人的价值，在传播后期造成个人私欲膨胀，追求物质享乐，奢靡之风泛滥。

5.3 三次科技革命

科技革命是对科学技术进行全面的、根本性的变革。近代历史上发生过三次重大的科技革命：18 世纪末，蒸汽机的发明和使用引起了第一次科技革命；19 世纪末，电力的发现和使用引起了第二次科技革命；随着第二次世界大战的结束，计算机、互联网、人工智能、新能源、新材料、空间探索、生物科技等新兴技术的大规模应用引起了第三次科技革命。三次科技革命的对比见表 5-3。

表 5-3　三次科技革命的对比

对比项	第一次科技革命	第二次科技革命	第三次科技革命
起始时间	18 世纪 60 年代	19 世纪 70 年代	20 世纪四五十年代
理论基础	牛顿力学	电磁学	爱因斯坦相对论
生产力标志	蒸汽机	电力和内燃机	原子能、计算机、航天技术与生物工程等
时代特征	蒸汽时代	电气时代	信息时代

5.3.1　第一次科技革命

第一次科技革命（18 世纪 60 年代—19 世纪 60 年代）又称工业革命。

1. 发生的背景

（1）第一次科技革命的前提是资产阶级统治在英国的确立。

（2）瓦特蒸汽机的发明和使用为工业化生产提供了可能性和可靠的动力。

（3）殖民掠夺、海外贸易和奴隶贸易积累了大量原始资本，圈地运动为工厂提供了大批雇佣自由劳动力的条件，为手工业的发展积累了一定的生产技术。

（4）18 世纪中叶，英国成为世界上最大的资本主义殖民国家，国内外市场急剧扩大。

2. 取得的成就

1840 年前后，瓦特改良的蒸汽机已经大量投入使用，提供了便利的机器动力，生产效率大幅提高，大机器生产成为工业生产的主要方式。在棉纺、采煤、冶金等领域，采用机器取代手工操作，主要运输工具出现更新，出现了汽船和火车机车。

3. 特点

第一次科技革命首先从英国开始，然后逐渐向法国、美国等国家发展。以蒸汽机的发明和广泛使用为标志，在近一个世纪内掀起并主导了整个世界的产业革命，改变了欧洲资本主义的经济基础，实现了从手工业到机器工业的转变，创造了巨大的生产力，造就了大工业资本家和产业雇佣工人。

第一次科技革命首先从棉纺织业等轻工业开始，然后进入煤炭业、交通运输业等重工业领域。第一次科技革命是从技术开始的，特点是技术先行，大多数重大发明来自一线的技术工人和技师，科技含量较低，科学和技术尚未真正结合。

4. 产生的影响

第一次科技革命创造的巨大生产力，使社会面貌发生了翻天覆地的变化。第一次科技革命以后，资本主义最终战胜了封建主义。率先完成第一次科技革命的西方资本主义国家逐步确立起对世界的统治，世界形成了西方先进、东方落后的局面。

（1）从生产力来讲，第一次科技革命提高了劳动生产效率，巩固了资产阶级的政治基础，使人类进入了蒸汽时代。

（2）从生产关系来讲，社会日益分化为两大对立的阶级：无产阶级和资产阶级。自由资本主义发展起来，殖民侵略进入以商品输出为主的时期。劳动力从农村转向城市，开始了城市化进程，逐步出现环境污染加剧、住房拥挤、交通堵塞的状况。

（3）从国际关系来讲，资本主义国家加速在世界范围内掠夺，使世界的东方从属于西方，英国成为世界霸主。

5.3.2 第二次科技革命

第二次科技革命（19世纪70年代—20世纪40年代）是在西方主要发达国家兴起的，以电机的发明和电力的广泛应用为标志，推动了生产技术由一般的机械化到电气化的转变，也称电力革命。

1. 发生的背景

（1）第一次科技革命以来，资本主义经济高速发展，殖民掠夺不断加剧，积累了大量资本，为第二次科技革命提供了资本支持和物质条件。

（2）第一次科技革命带来了工业生产的全面机械化，促进了生产效率的提高和社会经济的迅猛发展；但蒸汽动力有其自身难以克服的缺点，其制造和使用不方便、难以长距离输送等，社会对动力革新提出了广泛要求。

（3）第一次科技革命带来科学技术的不断进步，为第二次科技革命积累了经验。

（4）19世纪初，电磁学领域的一系列科学发现使新兴的电能开始作为一种主要的能量形式以支配社会经济生活。

2. 取得的成就

电能是一种易于传输的工业动力，又是极为有效的信息载体。因此，第二次科技革命主要体现在动力传输与信息传输两方面。在动力传输方面，第二次科技革命出现了大型发电机、高压输电网、各种电动机和照明电灯。在信息传输方面，第二次科技革命出现了电报、电话和无线通信。这些伟大的发明使人类的生活进入了一个更光明、更美好的新时期。从此,人类进入电气时代,并在信息革命、资讯革命中达到顶峰,人们的生活方式由此改变,具体体现在以下几方面。

(1) 电力的广泛应用使电灯、电器、电车等被大量使用,人类由蒸汽时代进入电气时代,劳动生产效率极大提高。

(2) 内燃机和新的交通工具(如汽车、飞机等)的创新使用催生了新的交通运输产业。

(3) 有线电报、无线电报、有线电话等新型通信设备的发明和推广使用加速了信息沟通。

(4) 钢铁、电力、化工、石油工业的发展建立起完整配套的工业生产体系,生产效率大幅提升,产品数量激增,成本下降。

3. 特点

第二次科技革命的特点是理论先行,即电流的磁效应和电磁感应原理的发现为电动机和发电机的发明奠定了理论和实验基础,这充分体现了科学进步的重要意义与理论先导价值。

第二次科技革命是在几个先进资本主义国家几乎同时进行的,一些国家的两次科技革命是交叉进行的。从第一次科技革命的"一枝独秀",发展到第二次科技革命的"百花齐放",规模更大,影响更广,对经济和社会具有更强的改造能力。

第二次科技革命首先出现于重工业部门,以钢铁、电力、石油、化工、机械制造为主,将人类推进了电气时代。第二次科技革命实现了科学和技术的真正结合,并取得了重大成就,在生产过程中的科技含量大幅提高。电气时代所创造的社会生产力也是蒸汽时代望尘莫及的。

4. 产生的影响

(1) 从生产力来讲,科技与生产紧密结合,进一步推动了生产力的快速发展;同时,各国经济发展不平衡的现象加剧。无产阶级队伍越来越壮大,两极分化加剧,在压迫与反抗中,工人运动逐渐走向高潮。电力的应用从根本上改变了整个社会生产和生活的面貌,加速了资本的集中和垄断,带动了一系列新技术领域的出现,直到现在,电力工业发展状况和电力的应用程度仍然是判断一个国家经济水平的重要标志。

(2) 从生产关系来讲,由于生产和资本的高度集中,垄断组织产生并不断干预国家的政治和经济。经济向外侵略扩张,出现了国际性的垄断集团,自由资本主义完成了向帝国主义的过渡。

(3) 从国际关系来讲,由于资本主义经济的发展,完成向帝国主义过渡的资本主义西方国家加速了对殖民地、半殖民地国家和地区的侵略。在经济上由商品输出为主变为资本输出为主;在政治上掀起瓜分世界的狂潮,世界政治力量格局发生改变,列强争夺与冲突加剧,东西方差距扩大,世界变得密不可分;在文化上人们受教育的程度不断提高,社会成员的文化水平不断提升,精神生活更加丰富多彩。

5. 代表性人物

第二次科技革命的代表性人物有世界发明大王爱迪生、发明自激式直流发电机的西门子、实现三相交流电输电及其发电机研制的多里沃·多布罗沃利斯基、制造出汽油内燃机驱动汽车的卡尔·本茨、莫尔斯码及电报机的发明者莫尔斯、电话的发明者贝尔、实现无线电跨国跨洋通信的马可尼,以及为这些技术发明奠定理论基础的法拉第(发现电磁感应)、奥斯特(发现电流磁效应)、安培(提出安培定律)。

5.3.3 第三次科技革命

第三次科技革命始于20世纪四五十年代,第二次世界大战之后。它以原子能、计算机、空间技术和生物工程的发明和应用为主要标志,涉及信息科学、能源科学、生命科学、材料科学等学科,以计算机技术、生物工程技术、激光技术、空间技术、海洋技术、新能源技术和新材料技术的应用为特征,把人类社会推进到诸多领域的信息和控制技术革命新时代。

1. 发生的背景

(1) 政治和社会发展需要。第三次科技革命的直接推动力是第二次世界大战,其惨烈使各国领导人看到先进武器的威力和决定性作用,两大阵营间日益紧张的军备竞赛、空间技术竞赛和剑拔弩张的严峻形势加速了战后在政治格局上对发展科学技术的迫切需求。

(2) 物质条件。战后初期,相对稳定的国际和平环境使经济快速发展,一定的物质、技术基础的形成使科技发展所要求的物质条件得以具备。

(3) 19世纪末,经典物理学理论已十分成熟,相关力学、热力学、分子运动论、电磁学、光学等均有了完善的理论体系。物体的机械运动在速度远小于光速时遵守牛顿力学定律,电磁现象的规律被总结为麦克斯韦方程,热现象也有系统完整的热力学和统计力学理论。多数物理学家甚至认为物理学的重要理论和定律均已找到,相当完善,开尔文在一篇瞻望20世纪物理学的文章中说到,在已经基本建成的科学大厦中,后辈物理学家只要做一些零碎的修补工作就行了。

在20世纪初,新现象、新理论如雨后春笋般不断涌现,特别是以爱因斯坦的相对论、量子理论等为代表的许多科学理论有了重大突破,堪称物理学的黄金时代。

2. 取得的成就

第三次科技革命形成了以原子能技术、航天技术、计算机技术、互联网技术、移动通信技术为代表的高技术产业,以及人工合成材料、分子生物学和遗传工程等高新技术产业。

特别是从20世纪80年代开始,微型计算机迅速发展。其广泛应用促进了生产自动化、管理数字化、科技手段信息化和国防技术尖端化、智能化,也推动了情报信息的自动化和数字化。以互联网为标志的信息高速公路和5G技术的大规模应用不仅缩短了人类交流的时空距离,实现了信息互联,大幅减少了社会综合成本,也极大地提高了生活和工作效率,实现了智慧出行。同时,合成材料的发展、遗传工程的诞生和信息论、系统论及控制论的发展为6G万物互联和人工智能的普及应用打开了方便之门。

3. 特点

第三次科技革命在规模、深度与影响上都远超前两次科技革命，它把劳动者从繁重的体力劳动中解放出来，促使生产力以指数级增长，使人类的生活方式发生了根本性变革，导致各国战略格局重组。其特点如下。

（1）科学技术在推动生产力的发展方面起到越来越重要的作用，科学技术转化为直接生产力的速度在加快。

（2）科学和技术密切结合，相互促进。随着科学研究手段的不断进步，科研探索的领域不断拓展。

（3）科学技术的各领域之间既相互独立，又相互渗透。一方面，学科越来越多，分工越来越细，研究越来越深入；另一方面，学科间的联系日益密切，程度越来越深，科学研究也越来越朝着综合性方向发展。

4. 产生的影响

（1）第三次科技革命极大地推动了社会生产力的发展。人们从过去通过提高劳动强度和延长劳动时间来增加产量，过渡到以新技术为主导，通过生产技术的进步、劳动者素质和技能的不断提高、劳动手段的不断改进来大幅提高劳动生产效率。

（2）第三次科技革命促进了社会经济结构和社会生活结构的重大变化，第三产业的比例大幅上升。为了适应科技的发展，世界各国普遍加大国家层面的高科技研究领域战略规划及资金投入的支持力度，提高了科技成果的产出量及其对经济发展的贡献，促进了社会经济、政治、文化领域的深刻变革，也影响了人类的思维方式、行为方式和衣食住行用等生活方式。

（3）第三次科技革命对国际关系产生了深刻的影响，扩大了世界范围的贫富差距。科技实力在国际竞争中的地位日益重要，科技水平的差距进一步拉大了发达国家与发展中国家的经济差距。一方面，第三次科技革命加剧了资本主义各国发展的不平衡，使资本主义各国的国际地位发生了新变化；另一方面，第三次科技革命为经济欠发达的国家实现"弯道超车"及快速发展提供了难得的机遇，增强了其与西方发达国家的抗衡能力。

（4）科技的发展也带来一些负面的影响，如环境污染，贫富差距增大，技术垄断者获得了超额收益；敌对国家、势力网络攻击及勒索的危害程度和影响力空前增加；国家、组织及个人的信息安全风险巨大。

第三次科技革命使科学技术更多地融入工业生产，为世界经济、文化的发展提供了雄厚的物质基础，互联网使全球的文化联系越来越密切，现代化呈现出多元化的特点。在学术上出现了各学科之间相互渗透的新特点，新的学术与科技思潮不断涌现。

当今的国际竞争主要是以经济、科技和军事实力为核心的综合国力的竞争。因此，教育的战略地位日益受到各国的重视，出现了世界性的教育改革新潮。第三次科技革命给世界各国经济的发展既带来了难得的机遇，又带来了许多严峻的挑战。

这三次科技革命的规模和影响力一次比一次大，使世界各国的经济、文化、作用和地位发生了深刻的变化，也改变了人类生活，改变了世界。每一次科技革命的发生都源于一些前所未有的重大发现，通过对这些新发现的理论证实，所创造的产品最终服务大众，每次科技革命相互促进，产生叠加效应，为更高层次的新科技革命创造条件。

5.3.4　三次科技革命对中国发展的影响

第一次科技革命后，欧美列强对中国发动了两次鸦片战争，使中国开始沦为半殖民地半封建社会，中国自给自足的自然经济开始解体；同时，中国人民开始了反封建、反侵略的太平天国运动。面对内忧外患，洋务派的一些先进知识分子开始探索学习西方的先进科学技术，开始了一场地主阶级的自救运动——洋务运动。民族资本主义产生，国家被迫对外开放。

第二次科技革命期间，帝国主义掀起瓜分中国的狂潮，中国完全沦为半殖民地半封建社会。中国人民的救亡图存运动不断高涨，农民阶级进行了反帝爱国的义和团运动，中国自给自足的自然经济进一步解体，知识分子发动了维新变法运动和辛亥革命，中国民族资产阶级登上历史舞台，民族资本主义得到一定程度的发展。

第三次科技革命带来了全球经济的迅猛发展和经济的全球化，为我国参与国际竞争和改革开放提供了良好的发展机遇。

5.4　第四次科技革命

目前，第三次科技革命仍在向纵深发展，并在向更高层次挺进。同时，第四次科技革命已悄然来临。

5.4.1　时代背景

第四次科技革命将以万物互联互通，信息化、智能化、数字化技术的全覆盖为标志，是通过互联网、物联网、大数据、云计算、人工智能、传感技术、量子信息技术、无人控制技术、虚拟现实技术、分子生物工程技术、可控核聚变技术、清洁能源技术等前沿科技进行的全新技术革命。我国将在第四次科技革命的浪潮中首次以共同引领者的身份出现，在诸多高技术领域中掌握更多的话语权，从无缘、追赶，到跟随、并跑，实现跨越、引领的转变。

5.4.2　社会影响

这是一次比前三次科技革命有着更加广泛和深刻影响的新科技革命。其一开始就显示出异常激烈的革命性与颠覆性：按需个性化生产成为可能，智能机器人成为人类的得力助手，无人驾驶得以实现，甚至未来人们将不必再耗费二十余年的精力去学习各种专业知识，而是借助人机交互，通过感应将所需知识直接植入人脑，实现知识学习过程的突破。

量子计算机技术的突破将万亿倍地提高超级计算机的运算速度和决策速度，为无人驾驶、智慧交通保驾护航。分子生物学技术及基因工程技术的突破可能解决人类生老病死的基本问题，遗传疾病和恶性肿瘤等可能不再是人类寿命的最大威胁；同时，粮食将按需生产，耕地将不是粮食生产的唯一途径。核聚变等能源生产技术及巨能存储技术的突破将从根本上解决能源短缺、价格昂贵、环境污染等问题，可能重构世界政治经济格局。

5.4.3 特点

创新是第四次科技革命的动力，以团队协同创新、联合攻关为导向，源头创新为基础，建立复杂、高效的大科学装置，由少数能工巧匠、科学家、工程师、发明家单打独斗主导的研发将不再是主流。

新一轮科技革命也为大众创业、万众创新提供了发展动力，使更多的人有机会平等地参与这场科技革命，并成为受益者。与前三次科技革命不同的是，前三次科技革命是少数能工巧匠、科学家、工程师、发明家的"舞台"。而此次科技革命一开始，大众就直接参与并受益。例如，旅途中的人们可以利用智能手机或移动设备进行正常的娱乐、学习、办公及消费与交易等活动。一切都变得直接、简单与高效，人们可以利用一些碎片化时间进行感兴趣的活动，使工作效率大幅提高，极大地节约了全社会的人力成本。

5.4.4 畅想

虽然诱发第四次科技革命的理论基础还众说纷纭，但一些学者们早已在畅想第五次科技革命、第六次科技革命、第七次科技革命的场景和对社会的影响。第五次科技革命中，分子生物学理论研究可能获得重大进展，人类可能突破正常的寿命限制；人类星际旅行的生存与保障问题或许可以得到解决。第六次科技革命中，人类可能突破维度空间的限制，发现和利用时空隧道，实现光速时空的穿越。第七次科技革命中，人类由"人"变"神"的永生问题，以及人类对银河系的掌控可能实现。

5.5 反 思

清朝以"中心帝国"自居，在与外界的交往中，一贯是"傲视蛮夷、泱泱大国舍我其谁"的态度。狂妄自大，比较重视总结实践经验和实用性，忽视理论概括和抽象的自然科学探讨，反功利主义的传统价值观制约着中国近代科技发展，以至于近代中国落后、挨打，饱受西方列强的侵略和欺辱。

5.5.1 近代中国落后原因

英国著名学者李约瑟在《中国科学技术史》中提出，尽管中国古代对人类科技发展作出了重要贡献，但为什么科学和工业革命没有在近代中国发生？这被称为李约瑟难题。

1. 名人观点

(1) 中国近代思想家梁启超在《谈政论》中总结了近代中国落后西方的原因有五方面，即国家思想、法治精神、地方制度、经济竞争、帝国主义。

① 国家思想。清朝末期，国不知有民，民不知有国。统治阶级视百姓如鱼肉，百姓视

政府如屠刀毒箭，官民对立，充满隔阂，全国上下一盘散沙，民族意志虚弱且精神麻木，面对西方列强的入侵，统治阶级卖国求荣，老百姓争当入侵者的"带路党"。很少有国民真正认为这是我的国家，我是国家的主人。

②法治精神。法国的人权宣言提出法律面前人人平等，是千百年来最大之人性变革。只有健全法制，依法治国，法律面前人人平等，才能充分保障国民权益，使国民真正感觉到自己是这个国家的主人，由此国家思想才能在国民脑海中形成。

③地方制度。地方的行政管理机构层级多，层层盘剥。虽然中央政府制定的政策是爱民的，但是绝大多数的问题出现在多级地方官员不作为、乱作为，因此只有改革地方制度才能有效避免腐败现象。

④经济竞争。希望中国改变农耕文明传统，走向发展商业经济和发展科学技术的道路上来。摒弃保守的思想，执行自由竞争的市场经济，与西方列强论高低。

⑤帝国主义。国力的增强离不开海权的支撑，反过来海权的获得又依靠强大的国力。中国应像西方列强一样，在国家强大之后要走向扩张的道路，抢占世界资源为中国所用。

梁启超对中西方的差距认识非常深刻，切中时弊，令人醍醐灌顶，值得参考。

（2）1915年任鸿隽在中国《科学》杂志中发表了《说中国无科学的原因》，关于中国古代是否有科学的讨论一直延续到今天。著名物理学家、教育家，被誉为"中国物理学之父"的吴大猷认为中国科学落后的原因是：中国的文化太过于务实，偏向于应用性，而不考虑更深刻的问题，没有建立起逻辑化的思维体系。因此，中国可以先于毕达哥拉斯发现勾股定理，却发展不出欧几里得的几何学；中国可以发明各种设计精巧的工具，领先于西方几百年，却发展不出现代的工业。他认为，中国古代的这些成就都是片段式的贡献和技术性的发明，目的在于解决若干具体的问题，而对科学性的内容却缺少足够的关心。

（3）亨利·罗兰认为，多年来中国在科学上都没有什么进步的原因是其只满足于科学的应用，从来没有追问过所做的这些事情中蕴含的科学原理，这些原理就构成了纯科学。中国人知道火药的应用已经若干世纪，如果他们用正确的方法探索其特殊应用的原理，他们就会在获得众多应用的同时，发展出化学，甚至物理学。因为中国人只满足于火药能爆炸的事实，而没有寻根问底，所以中国在科学上已经远远落后于世界。

（4）著名的诺贝尔物理学奖获得者杨振宁在北京举行的2004文化高峰论坛上提出《易经》对中华文化的影响。他认为科学没有在近代中国萌生的五点原因如下。

①中国的传统是入世的，不是出世的，即比较注重实际的，不注重抽象的理论架构。
②科举制度。
③观念上认为技术不重要。
④中国传统观念里无推演式的思维方法。
⑤天人合一的观念。

正是《易经》那朴素而玄奥的逻辑体系制约了中国人的思维，使中国人的思维产生了理论性的缺失。杨振宁还进一步提出一个颇具争议的话题，就是"阴阳五行、天人合一"这样的传统哲学观念是否应该纳入公民科学素质基准。

2. 封建礼教

多数学者认为近代中国落后于西方的原因是：明清以后的中国没有繁荣的商业和工

业,想要发达,只有读书,通过科举做官,而科举制度又把读儒家圣贤、四书五经等作为科举考试的主要内容,从而限定了人们读书的方向和探究的内容,也制约了有机会受教育的人们的思想、认识和文化观念的发展。

千年以来,国人的意识中就有士农工商、重本抑末,安土重迁、不尚竞争,天道不变、反对变革,复古倒退、今不如昔。儒家经典作为统治者教化国人的主要工具,社会主导势力缺乏辩证思维、逻辑思维、推演思维,自然科学不受重视,其负面影响深远。儒家礼教中的"孔孟之道"和忠君思想,特别是君为臣纲、父为子纲、夫为妻纲等陋习,过于束缚国人的思想意识和行为方式。而道家主张的清静无为、无为而为,墨家主张的个人英雄主义等思想,均不鼓励打破传统。有人说,中国有诸子百家,单单缺少欧几里得这一家,这就为中国后来的落后埋下了种子。

曾做过县仓库管理官员的孔子,天资聪慧,善于学习,满腹经纶、才华横溢的他想利用"学而优则仕"到列国中拜相为官,得到各国国君的厚爱。为推销自己,他带领众弟子周游列国,虽然受到多数诸侯国国君的热情款待和供养,但游历十四载,就是没有一个国家愿意给他实权重用他。一生不得志的孔子常感慨世风日下、人心不古。所以,他提倡克制自己,践行礼仪,使自己品行提升,进而达到"仁"的境界修养。

3. 封建科举制度

封建科举制度改变了之前豪门士族把持朝政的局面,使很多地位卑微但有雄心壮志和文学才华的普通人看到了入朝为官的希望,于是就有了"头悬梁、锥刺股"的奋斗过程。大批有文化知识的读书人入仕做官,这有利于形成高素质的文官队伍,给封建政权注入生机与活力,促进文学的繁荣,有益于巩固封建统治的政治基础。同时,封建科举制度延续了中华民族尊师重教的传统习俗,营造了勤奋读书的氛围。

封建科举制度以儒家思想和文化为基本,格式化的考试内容严重禁锢了人们的思想、意识和思维。为了考取功名,在科举及第和光宗耀祖的民族追求及社会大环境下,考生们求学的目标变成了统一的民族思维——学而优则仕。他们只注重社会治理和人的关系问题,忽略了对自然规律的探讨和对深层次科学原理的思考,专注于那些符合统治者需求的儒家思想、封建礼教的研究和学习,难以自由发挥,逐渐丧失独立思考和进取意识。而学校以培养科举人才为主要目的,只讲授四书五经,人们从思想上自然不会对抽象的科学问题,特别是几何学、化学、物理学等抽象性、逻辑性的问题感兴趣。封建科举制度的教育体制落后,以及传授知识的局限性,也是导致近代中国科技落后于西方的重要原因。

4. 自然原因

对于中国人为何缺乏兴趣和动机去探索应用技术背后的原理,吴大猷在《早期中国物理发展的回忆》一书中提出,五千年前的中华民族就定居在土地肥沃的黄河河套地区,足以安居乐业,无须流离迁徙,所以讲求安土重迁。生于斯,葬于斯,确保宗族持续繁衍的同时,追求生活的安全、便利和舒适就成为首要目标,从而造就了古人发明并制造大量能满足人们生活安全、便利的各种器物和先进的加工技术,但也孕育出极端重视祭祀的习俗和信仰。

5. 汉字和文化原因

具有悠久历史的中国启蒙课本《千字文》，用一千个不同的汉字叙述了有关自然、社会、历史、伦理、教育等各方面的知识，极具启发性和教育性。其中，描述两种自然现象的"云腾致雨，露结为霜"对仗工整，生动形象。但这种描述从气象物理学的观点看是不严谨的，仅有宏观现象的定性描述，缺少定量实验的数据分析。可见，中国古人善于简单记录自然现象，但很少花心思去深入探究、挖掘其深层次的科学原因。另外，从中国古代留下的诗歌、美术作品中，我们也能够领略中国千百年来逐渐形成的审美意识，中和为美、自然为美、功用为美、空灵为美影响至今。

从文化因素看，中华民族注重的是人本主义。宋朝程朱理学（代表人物是程颢、程颐和朱熹）提出"存天理，灭人欲"，很大程度上压制了人的个性发展。

20世纪初，一些接触过西方先进思想并想要改变我国落后现状的激进分子极力推崇西洋文字和文学运动。例如，钱玄同、谭嗣同、胡适、鲁迅、陈独秀、瞿秋白等人认为，相比于方块汉字来说，字母文字更容易学，有可能会使我国文盲率大大减少。他们甚至认为中国汉字是造成中国落后、政治腐败的重要原因，汉字是旧传统文化顽固作祟的根源，要想拯救中国，就必须扫除旧文化，而要扫除旧文化，就必须先废掉汉字，改用简单易学的拉丁字母。事实说明，他们是"有病乱投医"。

但也有更多的学者认为，汉字不仅是中华文化的载体，而且是一种符号与象征；不仅承载着几代人的故事，而且是我国上千年文化的积淀，是中华文化的根脉。殷商甲骨文是我国现存最早的汉字，其次便是金文，再为大篆，而后小篆，秦末隶书出现，西汉草书现世，楷书与行书成为东汉的代表。汉字在这漫漫的历史长河中从未出现过断层，中华文化博大精深，汉字作为我国的一种文化传承，必定是不可缺失的，它是我国的文化瑰宝、民族灵魂，是漫长历史的产物。对于中国人来说，不可遗弃、不可玷污，没有它又何以谈国。

赵元任的出现使得我国流传几千年的汉字不至于成为历史。赵元任是"中国现代语言学之父"，他写下《施氏食狮史》与《季姬击鸡记》来反驳废除汉字的观点，正是这两篇文章的出现，才使那些激进的学者们的主张黯然失色，终止了汉字存废的争论。两篇看似普通的文章，都用的是同音字，而这些同音字拼凑在一起，还讲了两个既精彩又有意义的故事。这说明汉字真的是有着深厚文化的文字，蕴含着中华文明几千年来的文化精髓，这是西文不能够比拟的。

其中，《施氏食狮史》：石室诗士施氏，嗜狮，誓食十狮。施氏时时适市视狮。十时，适十狮适市。是时，适施氏适市。施氏视是十狮，恃矢势，使是十狮逝世。氏拾是十狮尸，适石室。石室湿，氏使侍拭石室。石室拭，氏始试食是十狮尸。食时，始识是十狮尸，实十石狮尸。试释是事。

全文的每个字的普通话发音都是 shi。如果用普通话读音来朗读，不懂古文的人读起来根本不懂，原因是当代普通话丢失了古汉语的入声和浊音。1960 年，《施氏食狮史》被《大英百科全书》收集在有关中国语言项内。

中华文明历经 5000 年风霜传承下来，就是因为有汉字作为文化载体。如果废除汉字，就意味着中华文明的消失，是中华民族的灾难。这两篇极端的奇文向世人证明了汉字有它独特的魅力，是我们保持文化自信、道路自信的基石。改革开放、经济发展的成就说明中华民族历经沧桑而沉淀下来的文化一定是非常耀眼的，不要因为国家一时的经济落后而否认自己，甚至否认自己的文化。

6. 统治阶级需要

封建王朝的历代统治者为江山永固，不惜愚弄百姓，从"焚书坑儒"、封建科举制度，到清朝的"文字狱"，其本质就是压制人们的思想自由，让百姓成为没有独立思想的顺民，以至于全社会思想普遍保守，封建势力强大，创造性活动被认为是不务正业，创新意识完全被抑制。

清朝初期采取的政策是重农抑商、闭关锁国、拒绝科技，以至于之后没有出现有作为的科技领导者来发展科技。帝国主义的长期掠夺，以及洋务运动和戊戌变法的失败，使国力进一步衰竭。辛亥革命后，资产阶级民主共和国未能实现国家的稳定和政权的统一，战乱中也不可能发展科技。内战严重破坏国民经济，科技无法发展。

相比而言，西方人表现出强烈的科学理性和探求精神，并从中国古代文明中吸取了大量的合理因素。文献资料表明，自16世纪以来，西方人积极吸取中华文化的精髓，如《史记》《孙子兵法》等大量的经典文献被翻译成西文，并且在西方产生了重大的影响。例如，四大发明传入西方后反而成为他们侵略、奴役中国的武器；奠定现当代世界信息文明基础的二进制是莱布尼茨在《易经》蒙昧的阴阳思想的启示下创立的；《孙子兵法》在西方的经济社会中产生了普遍而重大的影响，以至于传说在海湾战争中，美国将士人手一册，并且还作为选修教材在美国的军事、商业与管理相关的高校中使用。

5.5.2　科教兴国发展科技

中华人民共和国成立后，帝国主义国家对华实行孤立外交，经济封锁，军事包围。20世纪50年代后期，中苏关系恶化，数百项工业、科技援助项目搁浅。20世纪60年代后期的"文化大革命"，导致科研条件遭到破坏，知识分子被打击。即使在今天，在基层社会管理和家庭中，部分人的"官本位""家长作风"思想仍然盛行。

1. 解放思想改革开放

中华人民共和国成立后，人民成为国家的主人。在帝国主义的封锁和中国人民独立自主、自力更生中，我们赢得了抗美援朝战争的伟大胜利，国家经济恢复性发展，原子弹、氢弹相继爆炸，大国地位初步确定。然而，"文化大革命"使国家经济发展受到严重挫折和损失（经济发展近乎停滞，国民经济到了崩溃边缘），政治局面处于混乱状态。

而世界范围内，蓬勃兴起的新科技革命推动世界经济以更快的速度向前发展。我国经济实力、科技实力与国际先进水平的差距明显增大，工业基础薄弱，科技、教育水平低，人口负担重，贫困人口多，这都增加了我国在国际竞争中的难度。面临巨大的竞争压力，我们不但善于破坏一个旧世界，还善于建设一个新世界。增强我国社会主义生机与活力，适应国际发展形势，必须解放思想。"不管黑猫白猫，抓住老鼠就是好猫"，摒弃意识形态领域中的错误与偏见，通过市场经济优化资源配置，提高效率；同时，坚持和发展中国特色社会主义道路，全面深化改革，扩大对外开放，使科学社会主义在古老的东方大国迸发出强大的生机和活力。通过改革开放，打开国门，放眼世界，寻找中国经济发展的"快车道"。

正是因为改革开放，我们看清了差距，找到了问题和不足，把握了历史发展大势，抓住了历史变革时机，奋发有为，锐意进取，走上了中国特色社会主义道路。正如改革开放的总设计师邓小平指出的，我们要赶上时代，这是改革要达到的目的。

2. 认清国情科教兴国

我国与西方发达国家的实力存在差异的根本原因在于文化差异，文化差异的核心在于科技差异。国人必须发愤图强，迎头追赶。

而面对严峻、复杂的国际发展形势和我国人口多、工业基础薄弱、教育水平低的现实问题，认清国情，实事求是，坚持以经济建设为中心，坚持中国特色社会主义道路，坚持解放思想，坚持改革开放，是科技和社会发展的重要保证。科学技术是第一生产力，努力发展科技和教育，实施科教兴国战略。以教育为本，把科技和教育摆在经济、社会发展的重要位置，增强国家的科技实力和科学技术向现实生产力转化的能力，提高科技对经济发展的贡献率，提高全民族的科技文化素质和全民教育水平，抓住机遇，迎接挑战，把经济建设转移到依靠科技进步、提高劳动者素质的轨道上来，加速实现国家的繁荣昌盛。

3. 以人为本科技先行

第三次科技革命的浪潮极大地刺激了全球经济的发展。现代科学技术的应用极大地强化了社会生产力的发展，资源开发的规模和效率空前提高。资源加速枯竭，资源型城市难以为继，暴露出人与自然、社会发展与生态环境难以调和的矛盾。

坚持以人为本，树立全面、协调、可持续的发展观，促进经济社会和人的全面发展。立足基本国情，总结中国发展的现实经验和问题，借鉴学习国外先进发展理念，统筹城乡、区域、经济社会的协调发展。不能妄自菲薄、自甘落后，也不能脱离实际、急于求成。通过深刻分析我国发展面临的新课题、新矛盾，科学谋划，走中国特色社会主义道路，遵循客观规律，统筹人与自然和谐发展、统筹国内发展和对外开放，推进改革和科学发展，奋力开拓中国特色社会主义更为广阔的发展前景。

4. 弯道超车创新发展

改革开放是我们党的一次伟大觉醒，正是这次伟大觉醒孕育了我们党从理论到实践的伟大创造。改革开放是中国人民和中华民族发展史上一次伟大革命，正是这次伟大革命推动了中国特色社会主义事业的伟大飞跃。

从中国古代的四大发明，到第三次科技革命催生的中国的高铁、扫码支付、网购、共享单车（被称为中国的"新四大发明"），充分说明了中国人的智慧和不屈不挠的创造精神。目前，中国在许多科技应用领域接近或超越西方发达国家，迈入国际一流水平，如第三代核电机组、超高压直流输电、超级计算机、超级风洞、托卡马克核聚变、500米口径球面射电望远镜、高铁、超大水轮机组等，在这些技术方面中国处于全球领先地位。

面对世界发展的新格局和国外敌对势力的人权威胁，中国共产党人以巨大的政治勇气和智慧，提出全面深化改革总目标，完善和发展中国特色社会主义制度、推进国家治理体系和治理能力现代化，增强立法系统性、整体性、协同性、时效性，抓好重大制度创新，提升人民群众的获得感、幸福感、安全感。

5. 绿色转型民族自信

从秦始皇开始以中心帝国自居、大唐盛世的自我陶醉，到清王朝的衰败、鸦片战争割地赔款，巨大的落差使民族自豪感、文化自信心受到摧残。但改革开放四十多年取得的伟大成就证明，只有坚持中国共产党的领导，走中国特色社会主义道路，科学发展，绿色发展，才能将中国尽快建设成为一个富强民主文明和谐美丽的社会主义现代化强国。

通过全面改革开放、科学发展和可持续发展，我们成功地抓住了第三次科技革命给我们带来的知识爆炸和全球视野。利用第三次科技革命引起的经济大变革，以中国人的勤奋、智慧推动我国信息技术的高速发展。在建设实践中，我们勇敢推进理论创新、实践创新、制度创新、文化创新等，不断赋予中国特色社会主义以鲜明的实践特色、理论特色、民族特色、时代特色，形成中国特色社会主义道路自信、理论自信、制度自信和文化自信。

特别是2020年，面对突如其来的疫情冲击、全球大流行趋势，中国共产党及领导人以极其敏锐的洞察力、科学的组织和人民至上的胸襟，领导中国人民不断化解风险，保证工农业生产秩序和经济的稳步发展，减少了各种潜在损失。我们对我们的国家、社会制度、共产党的领导和全心全意为人民服务的政府充满了信心。

事实证明，改革开放、科教兴国战略是适合中国发展的正确道路。我们历尽磨难，走过千山万水，摆在全党全国各族人民面前的使命更光荣、任务更艰巨、挑战更严峻、工作更伟大。中国人民和中华民族在历史进程中积累的强大能量已经充分爆发出来，实现中华民族伟大复兴的力量势不可挡。中国人一定要克服骄傲自满、故步自封的心态，要用科学技术解决发展中遇到的问题，勇敢顽强地应对敌对势力的威胁和挑战，用信仰、信念、信心战胜一切艰难险阻。无论过去、现在还是将来，对马克思主义的信仰、对中国特色社会主义的信念、对实现中华民族伟大复兴中国梦的信心，都是指引和支撑中国人民站起来、富起来、强起来的宏大精神力量。百尺竿头，昂首阔步，中国人民有勇气和底气战胜一切艰难险阻，用东方智慧迎接知识经济的挑战，实现中华民族伟大复兴的中国梦。

思 考 题

（1）文明形式多种多样，随着生产力水平的提高，新的文明形式存在的周期越来越短，那么造成高层次文明形式寿命缩短的深层次原因是什么？

（2）下一个更高层次的文明会是什么样的？它有什么样的特征？是否具有持续性？

(3) 什么理论的重大突破可能为第四次科技革命奠定基础？

(4) 近代中国落后的根本原因是什么？

(5) 中国改革开放成功的秘诀是什么？

(6) 为什么春秋战国时期出现了很多有影响力的思想家，而随着经济的不断繁荣，生活水平的不断提高，社会更加富庶，出现影响千古的思想家、科学家却越来越少呢？

第 6 章
科学技术与创新发展

 本章教学要点

知识要点	掌握程度	相关知识
人类能力变迁与社会发展	掌握人类的智慧与创造力； 认识科技改变世界	5G与量子通信技术
科学与技术	掌握科学及其作用； 掌握科学分类与特征； 熟悉技术及其应用； 熟悉技术的目的与研究内容	科学的本质； 思维科学； 移动通信技术
科学和技术的关系	熟悉科学和技术的联系与区别； 了解伪科学与科学的异化； 了解科技进步与和谐发展； 掌握大学科技教育与思维创新	科学技术的两面性； 科技的风险与危机管控； 大学教育核心价值

 导入案例

人类从弱小无力经过几百万年自强不息终于走到食物链的顶端，成为世界的主宰。人类成功的秘诀，即根本和动力源于人类自身意识的觉醒、知识体系的形成和应用、知识的广泛传播和传承、不断地创新及更高层次的发展。其中，科学的突破、技术的创新已经成为人类快速进步的关键动力和支撑。

 课程育人

如今，党和国家的事业发展对科学知识和优秀人才的需要比任何时候都更为迫切。建设中国特色的世界一流大学是为了培养德智体美劳全面发展的社会主义建设者和接班人。我国高等教育要立足中华民族伟大复兴战略，心怀"国之大者"，把握大势，敢于担当，善于作为，为服务国家富强、民族复兴、人民幸福贡献力量。当代大学生要肩负历史使命，坚定前进信心，立大志、明大德、成大才、担大任，在实学实干中成就事业，在攀登

高峰中追求卓越，心怀家国天下，志在四海苍生，潜心读书、钻研学术，勇于攻克"卡脖子"技术，将自身成长融入国家发展的洪流中，在实现中华民族伟大复兴的历史征程中书写无悔青春。

6.1 人类能力变迁与社会发展

人类近百年创造的科技成果，比以往数千年的总和还要多，这是科技作用的结果。人类对世界的认识从模糊到比较清晰，其间经历了漫长的探索过程。人类已经对物质的组成，对分子、原子、质子、中子及其组成原子核的次级结构等都有了较清晰的认识。

6.1.1 人类的智慧与创造力

原始人类茹毛饮血、风餐露宿，生活在危险与不安中，他们一直在根据环境的变化更新技能，强化生存技巧。经过了上万年的时间演化，人类走到食物链的顶端，成为世界的主宰，这一切源于其自身意识的觉醒，知识体系的形成、传承和创新发展。特别是人类智商水平的不断提高，为其创造力的提升奠定了基础，成为科学与技术进步的关键动力。

1. 人类的创造力

创造力是人类特有的一种综合性本领，是指产生新思想、发现和创造新事物的能力，是人类进化和文明发展的动力，改变和影响着人类文明的进程，所以人类文明史的实质是人类创造力的结晶。创造力关系到国家是否兴旺发达，是国家发展的动力，也是个人实现自我价值的基础。

创造力是知识、智力、能力及优良的个性品质等多因素的综合，是成功地完成某种创造性活动所必需的心理品质，包括创造性思维能力，掌握和运用创造原理、技巧和方法的能力等，是人类吸收知识、记忆知识、理解知识和利用知识的综合能力。创造力离不开知识，丰富的知识有利于提出更多、更好的创造性设想，并对设想进行科学的分析、鉴别、简化、调整与修正。丰富的知识还有利于创造方案的实施与检验，可以增强克服困难的自信心。

人类的创造力使人类从动物界升华出来，并创造了许多财富，认识世界、改造世界的能力大幅提升。

2. 天地寻源

为寻找、开发和利用矿产资源，人类早已深入地球内部数千米。为了研究地球的形成规律和地壳结构，中国的大陆科学钻探工程对发展大陆动力学理论具有重要的科学意义。

1969年，美国阿波罗11号成功将人类送上月球，月球表面第一次留下了现代人类的足迹。2013年，中国嫦娥三号成功落月，玉兔号月球车信步虹湾，在松软月壤上第一次留下中国足迹，中国数千年的太空梦想，写到了更高远的星空。

2021年，随着中国北斗卫星导航系统组网完成和正式投入商业化运营，"北斗"指路、"嫦娥"探月、"天问"探火已经成为现实。人类的航天器早已登陆和巡视火星，深空探测器造访水星、金星、木星，甚至为冥王星拍照。1977年发射的旅行者1号探测器已经在太空飞行了40多年，离地球超220亿千米。伽利略发明的望远镜的应用加快了人类对太空的认识和研究进程。现代射电天文望远镜的发明和使用，已把人类的视野延伸到百亿光年以外的浩瀚宇宙。

3. 交通出行

人类从发明和使用带轮子的工具到手推车的普遍使用，历经近万年。从春秋战国时期的畜力战车到诸葛亮发明出具有半机械功能的木牛流马，再到蒸汽机的普遍使用，人类走过了2000多年；而从蒸汽机的大规模使用，到时速400多千米的高铁列车，人类仅用了200多年。汽车、飞机、高铁等各种交通工具的普及极大地提升了出行效率。

从靠天吃饭，到人工降雨、降雪，大棚种植、无土栽培、工厂化生产，港珠澳大桥、三峡大坝、南水北调、西气东输、西电东送、青藏铁路等伟大工程，无不显示出中国人的智慧和力量。2021年7月20日，时速600多千米的磁悬浮高速列车在山东青岛成功下线，标志着我国磁悬浮技术研发取得重要突破，中国又诞生一张靓丽的名片。

在载人航天、探月工程、深海探测、高速铁路、商用飞机、特高压输变电、移动通信等领域，中国取得了一批具有世界先进水平的重大科技创新成果。"天眼"探空、"蛟龙"寻海、"神舟"飞天、高铁奔驰、"北斗"组网、大飞机首飞等重大工程惊艳全球。

4. 5G与量子通信技术

古人梦想有千里眼、顺风耳，原因就是击鼓、敲钟等方式只能短距离通信，即使是周幽王烽火戏诸侯的烽火传信，其距离仍然有限。经历了几千年探索，人类发明了电报、有线电话等。从有线电话到可移动的军用步话机用了约60年，从第一代无线通信技术到5G却不到30年，从量子论的提出到具有高度保密性的量子通信技术，用了约110年。从美国的GPS广泛应用到中国北斗系统组网完成，它们都为各行各业提供了方便、快捷、高效的信息互联方式。

为了便捷计算，古人发明算盘及算法原则、计算口诀经历了数千年；从重达30t，耗电功率约150kw，每秒钟仅可进行5000次运算的第一台电子管计算机的诞生，到万亿次计算能力的超级计算机，人类仅用了60多年；从超级计算机再到运算速度提高百亿倍的量子计算机，人类仅用了不到10年。

从互联网、物联网、人工智能、自动驾驶、智能家居、"工业4.0"，到5G，人类几乎无所不能。

6.1.2　科技改变世界

科学技术的迅猛发展不仅加速改变了客观物质世界，而且丰富了人们的生活内涵。科技改变了人们的生活方式，从衣食住行到生活节奏、生活习惯，甚至生活理念，科技使人类的能力得到充分展现。

1. 微观寻踪时空探索

随着各种电子显微镜制造技术和科学理论的日益完善,人类已经能够观测到物质微观结构中的原子排列,看清楚小到 10^{-15} m 的微观领域,大到整个可观测宇宙,分辨率高达 10^{-11} m。同样,人类对时间分辨率的把握达到 10^{-18} s,已经认识到宇宙的年龄约为 140 亿年。这些至大至微的空间观测与时间尺度的测定都是现代科学与技术发展的结晶,也将随着人类认识自然的手段、能力的提升逐步完善、提高,甚至再次飞跃。

面对远超人类理解力和想象力的巨大、复杂的宇宙体系,如白矮星、超新星、中子星的演变,以及面对磁单极子的寻找,黑洞、反物质、暗物质、暗能量、反磁极子的观测,从理论突破到技术手段的实现和验证,人类的科技发展和时空探索之路还很漫长。

2. 解密自然任重道远

在人类历史上,曾发生过多次惊心动魄的灾难或自然之谜,如 3600 多年前古印度摩亨佐达罗古城的居民突然间在同一时刻全部死去的"死丘"事件;1626 年 5 月 30 日北京西南隅的王恭厂火药库附近区域发生的离奇爆炸事件;1908 年 6 月 30 日发生在俄罗斯西伯利亚通古斯河附近的爆炸事件,超过 2150 km^2 内的约 6000 万棵树被焚毁倒下;等等。这些著名的灾难性事件至今仍困扰着学者们。

在我们现实的生存空间中,仍有无穷无尽的特殊现象时常出现,难以用现代科学知识阐释,如英国汉普郡和威斯特一带屡屡发现的"麦田怪圈",神秘的金字塔之谜,百慕大三角货船、飞机失踪之谜,美国明尼苏达州魔鬼水壶瀑布,人体自燃现象,UFO,等等,都需要更多新发现和新理论的突破才能用科学解释。

再如,我们对于人类自身潜能(如特异功能,类似于心灵感应、透视、预知、念力、超自然能力,以及安慰剂效应)的认识还非常肤浅,需要数代人不懈地探索、发现和论证。

人类面临的不仅是发展中的很多技术难题和生态保护、绿色能源等问题,还有如何应对灾难性的潜在危机,突破地球时空的束缚,走向深空;进而实现多维度空间、超光速星际旅行等。

6.2 科学与技术

科学是用于解释遇到的理论问题,发现本质;技术则是以科学理论为依据,解决实际问题。科学是要发现自然界中确凿的事实与现象之间的关系,并建立两者之间演变规律的理论;技术的任务则是把科学的理论成果应用到实际问题中。科学是研究未知领域,其结果难以预料,技术是以相对成熟的理论为依据,进行比较确切的发明创造。

6.2.1 科学及其作用

"科学"这个词源于中世纪拉丁文 scientia，本意为"知识""学问"，但科学至今没有一个为世人公认的定义，其内涵也随时代进步而不断扩展和变化。

1. 定义演变

科学学创始人贝尔纳认为，科学既是人类智慧的最高成果，又是最有希望的物质福利的源泉。科学在全部人类历史中确已如此地改变了它的性质，以致无法为其下一个适合的定义。

达尔文曾给"科学"下过一个定义："科学就是整理事实，从中发现规律，做出结论。"科学是不断揭示真理的过程，至少包含两个要素：事实与规律。科学探求过程的实质是通过事实发现规律的过程，这个过程包括两个阶段：一是搜集事实材料，二是对这些材料进行加工整理并从中找到规律。

科学不是一个能用定义一直固定下来的单一体。中国《辞海》定义："科学是关于自然、社会和思维的知识体系。"法国《百科全书》定义："科学首先不同于常识，科学通过分类，以寻求事物之中的条理。此外，科学通过揭示支配事物的规律，以求说明事物。"苏联《大百科全书》定义："科学是在社会实践基础上历史地形成的和不断发展的关于自然、社会和思维及其发展规律的知识体系。科学是对现实世界规律的不断深入地认识过程。"

可见，人们对科学的理解和认识，众说纷纭，见仁见智。对比分析，我们可以从中找出某些基本的、共同的东西：科学是一种理论知识体系，它是人类对于客观世界的正确反映，是人类认识世界和改造世界的社会实践经验的概括和总结；同时，科学是为社会实践服务的。所以，科学是合乎事实与客观规律的知识、观念、理论，是建立在可检验的解释和对客观事物的形式、组织等进行预测的有序知识系统，是已系统化和公式化的知识。科学活动就是寻求真理的行为。

2. 科学与知识

科学是可以合理解释，并可以可靠地应用知识的主体本身。知识是符合文明发展方向的、被验证过的、正确的、被人们相信的理性认知，是对客观现象、精神世界、社会活动等规律的概括和总结。分科而学的知识是指将各种知识按属性进行细化，可分为数学、物理学、化学、生物学、天文学、地理学等，通过学习和研究，形成逐渐完整的知识体系。

但是，有些知识不一定是科学的，而建立在科学原理之上的、已被现有科技证明的知识一定是科学的。

3. 科学的内涵与追求

科学的内涵十分丰富，它与现实世界，人的意识、观念、思维方式等紧密结合在一起，具有现实世界的某些特性。所以，与其说科学是某种特定的东西，还不如说它是一种普遍而自然的存在，是人类文明的一种存在方式，是人类的一种意识状态。其中，自然科学是所有科学中最重要的，因为它首先涉及人类的生存问题，影响人类的生活状态和生活质量，人类的文明进程正好阐释了这个问题。

科学的内涵也可以理解为科学的内在涵养，即科学的灵魂、内容和特征。内涵不是表面上能够看到的东西，而是内在的、隐藏在事物深处的东西，需要探索、挖掘才可以看到。内涵是人们对某个人或某件事的一种认知感觉，内涵不是广义的，是局限在某个人对待某个人或某件事的看法。

科学不是信仰，而是需要用证据说话的。科学不一定是真理，但科学研究追求的目标是真理。科学是事物本质属性的综合反映，其内涵随着研究手段的更新迭代不断发展，探求内容会越来越丰富。也就是说，不同的专业学科对某种东西或现象的解释很容易被混淆，甚至出现矛盾，这就体现出科学认识事物的多面性、差异性和复杂性。科学是一种态度、观点、方法；同时，科学的事物本身具有多面性的悖论。

4. 科学的目的、任务与研究内容

科学的目的是发现并揭示客观世界的客观规律，具有真理性。科学的本质可以概括如下。

（1）客观性。科学研究和论述必须遵从客观事实和规律。

（2）验证性。科学研究，特别是对自然科学的研究，其结论必须具有可重复性和可验证性。

（3）系统性。科学研究和科学理论必须是系统的、完整的知识。

（4）可用性。科学的价值是指导人们按自然规律开展实践活动，必须具有可用性，"知识就是力量"，科学发展永无止境。

科学的基本任务是探索、认识未知，是人类探索、研究、发现和感悟宇宙间万物变化规律的知识体系，是对因果规律的总结过程。科学研究必须是认真、严谨、实事求是地追求真理的过程；同时，科学研究是创造性的劳动过程。

科学的研究内容：一是揭示宇宙中万物的本质特性和规律；二是对万物原有状态的反演或重组，使其具有某种性能且能满足人类某种实践需求。

5. 科学研究与科学的作用

相对于动物的捕猎、觅食、自保的求生活动而言，人类的科学研究具有明显的探索性和预见性。人类的劳动在于它在活动中运用了智慧，是一种具有主观能动性的创造性的活动，是一种具有文化含义的活动。其中，科学研究过程更为复杂，是通过观测、研究、想象、总结，发现客观规律的过程，是运用各种手段并结合人类智慧来寻找潜藏在表象下的本质性规律，即"新真理"的一种科学活动过程。科学是人类文明的核心因素，是人类文明状态的表征。科学研究是社会化、规模化、全球化、竞争与合作并存的社会活动；同时，它显现出交叉性，各学科知识与方法具有相关性。

科学的作用是探索世界，发现客观事物的本质，找到事物间的联系与变化规律，为人类利用规律提供依据。科学是使主观认识与客观实际相联系的实践活动，是通往预期目标的桥梁，也是联结现实与理想的纽带。或者说，科学是使主观认识符合客观实际，或创造出符合主观认识的客观实际的事物、条件、环境的实践活动。

科学性是符合客观实际的，是主观认识与客观实际相统一的真实属性。通过探索并创造出符合主观认识与客观条件的实践活动过程是科学研究。创造符合主观认识的客观条

件,即实现预期目标的方法、措施、手段是科学技术;创造符合主观认识的客观条件的实践活动是科学知识的创造性运用,符合客观条件的主观认识本身是科学知识;符合主观认识的客观条件的普遍规律是科学理论。

6. 科学精神

科学精神是实事求是、求真务实、开拓创新、追求真理的理性精神。作为人类文明的崇高精神,它表达的是一种敢于坚持科学思想的勇气和不断探求真理的意识,具有丰富的内涵和多方面特征。科学精神具体表现为:求实精神、实证精神、探索精神、理性精神、创新精神、怀疑精神、独立精神、原理精神、民主精神、开放精神、批判精神、协作精神等。强调理性与实证性是科学精神的核心,探索与创新是科学精神的"生命"。坚持以科学态度看待问题、评价问题,而不借用非科学或者伪科学的手段也是科学精神的体现。此外,科学精神还有持之以恒、不怕困难、不辞辛劳、勇于创新的精神。

科学精神包括自然科学发展过程中所形成的优良传统、认知方式、行为规范和价值取向,集中体现在主张科学认识来源于实践,实践是检验科学认识真理性的唯一标准,实践是认识发展的动力;重视以定性分析和定量研究作为科学认识的一种方法;倡导科学无国界,科学是不断发展的开放体系,不承认终极真理;主张科学的自由探索,在真理面前一律平等,对不同意见采取宽容态度,不迷信权威;提倡质疑、批判、辩论、不断进取的创新精神和无私奉献的人文精神等。

6.2.2　科学分类与特征

科学是建立在可检验的解释和对客观事物的形式、组织等进行预测的有序知识系统,是已系统化和公式化的知识。按研究对象与实践的不同联系,科学有多种分类方法。

基于研究对象的不同,科学可分为自然科学(物质科学)、社会科学(非物质科学)、思维科学(脑科学),以及总结和贯穿于这三大领域的哲学和数学。此外,还有形式科学和交叉科学等。

按科学与实践的不同联系,科学可分为理论科学、技术科学、应用科学等。按人类对自然规律利用的直接程度,科学可分为自然科学和实验科学。此外,还有广义科学、狭义科学、显科学、潜科学等。

下面从三大科学领域来介绍。

1. 自然科学

自然科学是研究自然界中各种事物的存在状态、演变规律和呈现出的可观测现象等的科学。其研究对象从物质、意识到精神,包罗万象。例如,在物质世界中,小到原子核结构,大到无穷无尽的宇宙天体,从无机世界到有机世界,从非生命体到有生命的植物、动物、微生物等,无所不包。

自然科学的研究内容十分庞大,按领域可分为天文科学、地球科学、海洋科学、大气科学、农业科学、医学、药学等;按学科可分为物理学、化学、生物学、生命科学、电子学、材料学、建筑学等。自然科学研究所有可量化的变化规律,其中,数学是定量的关键;因此,数学既是自然科学的研究内容,又是自然科学研究的基础工具。自然科学属于理性的范畴，具有可重复验证和可证伪的特点。

2. 社会科学

社会科学是用科学的方法研究人类社会的各种社会现象及相互关系的各种学科的总称，或其中任一学科，如社会学研究当代人类社会与人的关系，政治学研究政治、政策和政治活动与人的关系，经济学研究资源分配，等等。

社会科学涵盖的学科包括经济学、政治学、法学、伦理学、历史学、社会学、心理学、教育学、管理学、人类学、民俗学、新闻学、传播学等。有些学科，如人类学、心理学、考古学，是社会科学和自然科学的交叉学科。而政治学、经济学、社会学、法学、军事学等属于典型的狭义上的社会科学。历史学则是狭义上的社会科学和人文科学的交叉学科，通常可理解为人文科学。

在现代科学的发展进程中，新科技革命为社会科学的研究提供了新的方法、手段，社会科学与自然科学相互渗透、相互联系的趋势日益加强。社会科学属于心性的范畴，具有难以重复验证或不可重复验证和不可证伪的特点。

3. 思维科学

思维科学是研究思维活动规律和形式的科学，是通过对大脑的机能研究，来认识思维机制。思维科学包括研究思维的自然属性和社会属性，分析思维的物质基础、语言对思维的作用，结合思维的历史发展探讨如何利用机器模仿动物和人类思维的可行性、主要途径等，以及研究思维科学应用。

（1）思维科学研究及形成机制。

思维是人类具有的高级认识活动，是以感知为基础，又超越感知的界限，涉及所有的认知或智力活动，是认识过程的高级阶段。人脑探索与发现事物的内部本质联系和规律，并借助语言、文字对事物进行概括和间接的反应过程就是思维。所有的动物都有中枢神经控制系统，有了这一套系统也就有了思维。

思维在不同级别的生物之间具有不同的作用。低等动物思维的作用更多是本能控制；高等动物思维的作用除本能控制外，还有为适应环境所做的各种调整，如动物的迁徙行为；而人类思维的作用是为适应环境，进而改造环境，进行探索、研究、开创性工作。研究人类有意识的思维活动及其变化规律的科学称为思维科学。随着对思维规律研究的深入，人们发现除了逻辑思维，还有形象思维、顿悟思维等思维形式存在。

思维科学的研究包括基础科学理论体系研究、技术原理与可行性研究、应用科学的工程技术和协同研究三部分，涉及哲学、逻辑学、心理学、脑科学、思维生理学、文学艺术、人工智能、计算机软件工程等。通过社会思维、逻辑思维、形象思维和灵感思维等基本思维形式的研究可以揭示思维的普遍规律和特点。例如，20世纪初，巴甫洛夫高级神经活动学说就初步揭示了思维的神经生理机制，从物质运动形式上取得了思维生理机制的重大研究发现。

（2）思维科学的基础科学。

思维科学包括抽象思维学（也称逻辑思维学）、形象思维学（也称具象思维学）、灵感思维学（也称顿悟思维学）及社会思维学等。其中，抽象思维学是从微观角度研究思维规律，形象思维学是从宏观角度研究思维规律，灵感思维学则是宏观角度与微观角度的有效结合。

①抽象思维学。抽象思维是人们在认识活动中运用概括、判断、推理等思维形式，对客观现实进行间接的、概括的反映的过程。由于抽象思维学是理论化、系统化的世界观，是对自然知识、社会知识、思维知识的概括和总结，是世界观和方法论的统一。因此，抽象思维是可以用计算机来代替人脑工作的那部分思维，如计算机会下国际象棋、围棋、五子棋等，会利用机械手进行程序化的工程操作等。

②形象思维学。形象思维主要是指人们在认识世界的过程中，对事物表象进行取舍时形成的直觉，或直观形象的表象。它是建立在直接的经验、感受、体验的基础上的一种哲学概念的思维形式。例如，遇到危险时，动物的本能是躲避；看到很多人围观时，人们就认为可能是发生了大事；等等。

形象思维是在对形象信息传递的客观体系进行感受、储存的基础上，结合主观认识和情感进行识别（包括审美判断和科学判断等），并用一定的形式、手段和工具（包括文学语言、线条色彩、节奏旋律及操作工具等）创造和描述形象（包括艺术形象和科学形象）的一种基本的思维形式。

形象思维学主要研究人类根据经验或直接感受产生的智能活动的行为，以及如何用计算机模拟实现这一过程，并使之上升为理论，即人工智能。

③灵感思维学。灵感思维是指人们在科学研究、技术发明、产品开发等不同类型问题的解决过程中闪现出的奇异想法。其特点一是稍纵即逝，并非传统知识或既有经验的延伸；二是偶然性；三是突发性；四是创造性。灵感思维是大脑皮层高度兴奋时的一种特殊的心理状态和思维形式，是在一定抽象思维和形象思维基础上的灵感闪现。灵感是过去从未有过的新思想、新念头、新主意、新方案、新答案等。灵感思维产生于大脑对接收信息的再加工，储存在大脑中的潜意识被激发，凭直觉领悟事物的本质。灵感思维不是逻辑思维，也不是形象思维，而是以这两种思维为基础的瞬间爆发，是形象思维的扩展，由直接感受的显意识扩展到灵感的潜意识。灵感思维过程非常复杂，要充分掌握和利用现代科学知识和手段来揭开其秘密。

④社会思维学。社会思维是指在特定的环境下，个人或群体为应对某种问题而产生的个体的或群体的思维形式，即社会思维学是研究个人或群体是如何思维的。认识客观世界不仅靠直接实践，还要利用人类过去积累的知识。例如，企业为追求经济效益和社会效益而形成的"狼性"企业文化就是群体的思维形式。人的思维活动具有群体性质，社会思维是建立在人们之间相互交往、相互作用的基础上的。

（3）思维科学的任务与作用。

思维科学的任务是研究如何处理从客观世界获得的各种信息，以获得改造世界的知识。这种信息处理可以由人工完成，也可以人机结合进行。从信息处理的角度看，人机结合非常自然、高效，可以充分发挥人的心智与机器的高效性能。特别是互联网、大数据、人工智能的普及，人类可以根据需要，通过大数据选取所需，并利用人工智能辅助决策，实现社会的高效运转。

思维科学研究的作用：①促进人类科技发展，是人才、科技及资源开发利用技术竞争的需要，是使人类从繁重的脑力和体力劳动中解放出来，提高生产效率的迫切需求；②研究揭示思维的共有特性，构建科学的思维观、思维评估、思维分类体系，最终建立系统、完善的思维科学体系；③利用思维科学培养、提高全民科技素养，促进人才的智慧和创造力发展。

（4）思维科学的应用。

思维是人脑的机能，但是人脑思维可以在一定的程度上被机器和动物所模拟。能够模拟人脑思维的机器即智能机器。研究智能机器及模拟人脑思维方法与程序的科学称为人工智能或机器思维学。研究高级动物对人的思维的模拟能力和如何实现这种模拟的科学称为动物思维学。因此，机器思维学和动物思维学是思维科学的重要分支。

研究机器和动物模拟人脑进行思维有重大的理论意义和实用价值。例如，智能机器在计算、推演等方面放大了人脑思维的功能，其效率为人脑所不可及；而在形象识别方面，早期由于像素、算法模型等远远落后于人眼、人脑的辨识功能，但近十年来已获得重大突破。电视节目中曾报道，杭州某社区民警通过大数据系统，通过人脸识别功能协助寻找走失的老人，这样做比发动群众四处寻找快万倍。利用大数据系统已经成为我国缉捕在逃人员的有效手段。人脸识别、虹膜识别、指纹识别等也为用户的财产安全提供了有效屏障。

例如，人工智能结合各种识别系统和传感系统形成的无人驾驶汽车已经上路，人工智能下国际象棋、围棋等远超人类。各种思维形式既是思维科学研究、发展的基础，又是其研究对象，只是研究的侧重点不同，目的和结果也不同。其应用领域涉及语言学、模式识别、人工智能、教育学、情报学、管理学、文字学等学科。

（5）思维科学研究的意义与前景。

在当代信息社会里，知识、智力、智慧的重要性日益增长，思维对知识的产生，以及对智力和智慧的形成起着关键性作用。因此，科学地研究思维的形成机制和相关规律对于思维科学体系的构建和人脑潜力的发挥有重要的理论意义和实践意义。

思维科学通过机器和动物模拟人脑思维的研究，对于生产力发展和社会进步有深远的影响。特别是在产业升级、智慧生产、智慧交通和智慧城市建设中，计算机、网络和人工智能已经展示出光明的应用前景。

4. 学科交叉

科学的发展和不断拓展使人们要研究的问题越来越多，领域越来越广，门类越来越多，以至于精力、学识、生命周期有限的科技工作者不得不将学科划分得越来越细，以便全力投入、深化研究。同时，不同学科的知识成果具有可相互借鉴、取长补短的特性，在互相影响中，又逐渐融合，形成交叉学科。例如，化学与物理学的交叉形成了物理化学和化学物理学，化学与生物学的交叉形成了生物化学和化学生物学，物理学与生物学交叉形成了生物物理学，等等。因此，学科交叉研究体现了科学向综合性发展的趋势。

交叉学科相对于边界清晰的单一学科，可以提供更多元的理论基础和视角，更容易产生创新性成果。随着现代科学技术的发展，越尖端、前沿的研究越需要突破单一学科的限制；而基于交叉学科的突破，则需要更多人共同努力才有可能成功。

6.2.3 技术及其应用

技术是人类为满足社会发展和自身需要而创造和发展起来的手段、方法和技能的总和。19世纪，技术开始了它的飞速发展，技术的应用在很大程度上改变了社会的面貌。

1. 技术的定义及本质

作为社会生产力的社会总体技术力量，技术包括工艺技巧、劳动经验、信息知识和实体工具装备，也就是整个社会的技术人才、技术设备和技术资料，涵盖人类生产力发展水平的标志性事物，是人类生存技能和生产工具、设施、装备、语言、数字数据、信息记录等的总和。技术泛指人类根据生产实践经验和自然科学原理而发展成的各种工艺方法、操作流程与技能，是解决人类所面临的生产、生活问题的方式、方法、手段。

技术还没有公认统一的定义，按技术的作用可将其定义为：技术是人类为了某种目的或者满足某种需要，人为规定的物质、能量或信息的变换方式及其结果。技术规定了如何将一种物质（形态）变换为另一种物质（形态），将一种能量变换为另一种能量，将一种结构、形态的信息变换为另一种结构、形态的信息。完成物质、能量变换的技术是物质技术，完成信息变换的技术是知识技术。但知识技术不等于知识形态的技术，物质技术也可以表现为知识形态。

世界知识产权组织在1977年版《供发展中国家使用的许可证贸易手册》中，给技术的定义为："技术是制造一种产品的系统知识，所采用的一种工艺或提供的一项服务，不论这种知识是否反映在一项发明、一项外形设计、一项实用新型或者一种植物新品种，或者反映在技术情报或技能中，或者反映在专家为设计、安装、开办或维修一个工厂或为管理一个工商业企业或其活动而提供的服务或协助等方面。"这是至今为止国际上给技术所下的最为全面和完整的定义。

早期人类创造和使用技术是为了解决其基本需求。今天的技术最重要的是提高社会生产效率，满足人们更广泛的需求和欲望。就技术的本质而言，技术是一种人类理解世界的方式，不仅属于实践领域，还属于认识领域。技术过程不仅是一种改造世界的过程，更是确认人类对世界的理解，进而通过发明创造引领世界文明向更高层次发展的过程，是随技术进步而不断提升的过程。技术本身的复杂性决定了更新或创造一个技术体系需要巨大的社会结构来支撑，必须与社会发展水平和社会的实际需求相适应，即技术与社会环境和发展水平之间会相互影响、相互促进。技术的发展方向、目标和价值取决于人们对技术的需要程度和技术满足人们需要的程度。

2. 技术的特点及载体

现代社会中技术的使用无所不在，技术的特点如下。

（1）功利性。技术满足特定的功利需要。

（2）科学性。符合科学原理的技术才有可能成为生产力，技术要不断创新和提升，技术是科学知识创造性的应用。

（3）系统性。技术或大或小是一个系统，或者是若干子系统的集成。

（4）社会性和经济性。技术满足社会的需求，经济上可行的技术才有竞争力。

此外，现代技术还具有其复杂性、依赖性、多样性和普及性。

①复杂性是指制作技术、工作原理或使用方法依赖现代高科技，如数控设备、扫描仪、复印机、计算机，其技术原理相对传统技术而言非常复杂，有些还很难理解。

②依赖性是指现代技术产品的应用要依赖许多辅助设施，如手机、计算机等智能设

备，必须依赖强大的软件作为支撑，同时，需要充电设备等才能够发挥出其功能。

③多样性是指现代技术及现代技术产品为满足不同领域、不同人群的不同类型的需求，必须具有多样性。

④普及性是指现代技术的大规模使用，技术甚至普及到全社会的每个角落，在很多方面都支配着我们的生活。

技术必须借助载体才可以延续、传递和交流。技术的载体分别是以掌握技术的能工巧匠、技师、工程师、设计师、发明家、科学家、管理师、程序师等为代表的高科技、高技能人群，以及图纸、档案、媒体存储记忆元器件、计算机芯片、计算机硬盘等。

3. 技术的分类及影响

根据行业的不同，技术可分为农业技术、工业技术、电子技术、交通运输技术、勘探技术、冶金技术、能源技术等。

根据生产内容的不同，技术可分为电子信息技术、生物技术、制药技术、选矿技术、材料技术、先进制造与自动化技术、能源与节能技术、环境保护技术、农业技术等。

根据应用目标的不同，技术可分为加工技术、防护技术、储存技术、保鲜技术、防腐技术、抗菌技术、制冷技术、隔热技术等。

技术的进步促进了人类物质文明的发展，推动了人类社会的进步和文明提升。但是，技术发展也带来很多负面影响，如国家之间、族群之间、人与人之间贫富差距扩大，资源向少数人集中的问题；资源枯竭、生态破坏、环境污染加剧的问题；等等。因此，为适应社会和经济可持续发展的客观要求，开发具有生态性、符合生态环境保护需求的节能技术和绿色技术势在必行。利用技术促进科学发展，满足社会、经济可持续健康发展。

6.2.4 技术的目标与研究内容

技术的目标取决于人们的需要，即研究目标。根据研究目标，设置为实现目标必须开展的具体研究工作，即通过一定的手段、方式、方法实现研究目标。

1. 技术的目标与作用

早期人类创造及使用技术是为了解决最基本的生存需求，先考虑食物，再考虑保暖。随着物质增多，文明程度提升，快捷出行成为技术发展的目标。现代技术更重要的是为了满足人们更广泛的需求和欲望，如更高效、舒适的生活，便捷的交流和快捷的交通出行，这些都需要社会结构和条件来支撑。

技术创造和发明的目标是更好地改造世界，提高劳动生产效率、产品数量和质量，降低成本，减少原材料、能源和人力的消耗，更好地满足社会需求。从宏观角度说，技术要解决人类发展中所面临的诸多问题，进而放眼未来，开展前瞻性研究，解决人类未来要面临的生存和发展问题。

技术创造和发明是满足人类需要的、具有确定性的行为方式。人类只有把自身对自然规律及其本质的认识转化为可以利用的技术，才能看到自身的智慧和行为对生存和发展的影响。但是，技术并不一定会成为人类实现自由、改变世界的手段，技术具有两面性，也可能成为人压迫人的工具，如现代化武器，在提高有效打击范围、精准度和爆炸威力的同时，其破坏力、毁灭性也是巨大的。而美国等西方发达国家，正是利用前沿领域中的先进技术，威胁、打压、制裁，甚至掠夺世界财富。

技术是人类创造的，表达了人类社会生产力的发展水平和人类自身的本质力量。这种本质力量不仅表现为改造世界的能力，还表现为适应世界的能力及人类自我改造能力。

2. 技术的衡量标准

技术不仅有水平的高低，还有其本质的优劣。总体来说，技术水平会随着社会发展，科学发现的不断涌现，认知能力的提升，手段的更新和不断完善，以及社会需求的不断提高而不断迭代、升级和完善。技术的本质体现在服务对象和对生产力发展效果的影响上。

优质的技术是绿色节能、生态环保、服务社会大众的技术，如网络、智能技术等；而劣质技术时常威胁社会稳定、生产安全、人类健康，如大规模杀伤性武器、日军第七三一部队和美国等西方国家人为制造的病毒、鼠疫病菌等。美国侵略朝鲜期间，曾向朝鲜军民和中国人民志愿军居住区、中国丹东的鸭绿江沿岸投放大量鼠疫病菌、流感病毒等，使大量无辜群众沦为战争的牺牲品，而这类泯灭人性的劣质技术成为美国等西方人权卫士投入重金在德特里克堡的陆军传染病医学研究所研究的重要课题。再如，互联网、计算机、手机已经成为人们生活的重要组成部分和资金、财产安全屏障，不法分子利用各种偷窃、勒索软件等恶意病毒诈骗财产、破坏生产，成为国家、社会、金融安全的大敌。技术的优劣有时可以转换，如为战争研制的核武器技术若应用于核电，就形成了今天的原子能工业，成为造福社会的优质技术。

技术本身的复杂性、应用领域的多样性、地域间发展的差异性和不平衡性、国家战略及社会需求的不确定性等均会影响对技术水平的评判，因此，技术水平的评判和衡量也要与时俱进。

3. 研究内容及发展动力

技术是人类为实现社会需要而创造和发展起来的手段、方法和技能的总和，能解决"做什么"和"怎么做"的问题。所以，技术研究的内容是针对各种需求和存在的问题，开展行之有效的解决方法、对策的研究。技术包括社会、自然、环境、生态、投入、产出、方法、手段、途径、机制、机理、规律、原理，以及研究过程中发现的新情况、新问题的相关探讨，最终找到解决问题的方法、对策（如形成工艺流程、方式方法、操作步骤、理论依据），从而分析可行性、经济效益、社会效益、生态效益、环境效益等。

社会需求是技术发展的原动力。人类的欲望是技术创新的生命，如有线电话就是为了方便异地人员间的快速联络而发明的。随着技术进步，出现了第一代移动通信技术（1G），我们俗称的"大哥大"问世；第二代移动通信技术（2G）时代诺基亚崛起；第三代移动通信技术（3G）迎来了移动多媒体；第四代移动通信技术（4G）开启了移动互联网时代；第五代移动通信技术（5G）使万物互联；而第六代移动通信技术（6G）也终将到来。手机已成为当今世界人类应用最广的技术工具，相应的手机技术需要大量的硬件、软件、基础设施的支撑，芯片制造成为各国技术竞争的制高点，反映出各国的科技水平。手机的发明改变了人们之间的关系，人类的工作方式、购买和支付方式、生活方式、生活习惯，甚至理念，等等。

未来出现的颠覆性技术将会把人类的文明推向新高度，成为重塑社会形态、产业结构、生活状态、工作方式、理念等的关键因素。

6.3　科学和技术的关系

6.3.1　科学和技术的联系

科学和技术是两个既相互联系，又相互区别的独立概念，虽属不同范畴，但两者之间相互渗透，相辅相成，有着密不可分的联系。

1. 互为因果关系

科学是一种知识系统，它通过定理、规律和其他形式的思维来反映现实世界中各种现象的自然规律。技术是基于实际生产经验和自然科学原理开发的各种过程操作和技能。

科学为技术发展提供理论指导，是技术发展的知识基础。技术是以科学原理为基础，发展、发明出的新方法、新工艺、新手段的具体应用，并为科学前沿的突破提供有力的基础支撑。技术是科学和生产的中介，没有技术，科学对生产就没有实际意义。

科学的发展水平、技术的进步速度都取决于社会环境和人文环境，以及人们的需求程度和顶层设计的前瞻性。

2. 反馈关系

技术是模糊的，通常与数学定理的发现无关。最初的技术概念是熟练的实践、完美的操作技能。现代技术更多的是指发明创造，是科学更高层次的应用。在发明创造过程中，时常遇到新问题、新现象，都需要借助科学来解决。

很多技术发明和新手段的应用解决了科学认知中许多悬而未决的问题。例如，利用质子加速器技术解决了原子核是否可以再分的科学问题；利用射电天文望远镜等先进天文观测技术，科学家获得了穆斯特蛋、爱因斯坦环、引力波，甚至黑洞的图像，这些技术成果为宇宙大爆炸理论提供了强有力的支撑，并为宇宙的演变、发展等科学理论提供了佐证，促进了宇宙学相关学科的科学发展。再如，量子通信技术和量子计算机技术的应用解决了量子纠缠的科学问题，为量子通信和量子计算机的实用化奠定了基础；现代计算机技术的发展，促使计算密集型科学领域取得了很大进展，如流体力学和气象学等复杂科学。

3. 科学技术的作用

17世纪，英国唯物主义哲学家、实验科学的创始人弗朗西斯·培根提出"知识就是力量"，这是人类认识科学技术作用的一次飞跃。

伟大的革命导师卡尔·海因里希·马克思在19世纪中期进一步提出"科学技术是生产力"的科学论断，这是人类认识科学技术作用的又一次飞跃。

20世纪末期，中国社会主义改革开放的总设计师邓小平提出"科学技术是第一生产力"的科学论断,这是人类认识科学技术作用的再一次新飞跃。

在现代生产力系统中,科学技术起着第一位的关键性的变革作用,日益成为生产力发展的先导力量,是推动国民经济快速增长的决定性因素和经济持续、快速发展的源动力。所以,科学技术是社会、经济发展的第一生产力。

6.3.2 科学和技术的区别

1. 科学和技术的目的与任务不同

科学的目的是回答"是什么"和"为什么"的问题,揭示客观过程的因果性和规律性关系;相对技术来说,科学研究的目标具有不确定性。科学的任务是认识自然、探索客观真理、揭示事物的本质和规律,是人类改造自然的行动指南。科学研究要有所发现,从而增加人类的知识和文化财富。

技术的目的是处理"做什么"和"怎么做"的问题,追求满足主体需要的功利性。技术的任务是发展生产力,是改造自然、创造物质财富的手段,也是存储知识、获取信息的手段。技术研究要有所发明、实现发明,从而增加人类的物质财富,并使人类生活得更美好。因此,技术研究工作往往具有较强的计划性。

2. 研究过程和研究方法不同

科学的研究过程往往是发现现象,揭示其本质和规律,采用的方法多为调查研究,注重从个别到一般,从特殊到普遍,从经验到理论,采用抽象、概括、分析等方法再现客体。科学研究活动主要是从多样性到一元性,从模糊性到精确性,常常将"简单问题复杂化"。

技术的研究过程首先是确定目标或根据功能需求制定研究方案,确定具体的研究步骤,测试、表征及评判方法和依据,论证实施的可行性,经修改完善,再按设计开始具体的研究实践,目的性极强。其研究方法主要采用综合的方法来构建客体,要从纷杂的现象中去解释本质,从诸多的假说中去确认真理,常常将"复杂问题简单化"。

3. 知识领域和知识形态不同

科学相对技术来说是比较单纯的,是最基础的理论。科学表现为一元性的知识,它将纷杂的现象统一为某种本质,从众多的假说中筛选出一种简洁明了的定论。科学研究的知识成果是观念形态的东西,主要是科学发现、科学预见、科学原理等。例如,物理学家通过对光线传播方式的研究,发现了光的波粒二象性,即光既具有波动特性又具有粒子特性。牛顿利用三棱镜发现阳光(白光)可以分解出七种不同颜色的可见光,颜色与波长成特定关系;还发现了光的折射定律等。

技术由单一到多样,它将某一种或多种科学知识统一到一个系统中,并转化为多种技术设施、工艺手段,从相同的原理中做出多种类型的设计方案。技术课题涉及的范围比较广,它要综合运用多学科的知识解决问题。例如,制作一支看似简单的粉笔不仅需要了解其成分、结构与性能的相关知识,还需要了解原料的开采、矿物加工、成型等方法,甚至要了解粒径化大小及分布、成分、干燥程度、成型压力等参数的变化对粉笔书写性能的影响,涉及矿物学、加工学、材料学、测试技术等的知识。

科学研究获得的知识性成果有专著、论文、研究报告等。技术研究的成果形式有技术样品、模型、技术规程、设计图纸等。技术成果是知识形态与物质形态的有机结合，它更多地表现为由理念向物质的转化。例如，人们利用棱镜的折光性能与光波波长的特定关系开发出分光系统，奠定了原子发射光谱、原子吸收光谱、X射线荧光光谱等各种不同类型光谱仪的关键元器件。

4. 衡量标准不同

衡量科学的根本标准是真理性标准，即科学认识是否真实反映了客观世界的客观规律。

而评价技术优劣要看它是否对社会生产力发展有益、是否能为企业带来经济效益或社会效益，即经济价值或社会价值。技术成功与否往往要受多种相关因素的制约，除受投入、场地、资源、环境、地域、社会、经济、法律等制约因素制约外，还受人们的价值取向、生活习惯，甚至宗教传统等因素的影响。例如，由于生物克隆技术涉及伦理、医学、法律等一系列问题，它至今只能在小范围内进行实验。再如，原子弹、氢弹等有可能造成全球性灾难，《全面禁止核试验条约》是一项旨在禁止所有缔约国在任何地方进行任何核爆炸，以求有效促进全面防止核武器扩散、促进核裁军进程、增进国际和平与安全的国际条约。但以重核裂变技术、轻核聚变技术为基础发展起来的核能利用技术，是解决人类能源危机的重要手段，特别是氢核聚变技术的突破，将彻底改变人类清洁能源的结构。

5. 管理方式及差异对比

科学是开放的体系，由学科共同体采取柔性、松散的管理方式，通过制定行为规范来实施。科学知识是全人类共享的，无专利和保密之说，是无国界的人类的共同知识，如阿基米德发现的浮力定律、牛顿发现的万有引力定律、安培发现的安培定律。

技术是由专利管理部门，根据专利法，通过专利使用授权来实施的，这种管理方式是严格的、在一定时期是受知识产权保护的，或者是保密的、专属的，如可口可乐的配方至今都是保密的。技术是有国界的，未经权利人（公司或政府）许可，是不能输出或转移的。泄露技术秘密、侵犯他人的专利与知识产权都是不道德的，甚至是违法行为。

科学和技术的对比见表6-1。

表6-1 科学和技术的对比

内容	科学	技术
目的	寻求"是什么""为什么"	寻求"做什么""怎么做"
任务	认识世界	改造世界
手段	发现	发明
方法	个别到一般，特殊到普遍	综合的方法
成果	获得知识	创造技术
衡量标准	真理性	价值性
产权	人类共享	专利（技术壁垒）

6. 科学技术的两面性

人类掌握了现代科学技术，科学技术成为人类的"武器"，并在人类社会历史发展的进程中发挥越来越大的作用。事实说明，科学技术的大规模应用，一方面给人类带来无尽的福祉和安逸；另一方面也在加速人类对自然和生态的破坏，加深人与自然之间的矛盾，使人类与原始的生态自然隔离、脱节，从而陷入一种孤立无援的状态，而且人与自然之间的矛盾日益尖锐，甚至关系到人类的生死存亡。

人类的文明在不断进步，但人类所要面对和解决的矛盾也随之增长。对此，伟大的革命导师弗里德里希·恩格斯在《自然辩证法》中曾警示人类：我们不要过分陶醉于自己对自然界的胜利，对于每一次这样的胜利，自然界都报复了我们，每一次胜利，在第一步确实取得了我们预期的结果，但是在第二步和第三步有了完全不同的、出乎预料的影响，常常把第一个结果又取消了。可见，恩格斯以其敏锐的洞察力看出了科学技术是一把双刃剑的本质。

在 18 世纪中期，法国著名启蒙思想家、哲学家、教育家、文学家让-雅克·卢梭在对人类文明史的研究中，提出了一种文明悖论的思想，即人类文明的发展分成两个阶段：自然阶段与社会阶段。在自然阶段，人类拥有真正的平等与自由，到了社会阶段后，人类丧失了这种自由。因而，人类文明发展过程的实质是一种异化的过程。人类因无助而发展，又因发展而无助，这就是人类文明的悖论。也许，科学技术的悖论正是这种悖论的一种表现。

6.3.3 伪科学与科学的异化

伪科学不是科学，而是假借科学之名来说服、迷惑，甚至误导人们，使人们信服的歪理邪说。这种看似科学，实则缺乏足够支撑证据与可信度的主张，由于缺乏严谨的科学依据，因此被认为是伪科学。而科学技术的异化是指人们利用科技创造出的产物，如手机、计算机等智能设备及其配套的程序或游戏软件等，逐步变成部分人过度依赖的工具，甚至演变成统治人、压抑人的一种异己力量。对此，马克思认为，随着人类越发控制自然，个人却似乎越发成为别人的奴隶，甚至科学的纯洁光辉也只能在最愚昧无知的黑暗背景下闪耀。

1. 伪科学

伪科学的特点是经不起真正的科学实验的检验，完全是臆想或有意编造的虚假成果，属于非科学的范畴。例如，永动机、水变油、冷聚变等都违背科学知识，经不起实践的检验，属于典型的伪科学。又如，在现实生活中，一些不法分子打着科学养生的幌子，宣传、兜售各种所谓营养品，甚至以疗效之名混淆视听。

伪科学的结论或依据通常来源于传闻证据或个人证言等低质量的资料归纳，真正科学的结论是源于严谨、可控的实验，可重复的验证检验。伪科学的主张具有争议性，虽然倡导者能够提出某些支撑证据，但这些证据通常都很可疑，违反人类已知的科学规律或科学发现，但对特定人群具有很强的误导性和危害性。例如，宣称某种药物能够包治百病，或利用某种理疗产品可以不吃药、不打针就治好糖尿病，等等。

伪科学的思维特征表现为：利用大众对某种知识的不足，先入为主地认定某种事实，使其极少产生怀疑心理；寻找不足以采信的，甚至牵强附会的传闻证据，主观认定为能支持某个荒唐主张的证据；忽略矛盾或不利证据，漠视其他解释，缺乏严谨、可控、可重复的实验依据。

2. 科学的异化

科技的发展和应用极大地丰富了人类的生活，提高了社会生产力水平和文明程度；同时，许多有悖于科技发展初衷的现象出现。科学技术促进社会进步、造福人类，但其大规模应用造成生态环境的破坏、污染加剧、全球变暖、极端气候频发，甚至全球性传染病突发等问题。科学技术的内在性质、外在使用、社会效用等方面偏离了人类的原有目的和人的本性、基本价值，甚至社会规范、道德伦理，这种现象称为科学的异化。

科学的异化成为压抑、束缚、报复、否定，甚至反噬科学技术本质的反人类力量，如日军第七三一部队所从事的生物细菌和活体试验；随着高科技产品在军事、工业等领域的广泛应用，其负面影响越来越明显。例如，20世纪60年代，美军在越南大量喷洒枯叶剂，对越南的自然生态系统，以及身处该环境中人们的身体健康造成难以逆转的严重损害。又如，在海湾战争中，美军多次使用国际法禁用的贫铀弹，不仅破坏了伊拉克的生态环境，而且使许多参加过海湾战争的老兵患上"海湾战争综合征"。

目前的网络游戏作为人类科技的发明已经造成无数青年人，特别是未成年人网络成瘾，严重影响他们的成长和身心健康，是毒害各国青少年健康成长的一大精神毒瘤，危害社会和谐发展，这也是典型的科学异化现象。智能手机虽然方便了人们之间的联系，带来了全新的生存理念，却使人们在心理上彼此疏离。科技理性的膨胀导致人文失落，产生了一定程度的道德失范和信仰危机。此外，细胞克隆技术、转基因等新生物技术的应用，使人们对生命现象和变化虽然有了新的认知，但是人类的伦理道德面临前所未有的挑战。

科技作为人的创造物日益超出人类的控制，甚至成为支配、压抑、损害、奴役、威胁和统治人与社会的异己力量，从而导致了对人的自由和个性的扼杀，导致了人的精神空虚和人格分裂，使其失去了血缘关系上的亲情，以及人文关怀。人不再是掌握、控制科技的主人，而是被迫适应科技社会要求的工具，如ChatGPT等信息技术的应用可以在数秒内帮助人类写出一篇论文，或完成作业，甚至考试，这种技术的使用对人类社会的发展是福是祸，还有待进一步观察；当然，这也充分说明了科技的两面性。

3. 科技的风险与危机管控

随着科技的迅猛发展和人类文明进程的加快，社会生产力在科技的支撑下迅速提高，解决温饱问题已成为过去，人类有了更高的追求和能力。正是这种追求和能力，使人类面临前所未有的生态环境恶化，粮食减产，能源、矿产资源枯竭，水资源污染问题，严重影响了社会的可持续发展。

科技危机的根源是人类永远不会满足、不断膨胀的欲望。肉食性动物对捕猎对象的杀戮源于生存的需求，物竞天择，适者生存；但它们不会像人类那样无度杀戮，人类的贪婪已经远远超出生存的需求，是一种征服欲、占有欲和统治欲的表现。随着科技进步，人类发明了许多超级生物武器（如各种病毒、细菌、毒素等），以及大规模杀伤性武器（如原子弹、氢弹等），已经成为影响人类自身安全和内心安宁的"阴霾"。

目前，科学技术日益成为深刻影响人类生活、增进经济繁荣、社会进步和个人自由发展的关键因素。同时，所伴随的种种科技异化现象说明人类必须正视科技是一把双刃剑的本质，要求我们必须清楚和规范科学技术的伦理禁区、人类在从事科学技术活动中应遵守的道德底线，以及如何控制和评价科技实践和科学后果。诸如此类的问题，应当通过顶层设计，从国家层面立法，规范许多科技成果的适用范围。

科技越是发展，经济就越发达，人类的能力就越强大，贪婪的欲望就越膨胀、越强烈，即使产品过剩也难以满足这种欲望。科技发展的结果是财富越来越集中在少数人手里，例如，据彭博新闻社报道，2020年，美国经济发生重大变革，最富裕的50个人身家接近2万亿美元，收入最高的1%的富人净资产总额达34.2万亿美元，而最贫困的50%（约有1.65亿人）人口仅拥有2.08万亿美元，占全美家庭财富总额的1.9%。

这种科学危机不仅在科学层面，而且会延伸到意识形态领域，大国为竞争而不惜牺牲科学，使原本科学的问题政治化、集团化、标签化、无良化，影响科学的正常发展和进程，有可能成为人类科学危机的新起点。同时，为了巩固霸权地位，美国等西方政客和科学家中的既得利益群体，以及一些不良学者，为了达到自身目的而无视规则，暗中开展有害于全人类的危险性实验，这些都有可能成为影响人类文明进程的"地雷"。

6.3.4 科技进步与和谐发展

科技进步增强了人类认识世界和改造世界的能力，带来了社会财富积累、文明程度的提高；同时，带来了生态破坏、污染加剧、瘟疫流行、全球变暖、荒漠化扩大，社会贫富分化、族群割裂，甚至以军事威胁、政治欺凌、科技霸凌、无视规则等很多负面影响，以至于影响人类对未来科技发展方向和科研理念的选择。

1. 科技、人与自然

科技成果的大规模应用是人类自然理性精神的升华和结晶，将人类从"必然王国"中解放出来，从而进入"自由王国"。科技使人类从普通的动物中独立出来，成为地球的统治者。但野蛮、持续的破坏性发展也使人类遭到自然界无情的打击，如大规模的溃坝、滑坡、泥石流，持续的全球变暖、酸雨、荒漠化、极端气候等。

因此，正视科技发展带来的种种负面影响，本着天人合一、和谐相处的共生理念，以可持续科学发展、绿色发展为引领，通过顶层设计，依靠广大群众的积极支持和企业的参与，利用新科技的巨大力量，逐步弥补、修复和完善原有的生态结构。通过可再生清洁能源、核聚变能等科技手段，尽快实现碳达峰、碳中和，减少温室气体排放和传统能源消耗，遵循自然规律，利用和顺应自然，严格按照自然法则行事，使人类的科技发展真正走向和谐共生、美美与共的自然发展阶段。

2. 发展科技引领未来

人类文明进程说明科技点燃了人类心灵中的光明之火，扫除了蒙昧和黑暗的阴霾，支撑地球文明不断发展。科技使地球变成地球村，全人类的联系越来越密切，命运休戚相关，并随着地球生态的变化，经历着相似的极端天气和生存危机。解决危机的最好办法就是全球鼎力协同，利用现代科技的强大力量，推动绿色发展，强化人类命运共同体意识，创造可持续发展的未来。

要严格遵循自然法则，趋利避害，尽可能减少对自然的索取和破坏；发展绿色、节能技术，降低自然资源的开发速度和数量；根据资源有限的事实，长远规划，可持续发展；建立人类命运共同体，通过顶层设计，科学规划，稳步实施，减少温室气体排放，抑制全球变暖，使自然与生态和谐。各国唯有从"各美其美，美人之美，美美与共，天下大同"的理念出发，才能够与自然和谐相处，重视生态环境，以科技发展带动坚持"绿水青山就是金山银山"的自然发展理念。

教育是科技发展的基石，人才是科技发展的动力。充分利用大学培养大批科学技术人才是国家快速崛起、民族富强和未来发展的希望。

6.3.5 大学科技教育与思维创新

中国改革开放和科教兴国战略的成功实施使中国从"站起来"到"富起来"，进而实现"强起来"。在科技成为第一生产力、世界科技创新提速、竞争日益加剧、贫富差距不断扩大、经济融合逐步加深的今天，机遇和挑战并存。特别是在高科技领域，敌对势力进行政治抹黑、舆论攻击、企业制裁、经济封锁、周围搅局，试图扼杀中国良好的发展势头，面对危机四伏的新形势，唯有继续坚持改革开放、科教兴国战略，通过"一带一路"倡议、亚投行建设，构建人类命运共同体，才能够无往而不胜。大学教育成为我国未来三十年实现伟大复兴的关键。

1. 批判精神与全球视野

大学教育要遵循科学规律，秉持理性精神。科学精神的实质是理性，是更高层面的一种文明的状态，从理性上升到科学精神需要经历一个相当长的磨砺过程，但科学不等于理性本身。厦门大学邹振东教授在2016年厦门大学毕业典礼上谈大学教育的观点如下，值得我们借鉴。

大学最重要的是一种精神，一种永远的批判精神。不迷信，不盲从，不崇拜任何东西。永远对现状不满足，永远想改造世界，也永远拥抱世界上的美好。因为大学培养的是二三十年后，国家和人类的领导者和创造者，当你和大学保持这样的脐带关系，你到50岁后，还会激荡青春的豪情；就是到80岁，还有一个不老的灵魂。大学真正改变你的东西，就是你可以带走的东西。大学毕业十年后，如果还能记住大学老师的十句话，大学对这个学生的教育就是成功的。

最好的老师有三种：第一种是递锤子的人，你想要钉钉子，你的老师递给你一把锤子——好老师；第二种是变手指的人，你的人生需要好多黄金，老师让你的手指头变得可以点铁成金——更好的老师；第三种是帮你开窗子的人，你以为看到了风景的全部，老师帮你打开一扇窗，你豁然开朗，原来还有另外一个更奇妙的世界——最好的老师。成功的教育是帮学生打开一扇窗。老师在自己的窗里，在学生的窗外。开窗的关键是要使学生看到新的风景，使他们惊喜地发现原来还有那么多未知的风景。离开大学，最重要的是记得开窗子。你未来可能很穷，家徒四壁；也可能很成功，墙上挂满了奖状。无论如何，你都要提醒自己,你看到的不过是四堵墙,它们并不是你生活的全部,如果你勇于并善于在墙上开窗,你就会看到一个又一个新世界。

大学最值得带走的不是知识,而是姿势——45°角仰望星空。在大学,100个人中,99个人都是抬头看天空的人,难得有一个人低头看向地,这个人是出类拔萃的人。一旦毕业出了校门,99个人都是低头看地,原因一方面是竞争非常激烈,另一方面是诱惑特别多,两个巴掌打下来,不用教你,你自然会懂得面对现实。难得有一个人抬头看天空,他不是疯子,而是出类拔萃的人。

培养大批具有服务社会的情怀,宽阔的心胸,不畏艰难,勇于担当的雄心壮志,顾全大局且具有全球视野的青年一代,造就为中华民族伟大复兴,实现中国梦准备充足的人才队伍。眼观世界风云,把握全局,以世界为舞台,彰显中华文明的深厚底蕴和发展潜力。

2. 大学教育核心价值

哈佛大学第29任校长巴科在就职演讲中提出高等教育的三大核心价值——真理、卓越与机遇。追逐真理需要勇气,教育学生在各类新闻与观点面前成为有辨识能力的人,将他们塑造成真理的来源与智慧的化身,这是教师的责任所在。身为教师,必须向学生提供各种崭新的思想观点,拓展他们的思维方式,帮助他们学会欣赏,并领会唯有倾听才能有所收获的道理,特别是倾听与他们观点相悖的声音。

卓越是指朝气蓬勃与非凡的想象力,勇于探索、持之以恒的追求。这种卓越是唯有通过不懈地追求和磨砺,才能获得巨大的成就。哈佛大学从世界各地的优秀人才中选拔人才,就是要让校园光彩夺目,让他们在校内外追求与众不同。教师不仅要传播知识,而且要拓展学生的人性,教他们如何欣赏艺术、社会与自然之美,帮助他们去发现并思考人生值得认真度过的原因。

高校必须成为机遇的代名词,并帮助学生去寻找机遇。从历史上看,高等教育为最有雄心壮志者提供了发展机遇,使他们在社会中有所作为。保障高等教育能够持续发挥这样的功用,每位老师都必须牢记为社会主义服务的集体责任,并要教育一代又一代学生用不同的方式回报社会。大学教育实际上是使学生们认识更为广阔的天地,发现自己的潜能,探索改变世界的绝好机遇。大学生毕业后都应该成为积极参与、开拓进取与付诸行动的优秀公民。

3. 大学的职业精神教育

大学教育不仅要传授知识,而且更重要的是教会学生勇于担当和承担社会责任,培养他们爱岗敬业的品格和顽强执着的精神。没有绝对好的不干活、多拿钱的高薪职业,也没有绝对不好的只干活、不挣钱的低薪职业,好与坏其实是我们内心追求的满足程度,而人类的贪欲和追求更高层次的意识使我们永不满足。

作家格拉德威尔曾指出一万小时定律。人们眼中的天才之所以卓越非凡,并非天资超人一等,而是付出了持续不断的努力。

因此,要干一行、学一行、爱一行。唯有热爱,才能燃起兴趣之火、创新之火、热情之火、奋进之火,才能到达理性的彼岸。在科技迅猛发展、知识爆炸的时代,只有坚持终身学习,才能避免碌碌无为、虚度年华,正所谓"莫等闲,白了少年头,空悲切"。因此,我们要提倡三种职业精神——猎狗精神、疯狗精神、癞皮狗精神。猎狗精神：思想敏锐，审时度势，思想、观念跟上时代发展的脉搏，适度超前；疯狗精神：不怕苦和累，对自己的事业和奋斗目标一往无前地追求；癞皮狗精神：不怕挫折，不怕失败，执着追求，不达目的誓不罢休，崇尚世界上只有想不到的事，没有办不到的事。

延伸阅读

1970年，苏联地质学家在科拉半岛邻近挪威国界的地区开始一项科学钻探，其中最深的一个钻孔SG-3在1989年达到12263m，以垂深计算，科拉超深钻孔仍是到达地球最深处的人造物，如图6.1所示。然而，其井深记录在2008年和2011年分别被在卡塔尔的阿肖辛油井（12289m）和在俄罗斯库页岛的Odoptu OP-11油井（12345m）打破。目前，陆地上最深的钻井于2020年5月21日在俄罗斯Sakhalin完成，总进尺14600m，创造了世界钻井新纪录。

图6.1　科拉超深钻孔

2020年11月24日凌晨，中国"嫦娥五号"探测器（图6.2）成功进入预定轨道，开始它23天的探测之旅。2020年12月1日23时11分，嫦娥五号探测器成功着陆在月球正面西经51.8度、北纬43.1度附近的预选着陆区，并传回着陆影像图。嫦娥五号返回器2020年12月17日安全返回地球，在内蒙古四子王旗预定区域成功着陆，从月球上带回了1731g月球土壤样本。

2015年7月14日，"新视野号"探测器成为首个飞越冥王星的航天器，在短暂的飞行过程中，它对冥王星及其卫星进行了详细的测量和观察，冥王星表面如图6.3所示。

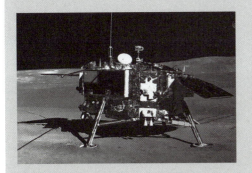

图6.2　中国"嫦娥五号"探测器

图6.3　冥王星表面

柯伊伯带是位于太阳系的海王星轨道（距离太阳约30天文单位）外，黄道面附近天体密集的中空圆盘状区域（如图6.4所示）。柯伊伯带的假说最初是由爱尔兰裔天文学家艾吉沃斯提出的，之后由杰拉德·柯伊伯完善了该观点。

1977年9月5日发射的"旅行者1号"探测器，到2023年1月1日飞行距离约237亿千米，如图6.5所示。

烽火是古代边防军事通信的重要手段，烽火燃起表示边境战事出现。古代在边境建造许多烽火台，台上放置干柴，遇有敌情时点燃以报警，通过烽火台间的烽火迅速传达战事信息，如图6.6所示。著名的典故有导致周朝最终衰败的周幽王烽火戏诸侯。烽火传信常与狼烟四起联系在一起，狼烟是指古代边防报警时烧狼粪腾起的烟，所谓"狼粪烟直上，烽火用之"。据王子年著《拾遗记》记载，3000年前昏暴的纣王想要吞并邻近诸侯国，命宠臣飞廉到邻国去搞颠覆活动，并在当地点燃烽燧向纣王传信。

量子通信技术是指利用量子效应加密并进行信息传输的一种通信方式。量子通信技术主要涉及量子密码通信、量子远程传态和量子密集编码等，已逐步从理论走向实验，并向实用化方向发展。基于量子力学的基本原理，量子通信技术具有高效率和绝对安全等特点，并因此成为国际上量子物理和信息科学的研究热点。

图6.4 柯伊伯带　　　　图6.5 旅行者1号探测器　　　　图6.6 烽火传信

思 考 题

（1）试论科学与技术的差异与联系。
（2）简述人类创造力的源泉。
（3）思维科学的终极目标是什么？
（4）如何理解"世界上只有想不到的事，没有办不到的事"？
（5）如何认识科技是一把双刃剑的本质？如何避免科学的异化并减少其负面作用？
（6）大学教育是否成功的衡量标准有哪些？

第7章 创新源泉与核心动力

本章教学要点

知识要点	掌握程度	相关知识
科技对经济发展的作用	认识科技发展的动力及科技对人类生存状态的影响； 掌握科技创新的作用； 熟悉东西方科技发展的差异	科技对生活的影响； 中国创新型国家发展之路
科技地位核心化	掌握创新成果与市场地位； 掌握企业科技创新； 熟悉科技创新核心化案例； 了解制裁与反思	员工的科技素养； 创新投入与创新产出； 中国高技术产业的发展
科技创新加速化	了解科技创新加速化的动力； 了解创新效率提升； 了解科技创新加速化案例	创新指数； 发明专利申请量与发明专利授权量
科技形态信息化	熟悉信息化的特征及核心； 了解信息化提质增效； 了解科技信息化的未来； 了解科技形态信息化案例	物联网技术； 智能网技术
科技成果产业化	了解科技成果转化； 熟悉科技成果的产业化应用； 了解科技成果程化与经济增长； 了解科技成果产业化案例	科技成果转化率； 广义科技成果转化与狭义科技成果转化
科技创新协调发展	认识创新是企业发展的动力； 掌握促进科学发展的条件及支撑科技创新的条件	科技工作者完成自我价值的心理需求； 创新者的基本素质

导入案例

西方大国以中兴通讯违法违规为由，尝试对其断供，结果使其陷入生死绝境，生产和销售停滞，中兴通讯最终不得不低头认罚，屈辱地接受诸多不平等条款，以换取禁售令解

除。由此，西方大国认为中国的许多高科技企业实则是没有掌握太多核心技术的高科技产品的组装和销售公司，是不堪一击的"科技巨婴"。他们正是抓住中国缺乏高端芯片及关键零部件制造核心技术等短板，对中兴通讯、华为等中国科技企业进行制裁或限售，以扼杀中国高科技产业的发展和中国崛起的势头。

课程育人

党的二十大报告提出，推进文化自信自强，铸就社会主义文化新辉煌。习近平总书记多次强调，要在更为宽广的全球视野和历史纵深中，准确把握科技创新的重要性。科技教育工作者应不忘初心，牢记使命，锐意进取，埋头苦干，为党育人、为国育才，使新一代大学生在为祖国、为民族、为人民、为人类的不懈奋斗中，绽放绚丽的青春之花。通过科技创新，践行绿色发展理念，为实现碳达峰、碳中和发展目标，共建清洁美丽的世界增添力量，为经济转型、产业升级和高质量绿色发展赢得战略机遇提供保障。坚持道路自信、理论自信、制度自信、文化自信，是国人从富起来，到从精神上站起来，进而真正强起来的内生动力，是我们党领导中国人民实现中华民族伟大复兴中国梦的重要支撑。

7.1 科技对经济发展的作用

7.1.1 科技发展的动力

科技已成为人类社会发展的核心动力。重大科学发现和新技术领域的重大突破推动社会生产进入更高层次的发展阶段，加速现代经济发展的进程，改变人们的生活习惯。科学技术是第一生产力。例如，20世纪60—90年代，以晶体管技术突破为代表的电子技术的大规模应用，在短时间内重塑了日本、韩国的工业，特别是以农业和轻工业为主导的韩国创造了人类经济发展史上的奇迹。他们利用发达国家向发展中国家转移劳动密集型产业的机会，吸引外国大量的资金和技术，利用本地廉价而良好的劳动力优势，适时调整经济发展策略而迅速发展，其成功的经济发展经验值得学习和借鉴。

1. 解放生产力的迫切需求

发展科技是解放人类自身的客观要求。例如，切斯特·卡尔森原本是一位专利律师，他的工作需要大量复印文件和公函，人工抄写、打字容易出错，需要的文件份数多时还会影响效率，因此他萌生了发明复印机的想法。他在纽约长岛阿斯托里亚区租了一间小房做实验，通过努力，终于成功制造出第一台复印机，并复印出第一张图片。而后经过22年的持续改进和完善，终于在1959年推出第一台办公专用自动复印机，极大提高了办公室文秘人员的工作效率和准确率。

2. 巩固国家地位和安全需求

美国为维护自身的全球霸权，不惜绕开联合国安理会，以伊拉克藏有大规模杀伤性武器并暗中支持恐怖分子为由，单方面入侵伊拉克。实质上，美国是借反恐之名，铲除萨达姆政权，维护美国和美元的霸权地位。伊拉克战争再次诠释了科技是现代军队发展和军事实力的重要支柱，也是维持霸权的重要工具。

冷战结束后，国际力量对比严重失衡，美国在军事、科技和经济等诸多领域拥有绝对优势，成为世界上唯一的超级大国。为了以维护美国霸权为总目标的国家安全战略，美国制定了维护美国及盟国的绝对安全、扩展美国经济和美元霸权、在全世界推进美式民主三大具体目标。

3. 解决人类面临的潜在问题

发展科技就是发展经济，提高与改善人们物质生活水平，解放人类自身的客观要求；是适应国际科学技术进步、经济发展和技术竞争的现实要求，特别是具有自主知识产权的核心技术对经济发展和社会进步具有支撑作用；是维护国家强大、领土安全与社会稳定的迫切要求；是人类探索未知现象和认识自然规律的必然选择；也是解决人类生存与发展所面临的各种潜在问题的可行性预案。

利用科技解决人类时常面临的生态环境退化、食物短缺、能源危机、疫情肆虐等问题时，人类表现出笃定与自信。人类必须以科技为支撑，做好准备应对未来更严重的全球性危机。

7.1.2 科技对人类生存状态的影响

科技发展促进了社会生产力的迅速提升，提高了人们的物质生活和精神文化生活水平，极大地开阔了人类的视野和对物质世界的认识水平。

1. 科技对生活的影响

科技是推动社会生产快速发展的引擎。现代科技的发展改变了传统的生产方式，大幅提高了全社会的工作效率。

（1）产业的自动化和智能化能够大幅降低原材料消耗、能源消耗和污染物的排放量，节省人力、物力和生产成本，提高产品的质量，而且极大地提高了劳动生产效率，为人类丰足衣食、舒适住行提供了坚实的物质基础。

（2）高速交通使地球"变小"，现代通信加强了人们之间的沟通交流，提高了办事效率。现代科技产品已逐渐应用到社会生活的方方面面，成为人们日常生活和工作不可缺少的组成部分。通过计算机、手机、网络和各种平台等现代科技手段，人们可以不受地域和时间限制，完成很多以前无法完成的工作，节约了人力成本和时间成本，提高了全社会的工作效率。

（3）科技在提高人们物质生活质量的同时，以前所未有的方式传播科学真理，开阔人们的眼界，拓展人们的精神追求。计算机和手机的使用使远程教育成为现实，即使在家也能够通过网络进行线上工作和学习。多媒体教学的直观性、形象化和丰富多彩的画面有利于吸引同学们的注意力，提高教学效果；通过网络，人们能够根据需求和爱好选择感兴趣的知识学习，并随时了解国家，乃至全球不同角落里的突发事件，以及政治、经济和科学发展的新闻。

（4）借助现代科学仪器、先进装备和技术手段，人们可以从宏观和微观上更精确地认识自然界，进一步扩大人类的认识视野，把握自然界的客观规律。科技正在全方位影响人类的生存和发展，在极大满足了人们的物质、文化甚至精神追求，改变人们的生活观念、生活方式、生活习惯,甚至理念和思维方式的同时,极大地推动了人类社会物质文明和精神文明的发展。但是,科技也带来了潜在威胁。

2. 科技发展对环境和国际关系的影响

科技发展催生人类欲望的急速膨胀,人类在享受科技带来的众多便利的同时,其负面影响越来越强烈。

(1) 人类对自然资源索取的力度不断加大,对生态系统的影响已经达到了前所未有的程度。例如,对自然资源的掠夺、无节制的工业生产和大规模的废弃物、污染物排放,造成全球范围的生态破坏、环境恶化、气候异常、灾害频发,已经威胁到部分岛国的生存和发展,可能造成全球第六次生物大灭绝。

(2) 人类在生产、生活过程中所排放的各种废弃物越来越多,以过度包装为代表的无谓浪费、请客吃饭中过度点餐造成的大量食物浪费等,无不与科技发展水平、人民富裕程度成正相关关系。

(3) 更为可怕的是,科技成为超级大国政治和经济霸权的基石,发达国家不断利用先进技术和手段,强取豪夺,倚强凌弱,不断收割世界的资产。

(4) 集信息、智能、隐身、超高速等特征的现代武器系统将核战争密布全球,时刻威胁着全人类的和平与安全。

因此,科技发展既促进人类文明进步与发展,又可能毁灭人类,阻遏人类发展。

3. 科技助力可持续发展

人类因无助而发展科技,也因科技的发展和滥用而变得更加无助。

在循环经济、绿色、可持续发展理念的指导下,利用现代科技和手段提高企业的智能化水平,实现产业升级,降低原材料消耗、能源消耗和各种污染物的排放量,实现源头减量、循环利用的目标。利用各类监控设施,结合大数据、虚拟现实技术对污染排放进行全时区有效监测和预警,促进企业增加环境污染治理设备、技术和人员的投入,通过有效处理和处置,实现达标排放,减少污染物的危害。同时,利用科技解决废物的资源化再利用问题,实现无废城市建设和工业生产,减少对资源开发的依赖,使科技助力绿水青山建设和生态恢复。

7.1.3 科技创新的作用

科技创新是指人类通过科学研究,发现新知识、新事物、新规律,或利用科学规律实现技术发明,形成新技术、新装备、新工艺、新方法等,从而有效提高社会生产力。

1. 科技创新对经济发展的贡献

20 世纪以来,科技创新在国内生产总值(GDP)增长中的贡献率逐年提高。例如,20 世纪初,全球发达国家科技创新对 GDP 增长的贡献率仅为 5%~10%,到 20 世纪五六十年代上升到 50%,现在已达到 60%~80%。

据测算,我国用近 50 亿吨的自然资源创造了 1.6 万亿美元的 GDP,科技创新对 GDP 的贡献率约为 20%;而日本仅用 20 亿吨自然资源创造出 5 万亿美元的 GDP,科技创新对

GDP 的贡献率超过 60%；不到 50 年的时间里，韩国人均 GDP 由 87 美元跃升至 1.4 万美元，靠的就是科技进步和科技创新。

2. 科技创新助力中国崛起

改革开放促进了中国的科技创新，特别是 2006 年 1 月全国科学技术大会上提出未来 15 年建成创新型国家，走中国特色自主创新道路，中国的科技创新对 GDP 增长的贡献率 2009 年提高到 39%；而同期，科技发达国家（如美国、德国）的科技创新对 GDP 增长的贡献率高达 70% 以上。

近年来，随着信息技术的发展，数字经济风靡全球。2019 年，我国的数字经济增加值达 35.8 万亿元，占我国 GDP 的 36.2%，对 GDP 增长的贡献率达 67.7%。随着数字经济结构的持续优化，产业数字化增加值占整个数字经济的 80.2%。正是以数字经济为代表的高科技的支撑，面对近年来前所未有的全球新冠肺炎疫情蔓延的局面，中国政府采取科学引导、精准管控和动态清零的策略，极大地减少了中国人的患病率和死亡率，维持了国家经济和社会发展。

通过精准扶贫，我国实现了 2020 年贫困县全部"摘帽"的奋斗目标。科技投入已达到 GDP 的 2.5%，科技创新对经济增长的贡献率达到 60%。

3. 中国创新型国家发展之路

改革开放 40 多年以来，我国经济高速发展，民生得到极大改善，人均 GDP 从 2000 年的 959 美元增长到 2020 年的 1 万美元以上，提高了约 9.5 倍；同期的美国人均 GDP 从 3.64 万美元提高了约 80%。但美国人均 GDP 是 6.5 万美元，约是我国人均 GDP 的 6.5 倍，说明我国与西方发达的创新型国家相比仍有很大差距。因此，我们应做到以下几点。

(1) 依靠科技、知识、人力、文化和体制等创新要素，加大科技投入，注重源头创新，特别是高技术领域中的自主创新和源头创新。

(2) 利用高端制造业的辐射引领作用，推动经济增长方式从要素驱动型向创新驱动型转变，使科技创新成为经济、社会发展的内生动力。

(3) 逐步形成以国内大循环为主体、国内国际双循环相互促进的新发展格局。面对严峻的国内外政治、经济形势，特别是在敌对的打压、围堵、遏制中国发展的背景下，充分准备应对各种可以预见和难以预见的"狂风暴雨"，坚持正义和真理，不畏强权，敢于斗争，依靠中国人的勤劳、智慧和科技创新，增强我们的生存力、竞争力、发展力和持续力，逐步实现从中国制造到中国创造的奋斗目标，增强国际竞争力。

7.1.4 东西方科技发展的差异

东方科技是在接受和继承西方科技和管理经验的基础上逐步发展而来的；西方科技是在文艺复兴运动思潮的影响下，历经消除愚昧和思想解放运动，在不断地开放和交流中发展起来的。

1. 掠夺是西方科技创新的动力

西方发达国家多为创新型国家，从他们经济发展的共同特征中可以看出，科技创新对

GDP增长的贡献率超过70%,科研投入占比超过2%,对外技术依存度指标低于30%。此外,这些国家所拥有的专利,特别是由美国、欧洲和日本授权的专利,三方专利的数量在世界专利数中的占比较高,形成了繁杂的技术壁垒。

发达国家利用强大的科技实力在全球范围内强行推行科技霸权政策,采用双重标准打压竞争对手,制裁、限制对手的发展。例如,西方大国在与中国的谈判中,甚至公然要求中国取消国家高科技发展计划、中国制造2025和"工业4.0"计划,其目的是使中国重新回到以出卖资源和廉价劳动力的过去。

2. 科技创新推动发展

与西方发达国家的霸权、霸凌、掠夺、双标及狭隘自私相比,中国的科技发展长期坚持互利、共享理念。即使在中国还很贫穷落后的20世纪六七十年代,中国人民就热情好施,无条件援助很多有困难的国家。

在我们的经济取得高速发展、科技应用取得一定进步时,我们欢迎世界各国搭乘中国经济发展的高速列车。习近平总书记提出"一带一路"倡议,构建人类命运共同体理念。中国方案的提出为全球发展和国际治理指明前进方向,就是要全人类共同富裕,美美与共,世界大同。同时,中国政府提出,到2030年实现碳达峰,二氧化碳排放量达到峰值后不再增长;提出到2060年,通过采取植树、节能减排等各种措施,全部抵消所排放的二氧化碳,达到碳中和目标。通过科技创新,利用中国人民的勤劳和智慧,贯彻新发展理念,构建新发展格局,推动社会、经济高质量发展。

3. 科技创新造福人类

科技创新的推广和成果应用对于社会和经济发展具有决定性和统治性的作用。源头创新所形成的革命性科技发明及其推广应用能够对自然和人类活动施加一定的影响,并在一定程度上影响生产效率和经济效益。例如,计算机、手机和互联网的发明和大规模应用大幅推进了产业的技术升级,颠覆了设备的自动化、智能化、网络化,改变了传统生产模式,成为国家科技发展水平、国际竞争力的综合体现。例如,芯片被称为"皇冠明珠",而芯片的设计与制造技术成为中国反击美国等西方国家压制我国发展的有力武器。

因此,科技进步和创新是增强综合国力的决定性因素,是推动经济持续、快速、健康发展的强大动力。从科技与经济、科技对社会发展影响的视角来看,人们把现代科技发展的主要趋势概括为:科技地位核心化、科技创新加速化、科技形态信息化、科技成果产业化。

7.2 科技地位核心化

7.2.1 创新成果与市场地位

随着科技日益渗透到经济和社会发展的各个领域,并且在经济和社会发展中的地位和作用不断强化,科技已经成为经济和社会发展的强大动力。

科技进步对经济增长的贡献率与日俱增，使科技研究及其成果应用正成为经济和社会发展所依赖的首要资源；科技成果的资源化是科技作为第一生产力的必然结果，创新对科技和经济发展的效用已产生决定性影响。

科技成果是一种知识形态的资源。与物质资源相比，知识资源不具有价值的恒常性，其价值并不取决于生产这种知识产品的劳动投入量或劳动强度，而只取决于这种劳动的创新程度，以及社会认可或接受程度。

人们熟知的大宗商品（如粮、油、瓜果等农产品），服装鞋帽，各种百货，工业原材料，金、银等贵金属，在一定时期内，其价格虽有波动，但总体相对稳定；而知识型科技产品的价格会迅速贬值。例如，20世纪八九十年代，人们的收入水平很低，但台式计算机、"大哥大"的价格很高，达万元以上，成为少数富人的标签。40年过去了，中国人的收入水平提高了60倍以上，而功能大幅增加、性能提高万倍的笔记本计算机价格却下降为原来的十分之一，这说明科技产品在不断贬值。

科技创新，尤其是前沿领域核心技术的自主创新，是科技真正成为第一生产力的必要前提和关键。例如，早期的TCL、中兴通讯等高科技公司，由于其缺少自主掌控的核心技术，在国际竞争力中始终处于劣势，就没有话语权。只有加大投入、不断创新，才能始终引领科技发展的潮流，就像我国的高铁、5G、核电机组"华龙一号"、深海钻井平台、直流特高压输电等均处于国际第一梯队。中国华为技术有限公司、台湾积体电路制造股份有限公司、韩国三星集团、日本丰田汽车公司、美国微软、苹果集团、IBM、谷歌、亚马逊、特斯拉等企业，堪称高科技产业的楷模。其不仅具有行业领先的科技产品，还拥有一批掌握行业话语权、形成技术壁垒的核心技术专利。不具有创新性技术和自主掌控权的成果，不可能成为真正的资源。

7.2.2　企业科技创新

1. 员工的科技素养

员工是企业科技创新的第一要素。技术创新是团队创新，参与者是全体员工。

（1）企业经营者。企业经营者必须是富有创新精神、眼光独到、洞察力敏锐、勇于担当和实干的企业家，能正确引导企业开展有效的技术创新活动。

（2）工程技术人员。工程技术人员是创新技术的主要发现者，是新技术知识在企业内部扩散的传播者。他们的眼界、创造性思想和知识更新水平决定着企业的技术创新水平。因此，中华人民共和国成立后，面对钱学森等一批留美知识分子的归国请求，美国政府以各种理由推脱。海军次长丹金布尔曾说：无论在哪里，钱学森都值5个海军陆战师，宁可把他击毙在美国，也不能让他回到中国。类似的伟大科学家，如郭永怀、邓稼先、钱三强、钱伟长、于敏、李四光、周光召、彭桓武等，极大地推动了我国20世纪60年代以来的技术创新水平。

（3）生产技术工人。生产技术工人的技术素质对于创新的实施、新生产体系的完善和有效运行起着重要的保证作用。尤其是那些具有大国工匠精神的优秀技术工人，他们是创新顺利实现的有力保证。例如，被誉为"大国工匠"的洪家光，擅长打磨发动机，当时他一天的工资能买一辆汽车。他从技校毕业后被分配到中国航空工业集团有限公司当技术工人，在勤学苦练中向劳模看齐，拜师学艺，刻苦磨炼，克服重重困难和挫折，奋发图强，经过长时间努力，攻克300多个发动机叶片加工技术的难关，完成了一百多项技术改革创新，成为我国最年轻的"大国工匠"。

2. 创新投入

创新投入不仅包括研发过程中的资金投入，还包括高水平专业人才的引进，对有发展潜力员工的专业技能培训及人文关怀，对先进技术及设备的引进与更新，与行业龙头企业、科研院所、高等院校的有效合作，专业实验室的建设，以及质量控制体系的建设和有效运行，等等。

3. 创新产出

技术创新成果的转化、产出、形成产品及商品的能力是对科技创新最终效果的评价依据。实验室形成的科技成果，需要进行扩大实验，如小试、中试后获得相关参数，进行专业设计和生产线建设，设备调试，试生产阶段，形成产能阶段；同时包括市场开发阶段及后续的开拓阶段。

最终形成科技成果的发明专利、新型专利或软件著作权，国家、行业或企业的技术标准，有影响力的相关研究论文，具有领先水平的科技成果与科技发明奖、进步奖，具有一定技术水平和影响力的省级以上重点实验室或研发中心建设，等等，都将提升企业的核心价值、竞争力和信誉度。关键产业核心技术的突破已成为国家、企业稳步发展最重要的战略任务。

7.2.3 科技创新核心化案例

1. 稀土分离提纯核心技术改变世界格局

（1）稀土。

稀土是指在元素周期表中的钪、钇和镧系元素，共十七种金属元素的总称。其中，轻稀土元素包括镧、铈、镨、钕、钷、钐、铕、钆；重稀土元素包括铽、镝、钬、铒、铥、镱、镥、钪、钇。目前，在自然界中已发现的含有稀土元素的矿物有约250种。因为稀土元素在矿床中共生，具有相似的化学性质，所以难以通过常规的选矿、冶金方法分离，更难以提纯。

（2）稀土的作用。

将少量稀土元素加入不同类型的合金中就能有效改善合金的磁学、光学、电学等特性。稀土是一种优质的功能材料，是新兴高科技领域中的重要战略性矿产资源，是发展高精尖武器必不可少的原材料，在国防军工、航空航天、新能源、新材料、电子信息领域中的应用越来越广泛，被誉为"工业维生素"。

（3）分离提纯技术的突破。

1972年，"中国稀土之父"徐光宪在大量的对比萃取剂和反复实验的基础上，克服了美国化学家鲍尔提出的"推拉体系"的局限，创新出一套稀土分离的串级萃取理论，设计出一种回流串级萃取新工艺，该技术不仅能够将稀土元素中彼此最难分离的镨、钕成功分离，而且能够将分离后的单一稀土的纯度提高到99.99%以上，使中国在稀土的分离提取和提纯技术方面达到国际领先水平。中国已拥有完整的稀土产业链，包括上游稀土资源开采，中游稀土材料制备，下游稀土材料应用。

（4）核心技术支撑提升反制底气。

从2001年开始，中国稀土的产量占全球稀土总产量的80%以上。中国是世界稀土的第一大储备国与出口国，2020年中国稀土供应在全球占比达到近90%。2023年12月，我国商务部、科技部根据《中华人民共和国对外贸易法》和《中华人民共和国技术进出口管理条例》，公布《中国禁止出口限制出口技术目录》。其中，最值得关注的一项禁止出口技术是稀土的提炼、加工、利用技术，具体包括稀土萃取分离工艺技术、稀土金属及合金材料的生产技术、钐钴、钕铁硼、铈磁体制备技术、稀土硼酸氧钙制备技术。据此，英国《金融时报》认为，中国禁止出口稀土加工技术，是对美国主导的限制中国半导体产业发展作出反击。

正是核心技术的突破，使中国实现了从稀土资源开发大国，到生产大国、技术强国的飞跃，改变了中国在国际稀土分离科技、产业发展和市场竞争中的地位，使中国在全球稀土加工产业和国际贸易中牢牢地掌握了绝对的话语权。

2. 杂交水稻造福世界

杂种优势是生物界普遍现象，利用杂种优势提高农作物产量和品质是现代农业科学的主要成就之一，如袁隆平先生培养的杂交水稻。杂交水稻是选用两个在遗传上有一定差异，性状优良又能互补的水稻品种进行杂交，使其具有杂种优势。

早在1973年，袁隆平先生率领科研团队开启了杂交水稻王国的大门，在数年的时间内就解决了十多亿人的吃饭问题，有力回答了"谁来养活中国"的疑问。正如美国著名农业经济学家帕尔伯格所言：袁隆平把西方国家远远甩到了后面，为中国争取到了宝贵的时间，并将引导中国和世界过上不再饥饿的美好生活。杂交水稻不仅造福了中国，还为非洲国家减贫事业作出了不可磨灭的贡献。

2019年10月，被袁隆平看作突破亩产1200kg"天花板"关键的第三代杂交水稻在湖南省衡阳市衡南县清竹村公开测产。2020年，海水稻大田试产成功，亩产超过800kg，并在新疆维吾尔自治区、宁夏回族自治区、黑龙江省、江苏省、山东省等地测评亩产均超千斤。

3. 中国高铁技术引领世界

早在21世纪初，我国政府便意识到高铁对国家发展的重要性，通过各种政策支持高铁技术研发，同时采用"以市场换技术"的方式，从日本川崎重工、法国阿尔斯通、加拿大庞巴迪和德国西门子引进技术，联合设计生产高速动车组。

我国科技人员不满足于获得现有技术，而是博采众长，不断推进技术迭代和升级，以适应我国南北方气候，东西地理及地质条件的巨大差异，实现了"青出于蓝而胜于蓝"。中国高铁技术的发展，使得我国的铁路网络高效环保、安全可靠，形成集世界最高水平车辆、轨道技术于一身，领先世界，成为全球高铁技术的领导者和高铁标准制定者。中国高铁如图7.1所示。

图 7.1　中国高铁

7.2.4　制裁与反思

一个国家是不是强大，能不能强大，关键要看高技术领域，特别是事关国家安全、人民福祉的前沿核心技术的自主掌控水平。

1. 中国高技术产业的发展

中国工业产业门类齐全，被认为是"世界工厂"，在许多产业领域，产能、产量和在全球贸易中的份额占比很高，但多为附加值较低的中低端设备、元器件或大宗原材料等商品。产业主要集中于钢铁、水泥、玻璃、陶瓷等资源消耗量大、附加值低的大宗建材产业，或者服装、鞋帽、橡塑制品、各种日用小商品等低附加值的劳动密集型产业，以大量廉价的人力、物力和财力资源的投入和消耗赚取微薄利润。20 世纪 80 年代末，部分中国企业利用国外的先进技术、元器件和生产线，组装高科技产品，但由于国外技术、设备、产品和服务的限制，产品质量和产能得不到保障，次品多、返修率很高，严重影响中国产品品牌的形象和销量。

但部分有识之士和科技人员凭借其聪明才智，通过以市场换技术等策略，结合技术创新和合作共赢等多种方式，逐步打破了国外垄断并在许多领域快速崛起，使我国成为全球最大的新兴经济体，技术创新水平得到了大幅提高。个别领域甚至与西方齐头并进、参与同台竞争，引起了国外竞争者，特别是敌对势力的忧虑和不满。

2. 中国高科技产业的短板

中国高科技产业发展面临的问题如下。

（1）很多产业领域里的中高端核心技术的掌控水平比较低，还处在跟随性学习、理解技术的摸索阶段。

（2）许多领域还缺少关键核心零部件的生产技术，尤其是在中高端芯片、高性能发动机、机器人、无人机、五轴联动数控机床等高端制造领域，对国外高技术及产品的依存度较高。

（3）虽然我国已经能够独立生产某些产品，但由于其核心的技术专利几乎全部掌控在国外大公司手中，需要许可使用，因此我国每年都需要花费大量的授权使用费。据经济学家成思危估计,第一代模拟手机我们交了约 2500 亿元专利费,第二代 GSM 手机我们交的专利费超过 5000 亿元。

(4) 还有一些产业的部分关键元器件生产所需的原材料不得不依赖国外进口。例如,京东方已经成为全球最大的各类显示屏生产企业之一,但生产所需的关键原材料、核心设备(如蒸镀设备、掩膜等)均来自日本;而高端芯片生产的关键设备(极紫外线光刻机)来自荷兰阿斯麦(ASML)公司,他们能制造世界顶级的光刻机。

中国大陆公司长期缺乏中高端核心芯片的制造技术,而西方发达国家拥有手机、计算机、互联网及通信技术等高科技所需的中高端芯片的设计与制造方面绝大多数的核心专利。他们掐断中高端芯片或关键零部件供应链,想摧毁中国高技术产业,阻遏中国经济快速发展的势头,削弱中国在国际市场的竞争力,这必然对中国经济的发展产生巨大影响。

可见,一个在高科技前沿领域落后、缺乏核心技术支撑的经济大国,即使 GDP 再高,在科技壁垒和军事围剿面前,也可能因科技大国、敌对势力、竞争对手或不友好国家的全力打压、围剿而衰退。由此可见,科技地位核心化是应对经济发展的关键。

科技是使知识资源转变为经济和社会发展动力的重要支柱,是使创新成为市场竞争中最关键和最有力的武器。中国人民认清了核心技术和关键零配件制造技术的短板,必将卧薪尝胆,克服短视行为,耐下心来,敢于投入,提升科研能力和装备水平。

中国的核心技术和创新能力目前虽然还难以与西方强国全面抗衡,但在政府的坚强领导下,坚持科技的核心地位,把科技自立自强作为国家科技发展的战略支撑。加上中国人民的勤劳和智慧,中国企业一定能够突破重重障碍,赢得高科技产业发展的全面突破。例如,2023 年,随着华为海思半导体挺进全球半导体企业十强,中芯国际量产 12nm 芯片的成功,华为麒麟芯片实现完全国产化。

各种媒体要着力传播正能量,以赞颂科技强国者、大国工匠为己任。同时,看清科技实力的差距,克服浮夸自满、好大喜功、目空一切的井底蛙情绪,特别是自欺欺人的过度宣传。监管部门要尽力杜绝、防范那些博眼球、博点击量的标题党,以及假大空和挑拨是非的阴谋论。

7.3 科技创新加速化

7.3.1 科技创新加速化的动力

科技创新加速化是指当代科技创新的速度和产出规模呈现几何量级的增长速度的趋势。科技创新加速化不仅表现在科技创新成果数量的迅速增长、升级和更新,还体现在科技创新对经济发展的贡献率提升和社会融合进程的加速化上,即科技创新成果的加速转化、应用和扩散上。科技创新加速化的动力包括人才培养、科研投入和激励政策。

1. 人才培养

人才是科技创新的主体。科教兴国战略的实施及受过高等教育的人口数量及占比的大幅提升为科技创新的加速提供了人才保证。

在全球主要经济体或经济发达的国家、区域中，受过高等教育的人口数量及占比是衡量人员整体素质和科技创新能力的基本指标。例如，1978年，我国高等教育的毛入学率只有2.7%，随着1999年高校扩招，高等教育的毛入学率不断攀升，2019年达到51.6%，实现了跨越式发展，已经步入普及化阶段。2021年，我国高等教育毛入学率已达57.8%。到2018年年底，我国1982年前出生的人口超过7亿，整体适龄人口高等教育毛入学率不到2%；而1983年后出生的人口不到7亿，整体适龄人口高等教育比例超过30%，并且仍在攀升；2020年已有约50%的中国适龄人口正在接受高等教育。

2007年全国硕士研究生招生人数36.4万，2011年为49.5万，2016年为58.98万，比2007年增长62.0%；2016年硕士研究生在校生规模为163.9万人，比2007年增长68.5%。2007年博士研究生招生和在校生人数分别为58022人和77252人，到2016年分别为222508人和342027人，分别增长283.5%和342.7%。到2019年，全国各大院校博士研究生招生人数在7.5万～8万人。

数据显示，美国成人受教育水平不断提高。目前美国成年人口中，13.1%的人拥有硕士学位、专业硕士学位或博士学位，而2000年为8.6%。2000—2018年，25岁及以上人口获得学士及更高学位的人数占比从25.6%升至35%，其中，亚裔表现尤为突出，2018年，在25～29岁的亚裔美国人中，69.5%拥有学士及更高学位，而2013年只有59%。自2000年以来，美国25岁及以上的美国人口中，最高学位为硕士的人数达到2100万；博士学位持有人数增加了1倍多，达到450万。

可见，全球受高等教育人员的数量及人口占比逐年攀升，为科技创新的加速发展奠定了良好的人才基础。随着战后国际和平环境的持续稳定，加上三次科技革命的不断纵深发展，科学技术研究领域和成果越来越多，为科技创新的加速发展提供了源源不断的动力。

2. 科研经费投入

科技创新和发明创造离不开大量研发经费投入的支撑。研发经费投入的总量在国民经济总产值中的占比正比于科技创新的提升速度。几十年来，在全球范围内研发经费投入在持续增加。例如，2018年，我国基础研发经费投入为1118亿元，是1995年的62倍，而从1996—2018年均增长19.6%。在国家自然科学基金、国家重点基础研究发展（973）计划等的支持下，我国在量子科学、铁基超导、暗物质粒子探测卫星、干细胞等基础研究领域均取得了重大突破。例如，屠呦呦研究员获得诺贝尔生理学或医学奖，王贻芳研究员获得基础物理学突破奖，潘建伟团队的多自由度量子隐形传态研究位列2015年度国际物理学十大突破榜首。

如图7.2所示，2000年我国研发经费投入仅为896亿元，2001年超过1000亿元，2012年超过1万亿元，2019年超过2万亿元，2021年，我国全社会研发经费投入达到2.79万亿元，同比增长14.2%，研发经费投入强度达到2.44%，2000—2021年平均增速达18%。持续快速增长的研发经费投入为我国科研事业发展提供了财力保障。

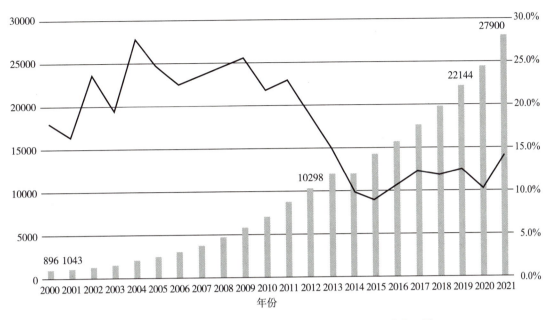

图 7.2　2000—2021 年中国研发经费投入（亿元）及增速（%）

研发是产生新知识和创造新技术的前提，研发经费投入是创新的重要基石。全球研发经费总投入在过去 20 年增加了两倍。2021 年美国的研发经费投入为 6560 亿美元，2022 年达到 7132 亿美元，是欧盟的 1.89 倍。研发经费投入遍布从基础科学研究到应用技术开发的各环节，特别是半导体行业。2022 年美国在半导体行业的研发经费投入为 588 亿美元，是中国大陆在半导体行业的研发经费投入的 2.5 倍。美国芯片销售份额占全球芯片销售份额的 48%，是中国大陆芯片销售份额的 7 倍。2010 年以来，美国联邦政府的公共投入几乎停滞不前，高校和企业在科研方面非常活跃，研发经费投入很高，推动了前沿科技的突破。美国研发经费投入的变化如图 7.3 所示。

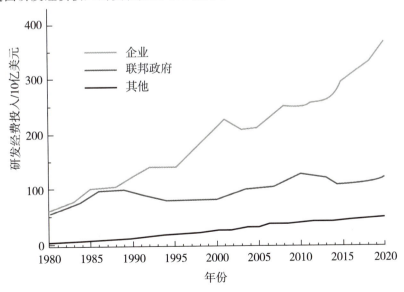

图 7.3　美国研发经费投入的变化

2022年我国研发经费投入强度达到2.55%，研发经费总投入达30870亿元，超过欧盟，是日本的3.39倍。重点研发经费投入方向是国家战略性新兴产业，如人工智能、大数据、新能源汽车等，在科技创新方面展示出强大的发展潜力。

3. 激励政策

建立科技创新评价机制和与之相适应的激励政策有利于科技人员充分发挥创新潜能，提高科技创新的积极性、主动性和创新水平，对于加快创新型国家建设、开发创新成果具有重要推动作用。科技创新绩效成果的量化考评一方面为科技人员的专业素质及其在科技创新工作中的行为表现、成果状态提供考评依据，从而客观公正地评判科技人员的素质、水平和创新成效；另一方面可以结合创新成果的效用，给予合适的认定和适度的精神鼓励及物质奖励。

有效的科技创新评价方法应该具有指导性，符合国家的战略需求。激励政策既要注重精神激励，又要结合一定的物质奖励。考核要素的评价要有可行性，并能够促进科技创新人才的心理需求和未来职业发展。

考核过程中，引导、激励科技人员树立正确的人生观、价值观和世界观；持续的鼓励能促进科技工作者坚定信念、勇于创新、奋力拼搏、爱岗敬业、持之以恒、努力奋斗。爱国主义思想、民族大义的精神鼓励作用有时远大于物质奖励。例如，钱学森、邓稼先、郭永怀、于敏等"两弹一星元勋"们，他们主动放弃国外优厚的物质生活待遇、良好的科研环境，毅然回到百废待兴的祖国。他们隐姓埋名，在收入极低、有时甚至吃不饱饭的艰苦条件下，凭借一腔爱国热情、勤奋和智慧，克服千难万险，最终以最小的投入、最短的时间和最高的水平，完成了原子弹、氢弹、人造卫星的研究任务，极大地提高了我国的国际地位，为我国赢得了和平发展的国际环境和时间。国家给予他们很高的荣誉和褒奖，以及非常有限的物质奖励。

对创新贡献突出者委以重任，依靠他们解决难题；通过精神激励，使其内心满足，同时，一定的物质奖励非常重要；但更重要的是要使创新者通过创新获得持续稳定的、更好的物质生活条件，促使他们全身心地投入科技创新。

7.3.2　创新效率提升

我国在全球创新指数中的得分提高，年度专利的申请数量和授权数量大幅上升，特别是由美国、日本和欧洲国家授权专利的数量上升速度明显加快，全球科技期刊的数量和文献刊载量快速提升，这些均说明科技创新在加速。

1. 创新指数

创新指数是衡量一个国家或地区科技创新水平的综合指标，主要通过创新指数报告进行分析说明。全球创新指数是指在创新能力综合性评价中得到的分数，其评估的项目不仅包括GDP中研发投入比例、专利和商标数量等重要传统指标，还逐年涵盖了多元化指标（如基础设施、商业环境、人力资源等）。这不但扩展了研究范围，还深化了研究内容，为研究世界各国的创新活动提供了新的视角。另外，创新指数报告在采用大量客观定量的硬指标和综合性指标的同时，结合主观定性的软指标等，加强了研究成果的准确性和科学性。其内容主要包括一个国家或地区的科技评估制度和政策、基础设施、商业和市场的成熟度，以及人力技能等。创新指数可以全面衡量一个经济体广泛的经济创新能力，对各国家和地区的创新实践有一定的指导意义。

全球创新指数是欧洲工商管理学院 2007 年首次发布,以后每年发布一次的全球创新指数评估报告。2008—2023 年,中国在全球创新指数总排名的最低名次为 43 名(2009—2010 年),最高名次为 10 名(2023 年),并成为中等收入经济体中唯一进入前 30 名的国家,在多个领域体现出明显的创新实力,在本国人专利数量、本国人工业品外观设计数量、本国人商标数量及高技术出口净额和创意产品出口等项上,中国位居前列。在创新投入和创新产出方面,中国表现突出,创新产出与德国、英国、芬兰、美国相当,但投入水平远低于这些国家。

表 7-1 2008—2023 年中国在全球创新指数总排名中的变化

年份	2008	2009	2010	2011	2012	2013	2014	2015
名次	29	34	43	29	34	35	29	29
年份	2016	2017	2018	2019	2020	2021	2022	2023
名次	25	22	17	14	14	12	11	10

2. 专利增长

1985—2001 年,中国发明专利申请总量仅为 39 万件,国内公司及个人发明专利申请量仅占 48%。2001—2005 年,中国发明专利申请量快速增长,其中 2005 年,中国发明专利申请量、授权量分别为 47.62 万件、21.4 万件,年均增速分别达 22.8%、15.2%;2014—2022 年,中国发明专利申请量的变化如图 7.4 所示,中国发明专利授权量的变化如图 7.5 所示。同时,对于发明专利申请,中国主动作为,开展整体监管转型,以优化申请结构、提高申请质量、能创造价值的专利才有意义为方向进行把控。

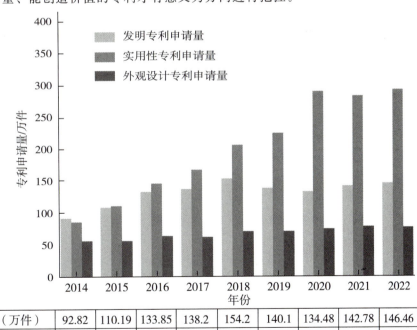

	2014	2015	2016	2017	2018	2019	2020	2021	2022
发明专利申请量(万件)	92.82	110.19	133.85	138.2	154.2	140.1	134.48	142.78	146.46
实用性专利申请量(万件)	86.85	112.76	147.6	168.76	207.23	226.8	291.88	284.53	294.44
外观设计专利申请量(万件)	56.46	56.91	65.03	62.87	70.88	71.2	75.23	78.71	77.77

图 7.4 2014—2022 年中国发明专利申请量的变化

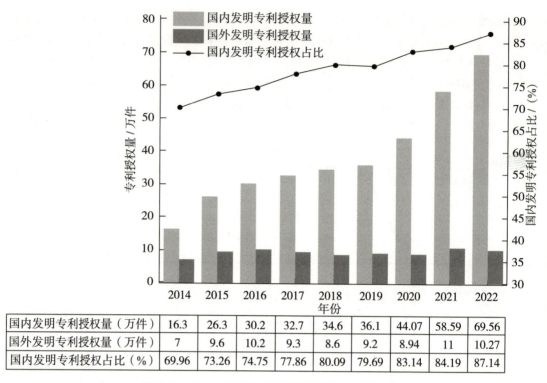

国内发明专利授权量（万件）	16.3	26.3	30.2	32.7	34.6	36.1	44.07	58.59	69.56
国外发明专利授权量（万件）	7	9.6	10.2	9.3	8.6	9.2	8.94	11	10.27
国内发明专利授权占比（%）	69.96	73.26	74.75	77.86	80.09	79.69	83.14	84.19	87.14

图 7.5　2014—2022 年中国发明专利授权量的变化

从通信技术领域等发明专利看，2019 年 4 月，中国企业申请的 5G 标准必要专利（SEP）件数占全球 34%，华为公司拥有 15% 的 SEP。除了 5G，量子技术被认为是解决下一代信息通信、计算科技问题的终极解决方案。在量子通信、量子密码、量子计算机等量子技术应用方面，中国已成为世界量子技术相关专利最多的国家。《从全球专利地图看量子技术 2.0》统计显示，量子技术 2.0 相关专利共有 4088 件，其中，中国以 1387 件位居首位，其次是美国的 921 件和日本的 657 件。

PCT 是基于《专利合作条约》（Patent Cooperation Treaty）的简称，是在专利领域进行合作的国际性条约，专利申请人可通过 PCT 途径递交国际专利申请，向多个国家申请专利。这种专利一般被视为受到多国认同、有质量和竞争力的专利，也被视为国家和企业专利实力的一个关键指标。据世界知识产权组织（WIPO）历年来公布的数据显示，1994 年加入 PCT 国际专利体系的第一年，我国 PCT 国际专利申请量只有 103 件，1999 年仅有 276 件，2005 年达 2452 件，2010 年突破 1 万件，2013 年突破 2 万件，2016 年突破 4 万件，2020 年突破 6 万件，2022 年突破 7 万件，每年都有一个大台阶的增加。具体数量变化见表 7-2。

表 7-2　中国通过 PCT 途径提交的专利申请数量变化　　　　　　（单位：件）

年份	2005	2006	2007	2008	2009	2010	2011	2012	2013
数量	2452	3910	4572	6089	7946	12337	16473	19926	21516
年份	2014	2015	2016	2017	2018	2019	2020	2021	2022
数量	25013	29846	43128	48882	53345	58990	68720	69540	70015

2013—2016年，中国的PCT专利申请数量仅次于美国和日本，位列全球第三。2017年中国的PCT专利申请数量超过日本，成为第二大申请国；2019年中国的PCT专利申请数据超过美国，至今成为第一大PCT专利申请国。

虽然中国在20世纪初期才形成专利保护制度，但是从中国、美国、日本、韩国、欧盟发明专利授权量的变化趋势（图7.6）及中国、美国、日本、韩国、欧盟近几年的发明专利授权量对比（表7-3）可以看出，中国从2005年之后，发明专利授权量呈爆发式增长，而美国、韩国、欧盟的发明专利授权量呈小幅增长，日本的发明专利授权量呈波动上升趋势。

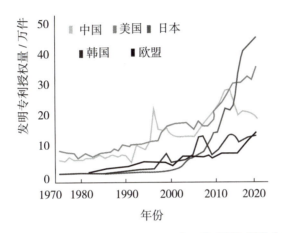

图7.6 中国、美国、日本、韩国、欧盟发明专利授权量的变化趋势

表7-3 中国、美国、日本、韩国、欧盟近几年的发明专利授权量对比 （单位：件）

国家	2021	2020	2019	2018	2014	年均增长/（％）
中国	696070	530309	452878	432228	229735	20
美国	327321	352001	354430	307761	300677	1
日本	184370	179381	179908	194525	226456	−3
韩国	145843	136728	125795	118663	129576	2
欧盟	108810	133751	137816	127644	64571	8

注：年均增长指2014−2021年的平均复合增长率。

3. 科技期刊数量增加

1979年，中国科协及全国学会主办的科技期刊不足200个。据《中国科技期刊发展蓝皮书（2023）》显示，2018—2022年，中国科技期刊总量从4973种增长为5163种。其中，中国英文科技期刊总量从2018年的333种增长至2022年的434种。

中国科技期刊的影响力持续上升，中国中文科技期刊的2021年复合总被引次数为937.76万次，比2018年增长了17.73％；被国际数据库收录的英文期刊数占我国英文科技期刊的88.94％，境外作者在中国SCI期刊发文数量呈整体上升趋势。此外，我国国际顶尖期刊论文数量排名世界第二，2020年被引次数超过10万次，影响因子超过30的国际期刊有 15 种,共发表论文 2.55 万篇。

全球科技期刊的数量和种类大幅增加,2000—2020 年,全球国际性期刊总数由 2000 年的 5635 种增加到 2020 年的 9356 种,高水平科技论文的数量呈高速增长趋势。2005 年以来,世界三大检索工具——科学引文索引(SCI)、工程索引(EI)和科技会议录索引(ISTP)收录我国科研论文数量(表 7-4)持续增长,2021 年分别达 55.72 万篇,34.41 万篇、2.68 万篇,分别位居世界第二、第一、第二。

表 7-4 SCI、EI 和 ISTP 收录我国科技论文数量   (单位:万篇)

检索工具	2021 年	2020 年	2019 年	2018 年	2017 年	2016 年	2015 年	2014 年
SCI	55.72	50.16	45.02	37.64	32.39	29.06	26.55	23.51
EI	34.41	34.07	27.12	24.99	21.42	21.34	20.43	16.38
ISTP	2.68	3.39	5.12	6.15	6.66	7.15	3.69	4.82
检索工具	2013 年	2012 年	2011 年	2010 年	2009 年	2008 年	2007 年	2006 年
SCI	19.27	15.86	13.64	12.15	10.88	9.55	7.97	7.14
EI	15.37	11.64	11.63	11.21	9.30	8.54	7.56	6.49
ISTP	4.87	5.64	5.05	8.68	5.22	5.93	4.14	3.55

7.3.3 科技创新加速化案例

1. 微电子技术加速创新

20 世纪 40 年代后期的电子管计算机为第一代计算机。1959 年,第二代计算机(晶体管计算机)出现。1964 年,第三代计算机(许多电子元件和电子线路集中在很小的面积或体积上,即集成电路计算机)出现,每秒运算速度达千万次,它用于一般数据处理和工业控制,使用方便。

20 世纪 70 年代,第四代计算机出现,发展出大规模及超大规模集成电路。1978 年,计算机每秒可运算 1.5 亿次。20 世纪 80 年代,智能计算机出现。20 世纪 90 年代,光子计算机、生物计算机等出现。21 世纪,量子计算机出现。大体上每隔 5~8 年,计算机运算速度提高 10 倍,体积缩小 50%,成本降低 1000%。

1946 年第一台电子计算机问世,运算速度为每秒 5000 次;1954 年晶体管计算机问世,运算速度提高至每秒 80 万次;1971 年,英特尔公司推出人类历史上第一枚通用芯片 4004,它包含 2300 个晶体管、4 位 CPU,所带来的计算革命改变了整个世界,具有划时代的意义;1978 年,推出第一个 16 位微处理器 8086,集成晶体管大约 2.9 万个;1989 年,推出 80486 芯片,这种芯片突破了 100 万个晶体管的界限,集成了 120 万个晶体管;1993 年,推出全新一代的高性能奔腾(Pentium)芯片,其内部集成 310 万个晶体管;2000 年,推出奔腾 4 威拉米特(Pentium 4 Willamette),采用 180nm 生产工艺,晶体管数量为 4200 万个;2010 年,推出英特尔酷睿双核处理器,采用 32nm 生产工艺,晶体管数量为 11.7 亿个;2021 年,推出英特尔酷睿 i9 处理器,采用 10nm 生产工艺,晶体管数量为187亿个。苹果公司发布的旗下首款自主研发PC平台基于Arm架构的芯片——M1，采用5nm生产工艺，晶体管数量为160亿个。

华为麒麟9000芯片是全世界首个采用5nm制程的5G手机系统级芯片（SoC），集成了153亿个晶体管，晶体管的数量比苹果A14多30％，芯片集成了八核CPU（四核A77加四核A55的架构，其中一个A77的主频高达3.13GHz，另外三个A77的主频为2.54GHz），还有24核的GPU，因此，新款手机GPU运算速度比其他旗舰款手机快52％，综合性能大幅提升。

2. 芯片尺寸变化

台湾积体电路制造股份有限公司（简称台积电）在芯片制程工艺方面已经走在行业前列，美国苹果、英伟达（NVIDIA）、超威半导体公司（AMD）等都是其重要客户。除晶圆代工外，其芯片封装业务也非常先进。

2012年，台积电开始大规模用CoWoS（晶圆基板上芯片）芯片封装技术进行28nm工艺芯片封装；2014年，将CoWoS芯片封装技术用于16nm工艺芯片封装；2015年，研发出CoWoS-XL封装技术，并在2016年下半年大规模投产，此后在20nm、16nm、12nm、7nm工艺芯片封装时均采用该技术。

3. "芯"无所不在

"芯"通常为半导体芯片或集成电路，是指在半导体片材上进行浸蚀、布线而制成的能实现某种功能的半导体器件。除常用硅芯片外，还有砷化镓芯片、氮化镓芯片、碳化硅芯片等。芯片制造就是"点石成金"的过程，是通过外延生长、光刻、刻蚀、掺杂和抛光，在硅片上形成所需要的集成电路，这样硅片就变成芯片。

现如今，芯片已经融入经济社会和人们生活的方方面面，特别是居住在城镇的人们，离开芯片将无法正常生活，有时甚至寸步难行。

4. 量子通信技术

量子通信技术是利用量子叠加态和纠缠效应进行信息传递，基于量子力学中的不确定性、测量坍缩和不可克隆三大原理，提供一种无法被窃听和计算破解的绝对安全性的通信技术，主要分为量子隐形传态和量子密钥分发两种。

量子隐形传态是基于量子纠缠对分发与贝尔态联合测量，实现量子态的信息传输，其中量子态信息的测量和确定仍需现有通信技术的辅助。量子隐形传态中的纠缠对制备、分发和测量等关键技术还有待突破，目前还处于理论研究和实验探索阶段，距离实用化尚有较大差距。

量子密钥分发也称量子密码，是借助量子叠加态的传输测量实现通信双方安全的量子密钥共享，再通过一次一密的对称加密体制，即通信双方均使用与明文等长的密码进行逐比特加解密操作，实现无条件安全的保密通信。以量子密钥分发为基础的量子保密通信技术成为未来保障网络信息安全的一种非常有潜力的技术手段。

2006年，中国科学技术大学教授潘建伟团队、美国洛斯阿拉莫斯国家实验室、欧洲慕尼黑大学—维也纳大学联合研究小组等，各自独立实现了诱骗态方案，并实现超过100km的诱骗态量子密钥分发实验，由此打开了量子通信技术走向应用的大门。2008年年底，潘建伟团队成功研制了基于诱骗态的光纤量子通信原型系统，在合肥成功组建了首个3节点链状光量子电话网，成为国际上报道的绝对安全的实用化量子通信网络实验研究的两个团队之一。2009年9月，在3节点链状光量子电话网的基础上，该团队建成了世界上首个全通型量子通信网络，实现了实时语音量子保密通信，标志着中国在城域量子网络关键技术方面取得突破。量子通信技术适合对信息安全要求较高的政府机关、金融机构、医疗机构、军工企业及科研院所等应用。

2017年9月，世界首条量子保密通信干线——京沪干线正式开通，京沪干线与墨子号的天地链路接通意味着中国科学家成功实现了洲际量子保密通信，标志着中国已构建出天地一体化广域量子通信网络雏形，为未来实现覆盖全球的量子保密通信网络迈出了坚实的一步。2020年9月，由清华大学龙桂鲁教授团队研发的国际上第一台具有实用价值的量子通信样机，以及配套的量子保密数据链通信终端、量子保密数据链存储终端、量子多网会议系统等产品问世，标志着量子通信技术向实用化更进一步。

量子通信技术有巨大的优越性，具有保密性强、大容量存储、远距离传输等特点，在军事、国防等领域具有重要的作用，极大地促进了国民经济的发展。

5. 量子计算机技术

量子计算机是一种基于量子力学原理进行高速数学和逻辑运算、存储及处理量子信息的物理装置，目前还处于初步阶段。量子计算机的概念源于对可逆计算机的研究，应用的是量子比特，它可以同时处在多个状态，而不像传统计算机那样只能处于0或1的二进制状态。

2017年5月，中国科学技术大学潘建伟教授研究团队在2016年首次实现十光子纠缠操纵的基础上，利用高品质量子点单光子源构建了世界首台超越早期经典计算机的单光子量子计算机。同年12月，德国康斯坦茨大学与美国普林斯顿大学及马里兰大学的物理学家合作，开发出一种基于硅双量子位系统的稳定的量子门。2018年12月，首款量子计算机控制系统OriginQ Quantum AIO（本源量子测控一体机）在中国合肥诞生。2019年1月，IBM宣布推出世界上第一台商用集成量子计算系统——IBM Q System One。2020年12月，潘建伟等人构建了76个光子100个模式的量子计算机"九章"，它处理高斯玻色取样的速度比目前最快的超级计算机"富岳"快一百万亿倍，"九章"也等效地比谷歌2019年发布的53个超导比特量子计算机原型机"悬铃木"快一百亿倍。

经典计算是一类特殊的量子计算，量子计算对经典计算进行了极大的扩充，最本质的特征为量子叠加性和量子相干性。量子计算机对每一个叠加分量实现的变换相当于一种经典计算，这些经典计算同时完成，并按一定的概率振幅叠加，以给出量子计算机的输出结果。这种计算称为量子并行计算。

7.4　科技形态信息化

7.4.1　信息化的特征

信息化是20世纪末期提出的，以现代计算机、通信、网络、数据库技术为基础，对所研究对象各要素汇总至数据库，供特定人群检索，以满足他们工作、学习、生活、辅助决策等和人类息息相关的各种行为需要的一种技术。

信息化整合了半导体技术、信息传输技术、多媒体技术、数据库技术和数据压缩技术等，在更高的层次上，它是政治、经济、社会、文化等诸多领域的整合。它表现为知识信息化、科研信息化、信息智能化、信息与智能技术产业化等。正在全球展开的信息技术革命正以前所未有的方式对社会发展方向起着引领作用，其结果必定导致信息化社会在全球的实现。信息化技术的使用大幅提高各种行为的效率，推动人类社会进步，是当今时代发展的大趋势，代表着先进生产力。

1. 知识信息化

在信息化时代，一切知识，无论是自然科学知识，还是社会科学知识、思维科学知识，以及生活经验、常识等，都可以通过互联网、手机、计算机进行传播和扩散。这就是知识的信息化。

知识信息化使知识学习更加方便，知识来源更加多样。当然，伴随的问题就是网络上的很多知识真假难辨，需要人们有辨析思维，多用否定和批判的态度去发现问题的本质。

2. 科研信息化

科研信息化是在科学技术研究中，要以文献信息为基础，广泛收集国内外相关研究的历史、现状及存在的问题，通过分析问题来确定要研究的问题，减少重复研究和时间、成本的浪费。

形态信息化贯穿科学技术研究的全过程，从立项申请、可行性论证、答辩，到实施方案批准、任务书签订、研究过程中阶段性的研究进展（如获得的阶段性成果、发表的论文、专利申请或获得的专利备案、年度研究总结、中期进展及完成情况、项目完成后的工作报告、研究技术报告、专家鉴定报告、第三方验证结果、获得成果的详细说明、技术参数或装置图与性能说明、推广建议等），整个过程完全信息化，形成完整的可查阅信息。

从技术推广层面上，科研信息化利用多种综合技术将研究成果转化为信息形态的产物来进行传播和扩散，从而促进科研成果的快速传播和转化。

3. 信息智能化

信息智能化以计算机、互联网、大数据、物联网和人工智能等技术为支撑，形成覆盖全球的网络系统，存储能满足人们各种需求的多种信息。信息智能化是科技知识产生过程的重要基础和成果形式，知识成为创造财富的主要资源。这种资源可以通过网络实现信息化共享、传播和倍增。例如，天猫精灵等新媒体网络平台能通过智能技术的应用逐步具备类似于人类的感知能力、思维能力、学习能力、自适应能力、行为决策能力等，在各种场景中以人类的需求为中心，能动地感知外界事物，按照与人类思维模式相近的方式和给定的知识与规则，通过数据的处理和反馈，对随机性的外部需求做出决策并付诸行动。信息智能化使传统媒体的功能全面升级。

随着现代通信技术、计算机网络技术及现场总线控制技术的飞速发展，数字化、网络化和信息化正日益融入人们的生活中。在人们的物质生活水平不断提高的基础上，信息智能化能够大幅提高人们的办事效率，减轻事务性工作的压力，提高生活质量，使人们获得更多的满足感。

4. 信息与智能技术产业化

信息与智能产业化主要体现在计算机技术、精密传感技术、GPS 定位技术的综合应用上。随着市场竞争日趋激烈，其优势在实际操作和应用中得到非常好的体现：大大改善了操作者的作业环境，减轻了操作者的工作强度；提高了作业质量和工作效率；环保、节能；自动化程度及智能化水平高的机器在一些危险场合或重点施工中应用，提高了工作效率和安全保障水平；故障诊断实现了智能化，降低了设备维护成本。

信息与智能产业化逐渐渗透到各行各业，技术含量及复杂程度也越来越高，如无人驾驶汽车，它利用车载传感器来感知汽车周围环境，并根据感知所获得的道路、车辆位置和障碍物信息，在极短的时间内做出正确的轨迹选择，控制汽车的转向和速度，从而使汽车能够安全可靠地在道路上行驶。无人驾驶汽车集自动控制、体系结构、人工智能、视觉计算、物联网、移动互联网、大数据分析等众多信息与智能技术于一体，是计算机科学、模式识别和智能控制技术高度发展的产物，也是衡量一个国家科研实力和工业水平的重要标志，在国防和国民经济领域具有广阔的应用前景。

随着智能交易软件、智能住宅、智能医院等能够满足人们特殊需求的业态出现，人们的消费思维、消费方式及商业模式从传统走向人性化、科技化、智能化。

7.4.2　信息化提质增效

信息化是充分利用信息技术和信息资源，开发促进信息交流和知识共享的平台，提高经济增长质量，降低人工成本和社会成本，推动经济社会发展转型的历史进程。因此，信息化时代就是信息产生价值的时代。

智能互联网是以物联网技术为基础，以平台型智能硬件为载体，按照约定的通信协议和数据交互标准，结合云计算与大数据应用，在智能终端、人、云端服务之间进行信息采集、处理、分析、应用的智能化网络；具有高速移动、大数据分析和挖掘、智能感应与应用的综合能力，能够向传统行业渗透融合，提升传统行业的服务能力，连接百行百业，进行线上、线下跨界全营销。例如，"工业4.0"的实质是"互联网＋制造"，即智能互联网制造，代表着互联网未来的发展方向；它不仅是传统互联网在工业领域的延伸，还开启了人与物相连、物与物相连的大连接世界。

科技形态信息化也为科研成果的对口转化提供了清晰、快捷、便利的渠道。因此，科技是信息化的基础，科技形态信息化支撑了产业形态信息化，形成了社会物质生活、经济生活、精神文化生活的全面信息化，决定了各类科技创新成果的扩展形态及科技产业的构成形态，呈现出高度信息化的特征。

7.4.3 信息化的核心

科技发展促进生产力水平的大幅提升，引领社会从农业社会迈进工业社会。以蒸汽机的应用为代表的第一次科技革命，将人类带进初级资本主义阶段；以内燃机、电力为代表的第二次科技革命，将人类带进以垄断为特征的寡头金融时代。而随着人类知识的快速增长，科技将人类社会引入信息化时代。按照美国未来学家阿尔文·托夫勒的观点，第三次科技革命的核心是始于20世纪50年代中期的信息科技革命，是以计算机的发明和使用为基础的。

第三次科技革命中形成的信息社会以计算机与微电子技术、互联网和移动通信技术的加速创新与推广应用为基础，以万物智能化互联的协同为主导，大幅降低了生产成本，加速了产业扩张，使信息技术居于现代科技的主导和核心地位。计算机、互联网、手机使社会形态由工业社会发展到信息社会。其核心是各种设备的智能芯片的设计和发展，推动了超级计算机、高性能新型超级计算机的发展，促进了量子计算机技术、量子通信技术的突破和产业化应用。

7.4.4 科技信息化的未来

现代通信与信息技术、计算机网络技术、行业专有技术、智能控制技术汇集而成的针对某一领域应用的信息与智能集合，其技术含量及复杂程度越来越高。科技信息正在取消时间和距离的概念，加速了全球化的进程。随着信息技术的普及，科技信息的获取将进一步实现民主化、平等化。相比于工业化时代，信息化科技产品通过网络在全球市场发布，参与国际竞争，推动了技术进步。而各国政府的引导、企业投资、市场竞争是科技信息化发展的基本路径。

科技信息化将学习、生活、工作需求与信息及信息处理技术相结合，极大提高了人们的学习、生活、工作的自由度和效率，为人们提供了准确、快捷的出行体验及舒适的智能家居条件。计算机与信息网络的结合满足了人类身份识别、移动支付、自动驾驶、虚拟现实体验等各种信息的需求。科技信息化正在改变生产方式，使以工业化大规模生产为特色的宏观经济向供给侧经济增长方式转变，形成高附加值个性化定制的特色经济和聚合经济。

尽管美国在人工智能的开发和使用方面技术领先，但中国等主要经济体正在迅速崛起。相信随着大数据、云计算、互联网＋、5G、"工业4.0"、人工智能、量子通信技术、量子计算机技术、无人驾驶、中国制造等高科技产业的全面推进，科技信息化将给现代社会带来前所未有的巨变。

7.4.5 科技形态信息化案例

1. 基因芯片的崛起

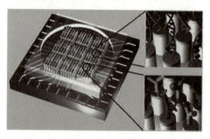

图 7.7 基因芯片

1996年，美国昂飞公司利用生物的基因片段制成DNA微阵列，并将其集成于硅芯片的表面，成功研制出基因芯片（图7.7）。美国《财富》杂志认为，它是20世纪科技史上的两件大事之一（一是微电子芯片，它是计算机和智能家电的"心脏"，改变了人类的经济和文化生活；二是基因芯片，它将变更整个生命医学，革新医学诊断和治疗，极大地提高人类的健康水平）。

基因芯片将芯片上的DNA微阵列与生物样品的DNA进行杂交，可快速、并行、准确地破解生物样品的DNA序列。由此，可在早期发现并有效治疗与人体基因变异相关的恶性疾病（如癌症、艾滋病等）。同时，基因芯片在新药研发、生物武器防范、食品与环境监控等众多领域都有巨大的应用价值。

美国昂飞公司作为全球销量第一的基因芯片厂家，以其完备的芯片设计、稳定可靠的分析结果和强大的生物信息学分析能力，帮助检测人员在最短的时间内获得大量可靠的结果。基因芯片迅速产业化，得到了批量应用。从2005年起，我国应用多肿瘤标志物蛋白芯片检测系统，为公众提供癌症早期检测。在常规检测中，只需抽取0.5mL血液，就可完成对12种常见恶性肿瘤标志物的检测。统计显示，该技术对常见肿瘤的诊断准确率超过85%。为早期发现并治疗癌症开辟了便捷、高效的新途径。

2. 诺基亚的启示

1865年，弗雷德里克·艾德斯坦在芬兰的诺基亚河沿岸创建了一家木材纸浆厂，取名"诺基亚"，并逐步发展成为集纸张、橡胶、电缆等产品生产的综合性企业。但从20世纪90年代起，诺基亚转向以移动通信为核心的业务领域。

诺基亚高度重视移动通信领域核心技术的自主创新，主导开发全球移动通信系统，开创了移动通信的2G时代，曾占全球移动通信市场份额的90%以上。在3G领域，诺基亚在网络系统、软件平台、终端等产业链核心领域占据优势，成为全球最大的宽带码分多址（WCDMA）商用网络主要的系统设备供应商。

1996年，诺基亚销售额超过摩托罗拉，成为全球最大的移动电话及设备的生产商。2006年，诺基亚的销售额达411亿欧元，移动电话销量为3.47亿部，约占全球总销量的36%。2007年，诺基亚的销售额达510亿欧元，移动电话销量达4.37亿部，年增长25.9%，占同期全球总销量的40%，而诺基亚投入的研发费用也高达55亿欧元。

3. 华为技术有限公司的反击

华为技术有限公司（以下简称华为）于1987年在广东省深圳市龙岗区坂田注册成立，是一家生产销售通信设备的民营通信科技公司。其产品主要涉及通信网络中的交换网络、传输网络、无线及有线固定接入网络和数据通信网络及无线终端产品,为世界各地通信运营商及专业网络拥有者提供硬件设备、软件、服务和解决方案。

华为以 3950 亿元的年营业收入位居 2016 年中国民营企业 500 强。2017 年第一季度开始,华为超越长期霸占核心路由器市场全球首位的思科公司(Cisco),占据核心路由器市场全球第一的位置。2018 年,华为全球销售收入 7212 亿元,同比增长 19.5%;净利润 593 亿元,同比增长 25.1%。

2019 年 5 月,美国总统特朗普签署一项紧急状态行政命令,禁止美国企业使用对国家安全构成风险的企业所生产的电信设备。2020 年 5 月,美国商务部针对华为发布出口管制条例公告:限制全世界所有半导体厂(包括芯片代工厂、垂直整合制造厂商),只要使用了美国软件和设备,在为华为生产芯片之前,都需要获得美国政府的许可证。美国政府动用国家力量,切断华为全球所有芯片代工来源,全面封杀华为,就是因为华为在 5G 核心技术领域的突破,并将利用高科技产品赚取丰厚的利润,引领中国传统工业实现提质升级。这是美国所不能容忍的,会用各种残酷手段加以扼杀。面对美国在高科技领域的疯狂打压,在中国政府和人民的支持下,中国高科技企业沉着应对,随着我国竞争力的逐渐增强,我国在很多高科技领域逐步掌握主动权,开始针对美国危害中国国家利益的企业进行对等制裁。例如,根据《中华人民共和国反外国制裁法》,中国外交部在 2023 年 9 月 15 日的记者会上宣布,中方决定对美国洛克希德·马丁公司密苏里州圣路易斯市分公司和诺斯罗普·格鲁曼公司实施制裁,彰显了中国坚决维护国家利益和尊严的立场。再如,2023 年 8 月,搭载麒麟 9000S 芯片的华为 Mate 60 Pro 手机热销,有力地助力华为再次崛起。

此外,《任正非:什么时候出发都不算晚》一书深入剖析了华为创始人任正非的经典讲话及核心精神,为创业途中感到迷惘、工作途中感到困惑的年轻人提供了一套可以借鉴的工作思路。

7.5 科技成果产业化

7.5.1 科技成果转化

将科学技术研究中产生的那些具有产业开发价值和实用性的科技成果,转化为实体的生产技术,从而开展产业化生产,提高生产效率,形成新产品、新工艺、新装备,发展新产业等,这个过程称为科技成果转化。科技成果转化可以体现科技成果的社会效益和经济效益。科技成果信息化和产业化转化已经成为历史潮流,发达国家的产业结构正在从大工业制造经济向创新智能技术制造、数字信息经济转化,从而引起经济结构的调整和革命。

邓小平提出,高科技领域的一个突破会带动一批产业的发展。中国改革开放 40 多年取得了举世瞩目的成就,说明高科技产业(如计算机、互联网、通信技术、大数据和人工智能技术等)的突破、融合发展和成果转化,为我国实现跨越式发展提供了强大动力。

1. 科技成果转化率

科技成果转化率是指通过技术研究获得的科技成果能够转化为有实用价值的社会生产力部分所占的比例,即能够转化为社会生产力的科技成果的数量占所投入并已完成研究的科技成果总量的比值。

科技成果转化率的统计还缺少规范的流程和公认的标准。

2. 广义科技成果转化

广义科技成果转化包括各类成果的应用、劳动者素质的提高、技能的加强、效率的提升等。因为科学技术是第一生产力,而生产力包括劳动者、劳动资料和劳动对象。因此,科技成果研究的过程中,劳动者的知识、技能、素质得到提升,为科技成果转化为直接的生产力提供了人力资源,而最终的产业化也是通过提高劳动者的素质、改善劳动资料和劳动对象来实现的。

从这种意义上讲,广义科技成果转化是指将科技成果从创造地转移到使用地,使科技成果使用地的劳动者素质、技能或知识得到增加,劳动资料得到改善,劳动效率得到提高,经济得到发展,可以作为科技成果转化的效益。

3. 狭义科技成果转化

狭义科技成果转化仅指科研所获得技术成果的转化,即将具有创新性和实用价值的技术成果,经过充分论证,从科研单位转移到生产部门。狭义科技成果转化是以成果转化应用为目标,进一步开展后续开发试验,从而解决工业生产中各种设备的科学布局、参数协调匹配,实现高效生产、废弃物综合处置、环境协调、安全储运等一系列技术参数的优化。通过生产、增加新产品,最终将科技成果转化为经济效益、社会效益或环境效益。

人们常说的科技成果转化大多指这种类型的技术转移。所统计的科技成果转化率是指科技成果的应用数量与技术成果总数的比例。其实,在美国、加拿大、英国、丹麦、澳大利亚等国开展技术转移和研究商业化的统计调查,也仅是针对高等学校、科研机构等利用国家投入获得科技成果的公共研究部门的转化情况,并没有针对全社会科技成果转化情况进行统计。

7.5.2 科技成果的产业化应用

将科技成果转化为生产力是发展科技的目标和必然结果。强调科技成果转化,是由于中国科研投入在快速增加,从 2012 年投入经费 10298.4 亿元,突破 1 万亿元大关,到 2019 年达 22143.6 亿元,突破 2 万亿元大关,科研投入逐年攀升。但我国的科技资源配置不合理,科技成果利用率低,大量的科研成果不能转化为应用技术的问题十分突出。据报道,我国科技成果转化率仅约为 20%,远低于发达国家约 60% 的水平。

1. 科技成果转化中存在的问题

在美国、德国等西方发达国家几乎不存在成果转化方面的问题,因为他们的科技成果本身就是面向市场的,科研成果研发出来就直接面向生产线;否则,对于作为科研投资主体的企业来说，投入的资金就收益甚微了。

我国科技成果转化率低的主要原因如下。

（1）由于我国很多课题的科技成果大多是以国家的财政资金为主体投入开展的，其知识产权理应属于国家或其代表项目管理单位，科研人员个人没有权利私自处置。

（2）考评机制不合理，片面强调可以量化的成果，如专利类型和数量，专著和奖励级别，SCI/EI等论文的数量，只关注期刊名称、分区、影响因子、引用次数等可以量化、容易考核的指标，而忽略了牵涉面广，以及较难准确界定和定量的经济效益、社会效益这些复杂指标的考核。

（3）科技资源配置不合理，项目或课题负责人缺乏公正、严谨的工作作风，很多项目研究成果的高水平论文很多，发明专利不少，但可以转化的成果资源寥寥无几。

（4）一些项目尽管有商业化前景，但项目承担单位和负责人多为大学或研究所的科研人员，而单位领导及管理部门没有转化动力，科研人员也没有能力、资源和精力去推动成果的产业转化，以至于科研成果利用效率低，大量的科研成果难以转化为应用技术。

2. 考核机制改革

科技成果的考核机制是引领科技创新方向、重点努力目标、成果类型及能否转化为生产力的重要"指挥棒"和"遥控器"。没有科学、合理的产业化评估、考核指标，研究投入很难转化为现实的生产力。改革考核机制和指标体系，提升科学家的诚信意识，考核及奖励政策不应总以国外顶级刊物、论文的分区和影响因子，申报或授权的专利数作为成果，真正要关注的是成果对相关领域技术进步，以及现实生产技术、产品的效用。建立第三方市场化考评机制，避免研究人员既是"运动员"，又是"裁判员"，杜绝利益输送。

3. 政策法规

科技成果转化是市场经济环境下知识产权资产的交易、开发与利用，趋利谋利是技术转移供需双方的根本动力。随着国家"放管服"改革等政策的推出和意识观念的变化，管理者已经清醒地认识到，在市场机制下活跃而高效的技术转移从表面上看，得利者是技术转移的供需双方，但从国家乃至全球经济的发展与社会进步来看，得利者是国家，受益者是人民群众。因此，应当争创制度优势，提升治理效能，打造硬核科技成果，强化市场调控和引领，使科研过程和科技成果面向市场、面向社会需求。

4. 主体责任

对于应用基础及开发研究，在项目立项时就应考虑项目的商业化前景和可行性，在项目实施之后发现问题应及时终止。而对一些有商业化前景的科研成果，若项目或课题的负责单位没有相应放大实验、中试生产线等基础设施作为转化的支撑条件，则科技管理部门应当采取一定的限制措施。

7.5.3 科技成果转化与经济增长

科技成果产业化是当代科技发展和创新的突出特征。随着科技成果数量及转化比例的快速增加，科技创新在 GDP 增长中的贡献率逐年提高。只有依靠科技创新，才能真正实现经济发展方式的根本转变。

1. 科技成果转化对经济增长的贡献

自主创新，特别是重大前沿技术领域自主创新的成果，已成为高科技产业形成和发展的主要突破口和增长点。2015 年以来，随着科技成果转化数量及其转化率的增加，科技进步贡献率也逐年提高。

2018—2022 年，我国全社会研发经费总投入从 19677.9 亿元提高到 30870 亿元，研发经费投入强度从 2.19% 提高到 2.55%，超越欧盟的研发经费投入强度（2.2%），与经济合作与发展组织（OECD）的差距缩小。2022 年，中国企业研发经费投入比例达到 77.6%。李克强总理在 2023 年政府工作报告中回顾过去五年工作成绩时指出："科技创新成果丰硕。构建新型举国体制，组建国家实验室，分批推进全国重点实验室重组。一些关键核心技术攻关取得新突破，载人航天、探月探火、深海深地探测、超级计算机、卫星导航、量子信息、核电技术、大飞机制造、人工智能、生物医药等领域创新成果不断涌现。全社会研发经费投入强度从 2.1% 提高到 2.5% 以上，科技进步贡献率提高到 60% 以上，创新支撑发展能力不断增强。"随着我国产业结构调整，提质增效、加快产品更新换代，推动高质量绿色发展等重要举措的实施，中国经济增长将从依赖资源、人力，转向更多地依靠科技进步。到 2035 年，我国将进入创新型国家前列，建成人才强国的战略目标，使科技进步的贡献率持续提高。

2. 企业成为科技投入的主力军

1986 年后，美国政府研发经费投入基本停滞不前，企业研发经费投入稳步增长，企业研发经费投入由 1980 年的 700 亿美元增加到 2016 年的 3000 亿美元，增长了约 330%。研发经费投入用于提高生产力，更新生产工艺和流程，创造创新产品和服务，提高国内外市场竞争力和占有率，从而促进企业成长，并带来经济收益。

全球研发经费投入最多的前 50 家企业中，有 22 家总部设在美国，包括谷歌母公司 Alphabet、微软等，以及我国华为。根据美国国家科学基金会（NSF）发布的《科学与工程指标 2022》报告，美国仍为研发经费投入最多的国家，2019 年，其研发经费投入达 6560 亿美元，占全球份额的 27%，而中国研发经费投入为 5260 亿美元，占全球份额的 22%，随后是日本（7%）、德国（6%）、韩国（4%）。2010—2019 年，企业研发经费投入增长 83%，主要用于试验发展和应用研究。而中国、日本、韩国等亚洲国家，企业研发经费投入占比也都超过 75%。2023 年，在全球研发经费投入最多的 20 家企业中，美国有 11 家，中国有 2 家，德国有 2 家，瑞士有 2 家，英国有 1 家，韩国有 1 家，日本 1 家。基础研究虽然具有不可预测性，投入大、难度高、风险高，并且易产生技术溢出效应，通常由国家作为投入主体，但创新型企业，尤其是研究能力强的大企业，都密切关注领域内的前沿性基础研究，以保持强劲的增长后劲，众多领域的企业在近年来都大力加强了对基础研究的投入。

同样，中国企业正演变为科技投入、研发及成果落地应用的主力军。中国的各类创新型科技企业，如高新技术企业的数量在过去的二十多年间增长了近 10 倍。2022 年，我国企业投入的研发经费投入占国家研发经费投入的比例上升到77.6%，企业正在成为技术研究和产品开发与成果转化的主力军。但企业科研力量仍较薄弱，致使企业无法获得相应的知识储备和能力积累，也不利于产学研合作和科技成果转化，导致企业难以有效提高自主创新能力和核心竞争力，无法更多地掌握和突破关键技术。为激励企业积极开展基础研究活动，政府部门应完善现有政策体系，酌情通过税收信贷等手段加大政府扶持力度，积极引导和支持企业开展研究活动；同时，鼓励企业与高等学校和科研机构建立更为紧密的合作关系，联合开展基础研究工作，解决基础科学问题和技术瓶颈问题，产出高质量的科学技术成果。

3. 企业技术发明与知识产权

从表7-2可知，2022年通过PCT途径提交的国际发明专利申请量，中国再次位居世界第一，这是中国于2019年首次登顶以来，连续四年位居榜首。按照PCT国际发明专利申请人的分类，中国企业表现突出。中国华为技术有限公司以7689件PCT国际发明专利申请量位居第一，韩国三星电子（4387件）、美国高通（3855件）、日本三菱电机株式会社（2320件）和瑞典爱立信公司（2158件）分别位列第二位至第五位；我国广东欧珀移动通信有限公司（1963件）和京东方科技集团股份有限公司（1884件）分制位列第六位、第七位。中国企业重视科技创新和知识产权方面的研发经费投入，为参与未来的国际科技竞争积蓄力量。我国企业的发明专利授权量持续攀升，截至2022年年底，我国累计发明专利授权量最多的是美的集团（64895个），其次是中国建筑集团有限公司（58229个）、华为技术有限公司（52392个）、中国石油化工集团有限公司（50158个）、珠海格力电器股份有限公司（45506个）。近年来，华为后来者居上，在全球范围内拥有超过12万件有效授权专利，成为全球最大的专利持有者之一，特别是5G专利，全球总数排名第一。而在全球范围内，中国企业的竞争力同样大幅提升。

以2018年和2023年全球研发经费投入最多的2500家公司作对比，从2018年上榜公司数量看：美国（778）、欧盟（577）、中国（438）、日本（318）位列前四；从研发经费投入占比看：美国（37.2%）、欧盟（27.2%）、日本（13.6%）、中国（9.7%）位列前四。中国企业上升趋势令美国不安，美国开始对中国高科技公司进行疯狂打压和全面制裁。面对困境，中国企业在政府和人们的大力支持下，卧薪尝胆，奋发图强，从2023年上榜公司数量看：美国（827）、中国（679）、日本（229）、欧盟（113）位列前四，从研发经费投入占比看：美国（42.12%）、中国（17.76%）、日本（9.3%）位列前三；中国上榜公司前50名的数量持续快速增长，达到5家，超过了欧盟。同样，华为以190亿欧元（约合人民币1370亿元）的研发经费投入位列第四，领先苹果、三星电子等知名企业，说明中国高科技企业发展势不可挡。

7.5.4　科技成果产业化案例

1. 集成创新引领发展

1978年，中国改革开放的总设计师邓小平第一次访问日本，在乘坐时速210千米、有着银色"子弹头"车头的日本"光号"新干线时说："我就感觉到快，有催人跑的意思，我们现在正合适坐这样的车。"高速铁路从此正式进入中国大众的视野。

随着改革开放，大规模引进外商投资，引导外资企业的技术转移，获取国外先进技术，并通过消化吸收，最终形成我国独立自主研发能力，我国的科技创新水平得以提高。通过以市场换技术，引进消化、吸收再创新，实现"青出于蓝而胜于蓝"的目标。由于中国幅员辽阔，气候、地理条件差异大，在"引进消化"阶段，引进的各型动车组，到中国后都或多或少出现了环境适应性差等一系列问题。为此，中国铁路人通力合作，以高效务实作风，咬紧牙关，攻坚克难，通过不断努力和创新，用十几年的时间走过了别人几十年走过的集成创新之路。

到2021年年底，中国的高铁营业里程已超过4万千米，铁路已经覆盖了全国81%的县，高铁通达93%的50万人口以上城市。高铁从北国冰雪风光到南国绚丽风情，从西部辽阔边疆到东部沿海河畔，延伸进我们生活的每一片土地，切实改变着我们的点滴日常。

目前，中国高铁形成了以CRH380系列高速动车组为核心动力的高铁列车牵引装备，而且CRH380A型高速动车组自其上线运营起就一直位列世界十大高速列车之首。CRH380系列高速动车组除运营速度和运营试验速度世界最快外，还具有很强的环境适应性、安全性、可靠性和经济性。铁路装备实现升级换代，复兴号系列产品应运而生，涵盖不同速度等级、适应各种运营环境，智能型动车组在世界上首次实现时速350千米自动驾驶。从"和谐号"到"复兴号"，从"中国制造"到"中国标准"，中国铁路总体技术水平迈入世界先进水平行列，高速、高原、高寒、重载铁路技术在世界处于领先地位，形成了具有独立自主知识产权的高铁建设和装备制造技术体系。将技术话语权牢牢掌握在自己手中，我国高铁实现了从"跟随"到"领跑"。中国高铁产业还走出了国门，中老铁路、亚吉铁路、蒙内铁路都相继开通运营，雅万高铁项目全部采用安全可靠、技术先进、运营成熟的中国铁路技术标准，并于2022年11月试验运行成功。高铁成为中国科技创新成就的靓丽名片。

2. 丰田混合动力汽车

20世纪90年代，丰田汽车公司从集成汽油车与电动车的原理、结构和优势出发，开始研发混合动力汽车。1997年，首批混合动力汽车普锐斯（PRIUS Hybrid）上市。经过不断的技术改进，到2022年，已推出第五代普锐斯。

凭借独到的构造和出众的节能环保性能，丰田普锐斯占据了90%的混合动力汽车市场。到2023年年底，其全球累计销量超2420万辆，其中，中国市场也已突破250万辆。其只需加油，不用另外充电，城市道路综合油耗约为4.5L/100km。

3. 格兰仕创业之路

格兰仕虽然也以OEM（original equipment manufacturer，原厂委托制造，俗称贴牌或代工）方式起步，但其善于变通补偿贸易的形式，依靠规模和OEM生产线的技术优势，大规模进军国际和国内市场。在与欧美公司谈判时，格兰仕要求对方把最先进的微波炉生产线从国际大企业转到格兰仕，并承诺以低于对方的成本价格向其供货，但设备的使用权归格兰仕。在保证对方的需求后，剩余产能由格兰仕支配。由此，格兰仕微波炉在起步阶段就得到有力的技术和产能支撑。

格兰仕推出"摧毁产业投资价值"的营销战略,向国内外市场的竞争对手展开大规模的价格攻势,即通过大幅降价,为微波炉产业竖起价格门槛,如果想介入,就必须投入巨资去获得规模;如果投入巨资,但做不到格兰仕的盈利水平,就会导致巨额亏损。

1995年,格兰仕微波炉实现全国产销量第一;1998年,实现全球产销量第一。1996—2000年,通过先后5次大幅降价,格兰仕成功地为微波炉行业竖起价格门槛,逼退不少同行。2008年,格兰仕生产的微波炉占全球50%以上的市场份额。

由于缺乏核心技术,格兰仕每年都要花高价从国外进口核心部件,只能获得"核心利润"以外微薄的组装利润。持续的价格战使格兰仕的利润空间越来越小。而规模效应激发了国外同行的危机意识,东芝、松下等磁控管供应商一度限制对其销售。因此,早在1997年,格兰仕就设立研发部门,并在美国、韩国、日本建立研发中心,利用当地的人才、技术、咨询等优势,对核心技术进行研发攻关。到2000年,格兰仕成功研发出具有自主知识产权的磁控管,工作效率比进口产品提高约20%。格兰仕掌控了磁控管、变压器等核心元器件的开发和生产,实现了对微波炉核心技术的自主掌控,保证了微波炉的全球供货能力,极大巩固了其行业龙头地位。2002年,格兰仕的出口产品全部使用自产的磁控管。2004年,其自主开发的磁控管生产线开始规模化扩张。

2001年,格兰仕推出全球第一台应用数码光波技术的光波微波炉(简称光波炉)。格兰仕光波炉应用微波技术与数码光波技术的集成,使其可在高度密闭的炉腔内对食物进行高速交叉加热,具有加热均匀、热效率高和高效杀菌等优点。光波炉技术先后获得中国、美国、欧盟的专利。该技术的成功应用带动了微波炉行业的整体升级,为格兰仕开拓高端市场打下了坚实基础。

当光波炉成为全球微波炉市场消费的主流时,日本、韩国等国的著名家电公司也纷纷引进或模仿光波技术。格兰仕还将光波技术扩展到空调行业,在2003年研制出首台具有杀菌、环保、节能等功能的光波空调,当年在全球87个国家和地区成功试销。

从2004年在国际市场推出以格兰仕为品牌的磁控管,并输出光波炉和光波空调等技术开始,格兰仕从核心技术的接收者转变为输出者。格兰仕产品出口总量中,自主品牌与OEM之比也是逐年上升的。

核心技术的创新和掌控增强了格兰仕的抗风险能力。2008年,在国际金融危机蔓延,外部市场条件恶化的背景下,格兰仕依然发展稳健。2009年,格兰仕微波炉内销创历史新高,同比增长突破60%。

2011年2月,格兰仕推出全球首款圆形微波炉UOVO。圆形的造型颠覆了微波炉近60年的外观理念,方便用户放置、观察和取用食物。它的核心是磁控管构造和加热方式等方面的技术创新,可以实现炒、炖、烤、蒸等多种烹饪方式。格兰仕为该款微波炉在中国、美国和欧盟申请了包括发明、实用新型和外观设计在内的23项专利。到2019年,格兰仕已在美国、英国、德国、日本等国家和地区建立了商务机构,并成立了子公司。其产品和服务从中国广东供应到全球近200个国家和地区。

7.6　科技创新协调发展

7.6.1　创新是企业发展的动力

现代科技的发展和创新已成为实现人与社会、人与自然协调发展的关键支撑。现代科技对经济、社会和生态环境的整体影响不断增强,人们在关注科技创新带来经济效益的同时,日益重视其社会效益和生态效益,追求科技创新效能的协调化,即追求经济效益、社会效益和生态效益的和谐统一。

工业革命和信息技术发展的经验充分说明,随着科技创新投入的持续增加,新成果会加速涌现,并有效转化为社会生产力,不断带动传统产业提质、升级,促进产业化扩张。科技创新赋能新产业,推动新一轮科技革命和产业革命,促进新一轮更大规模的产业结构的优化和重组,促使传统产业或竞争中的后发者有条件借助科技创新,提升其自身的核心竞争力,实现产业快速升级或转型,进行产品迭代,催生出新产业和新模式,进而实现跨越式发展,甚至为形成新垄断产业提供支撑。

1. 创新促进跨越发展

中国改革开放40多年的实践说明,科技创新能够促进经济实现跨越式发展。现代科技的加速发展,以及前沿高科技领域的不断突破和创新,为在传统产业领域实现全面的技术升级、智能化改造提供了绝佳的历史机遇;也为在市场竞争中处于弱势地位的后发国家、地区、部门有效提升竞争力,以及利用自身优势局部占领经济发展的制高点,进而实现"弯道超车"提供了可能性。

诺基亚的发展历程(详见第7.4.5节)充分说明了科技创新的重要性。而在全球生态环境持续恶化,能源、资源难以满足野蛮式发展的今天,绿色、节能、生态、环保、和谐、可持续发展是未来社会经济发展的关键。

2. 科技创新构建绿色产业

在《中共中央关于制定国民经济和社会发展第十四个五年规划和二〇三五年远景目标的建议》中提出,坚持创新驱动发展,全面塑造发展新优势,坚持创新在我国现代化建设全局中的核心地位,把科技自立自强作为国家发展的战略支撑。

随着科技创新资金投入数量的快速增加,科技创新将持续为经济转型、提质、升级和高质量发展赋予新的动能。全面实施科技创新驱动经济发展战略,加快科技强国建设;坚持绿色发展、科学发展的新发展理念;加速推进智慧城市、无废城市建设,生态健康工程和生态文明建设,把碳达峰、碳中和发展策略纳入国家生态文明建设整体布局,以"绿水青山就是金山银山"的理念,指导供给侧结构性改革,共建清洁美丽世界;引领、拓展市场需求,构建产业发展新格局。

3. 优化产业结构

充分发挥举国创新体制和社会主义制度的优越性,借助超大规模市场优势,以供给侧结构性改革为主线，依托国内国际双循环，开展科技创新。以面向世界高科技前沿为目标，坚持自主创新为主，吸收引进国外先进技术为辅的"双轮驱动"科技创新战略，充分利用国内和国际先进的科技创新资源，推动经济社会由量变到质变，由局部点的突破到系统升级，高质量全面发展。

通过原始创新，掌握自主知识产权，赋能传统产业，驱动产业转型升级，优化产业结构，发展新兴产业，增强企业的自主创新能力，强化企业的创新主体地位。以提高企业生产效率和产品质量、降低生产成本为抓手，有效集聚全产业链要素资源，提升传统产业的信息化和智能化水平，推进传统产业向数字经济、智能制造等战略性新兴产业转型发展，提高产业链和供应链的稳定性，加大产品的创新力度和对品牌的宣传力度，形成新的增长点和增长极，打造发展新优势，在研发、设计、智能制造、服务营销等多方面，以创新驱动引领传统产业向新兴产业发展。降低制度成本，创造规模效益和区域协同效益，提高产业核心竞争力。以国家重大需求和重大科学问题为导向，面向世界科技前沿，加强基础研究和科技创新。

4. 创新促进高质量发展

实施创新驱动发展战略，以全球视野、人类命运共同体理念，团结合作、协同发展。随着我国的科技创新能力逐步增强，社会将进入由效率驱动型向创新驱动型转变。以自主、可控的原始创新为突破，兼容并蓄，推动科技资源向企业集聚；促进产品、技术、品牌、商业模式的创新；为顾客、企业、政府、社会等各利益相关方创造经济价值、社会价值和环境价值。加强科技创新主体的国际交流合作，共同应对社会、经济发展中遇到的各种问题，是人类社会和产业高质量发展的关键。

坚持创新发展理念和构建创新发展新格局，完善供给侧和需求侧间的人才链、资金链、供应链、产业链、创新链、价值链。建立以本土人才为主、引进人才为辅的高水平队伍；充分利用国内、国际市场，实现商品和服务在国内、国际市场的生产、分配、流通、消费，保证产业链、供应链、创新链、价值链的深度融合和动态升级。

5. 创新引领未来

中国创新型国家建设的指导方针就是自主创新、重点跨越、支撑发展、引领未来。创新是我国科技发展的战略基点，其重点是实现跨越；充分利用有限资金和资源，坚持有所为、有所不为的方针，加快重点领域的科技创新；创新支撑发展，从现实紧迫性的需求出发是我国科技发展的现实要求；引领未来就是着眼长远，超前部署前沿技术和基础研究，是我国科技发展的长期根本任务。结合科教兴国战略、可持续发展战略，坚持科学发展、绿色发展，实行自主创新、重点跨越、引领未来的科技创新工作方针，构建国家创新体系，是建设创新型国家的基础和经济高速发展的重要支撑。

7.6.2 促进科学发展的条件

只有依靠科技创新，才能实现经济发展方式的转变，促进经济持续、快速、稳定和高质量发展。只有依靠科技创新，转变经济发展方式，才能拥有核心竞争力和可持续发展能力。经济发展方式转变的动力包括社会发展需求、国际经济和技术竞争需求、国家战略安全需求、科技工作者实现自我价值的心理需求等。

1. 社会发展需求

科技进步是社会发展和人民追求更好生活的基础。从需求性质看，中国人已经超越吃饱穿暖的生存需求，转向社会和谐稳定、保障充足有序、平等公正的心理环境需求。在此基础上，促进人的全面发展，更加注重心理满足，追求个人价值、自我实现和未来发展，以及理想信念等精神层次的需求。逐步升级的更好生活的追求是科技创新及其成果的推广、应用，是形成社会生产力的前提。

我国经济正处于由高速增长阶段转向高质量发展阶段的转型过程，社会的主要矛盾是发展不平衡、不充分，因此要尽可能满足人们对美好生活的需要。通过提倡首创精神、改革创新，大力提升经济发展的质量和效益，蹚出高质量发展的新路，更好满足人民日益增长的美好生活需要。例如，深圳市提出的社会发展目标：幼有善育、学有优教、劳有厚得、病有良医、老有颐养、住有宜居、弱有众扶，就是从政府顶层设计到宏观管理层次，构建追求更好生活的社会制度保障。

2. 国际经济和技术竞争需求

在经济全球化的今天，各国经济的发展呈现出你中有我、我中有你、优势互补、互利共赢的特点。但国家之间、企业之间的竞争日益激烈。国际竞争的实质是以经济水平和科技实力为基础的综合国力的较量，是科技创新能力的博弈。特别是 21 世纪以来，创新力在国家实力中的作用进一步凸显，成为国家发展的源动力、综合国力的核心。

在世界经济的大环境下，国家创造增加值和国民财富持续增长的能力可以反映一个国家和地区的整体国际竞争力。国际竞争力可分解为核心竞争力、基础竞争力和环境竞争力，涉及国家经济实力、国际化水平、政府管理、金融体系、基础设施、企业管理、科学技术、国民素质等八大竞争要素。从某种意义上讲，这八大要素都与高等学校的核心竞争力相关，而科学技术、国民素质是高等教育的重点目标，是增强国家核心竞争力的重要因素。

3. 国家战略安全需求

人类社会的发展，特别是中国近代用鲜血、抗争铸就的历史警示我们，落后就要挨打，发展才能强大。勿忘国殇，吾辈须自强。

从鸦片战争以来，西方列强依靠其坚船利炮，倚强凌弱，疯狂掠夺，从故宫抢到圆明园，妄图瓜分中国，强迫清王朝割地赔款。正如法国作家维克多·雨果在《致巴特雷上尉的信》中所写，有一天，两个强盗闯进了圆明园，一个强盗大肆抢劫，另一个强盗纵火焚烧。在历史面前，这两个强盗一个叫法兰西，另一个叫英吉利。我们欧洲人是文明人，中国人在我们眼里是野蛮人，这就是文明对野蛮所干的勾当。他们将东方艺术博物馆，一个近乎超凡的民族，利用其想象力能够造出的全部东西都汇集于圆明园，就这样被英法侵略者抢劫和焚毁。

中华人民共和国成立以后，美国多次派出高空侦察机、军舰侵入中国的领空、领海，美国第七舰队强闯台湾海峡。特别是 U-2 高空侦察机出现后，20 世纪六七十年代，美国派出数百架侦察机对中国的不同区域进行抵近侦察，被中国地空导弹部队和战机先后击落10余架。侵越战争时期，美国战机经常从广西边境和南太平洋侵入中国领空，被中国空军击落30余架。

如果说鸦片战争是帝国主义列强用坚船利炮打开了中国的国门，使中国彻底沦陷，那么伟大的抗美援朝战争，洗刷了中国人"东亚病夫"的耻辱，中国人民从此站起来了。而"两弹一星"为中国赢得了国际地位和数十年和平发展的历史机遇。改革开放初期，我们埋头建设，发展经济；但发现美国发动的科索沃战争和伊拉克战争中高科技武器的巨大威力，意识到经济强不等于国家强。美国入侵利比亚、伊拉克时，两国因石油资源丰富，全民享受免费医疗、免费教育、免费住房等，被公认为是拥有最高生活水平的高福利国家；但战争摧毁了他们的一切，至今还处于无力重建的困局中，沦为难民人数最多、经济最落后的国家之一。所以，只有利用高科技，加快国防和军队现代化建设，拥有强大的人民军队和国防设施，才能够抵御敌对势力的侵略，保障人民美满幸福的生活。

4. 科技工作者实现自我价值的心理需求

中国知识分子历来都有天下为公、担当道义的家国情怀；有"先天下之忧而忧，后天下之乐而乐"的社会责任感；有"修身、齐家、治国平天下"的使命感；有"为天地立心、为生民立命、为往圣继绝学、为万世开太平"的雄心壮志。钱学森、邓稼先等老一代知识分子为我国"两弹一星"和航空航天科学的发展，为社会主义工业基础设施的建设和改革事业贡献智慧和力量，有的甚至献出宝贵的生命，留下了可歌可泣的传奇。广大知识分子要坚守正道、实事求是、客观公允、追求真理，立足我国国情，重实情、看本质、谏真言，放眼观察世界，不妄自菲薄，不人云亦云，为推进党和国家建设事业献计出力。

科技工作者的自身价值是指其研究成果、理论观点、发明创造等，对人才培养、精神文明、社会发展作出的贡献及其被认可的程度，包括获得一定的社会地位、物质奖励及精神奖励等。科技创新体现科技工作者自我价值的内在需求，敢为人先，勇于突破，在科技创新的国际竞争中，勇于争先，展示实力。这既是责任、担当与追求的集中体现，又是能够显示科技工作者的自身价值，实现自我梦想，造福国家和民族的精神追求。

5. 应对潜在危机

寒武纪生命大爆发以来，地球已经经历了5次生物大灭绝，99.9%以上的原始生物已经消亡。人类需应对的潜在危机有未来可能发生的类似6500万年前的小行星撞击地球这样的极端事件，类似鼠疫、埃博拉病毒、非典型肺炎病毒等未知且具有高度传染性的疾病，人类工业化以来引起的全球变暖、酸雨和荒漠化，以及越来越频繁的极端天气、自然灾害，等等。

自古以来，人类的探求欲望十分强烈，但许多神秘的事件（如曾被大量目击并报道的不明飞行物UFO，百慕大三角区域失踪的舰船、飞机等），以及奇异自然现象（如山西省忻州市宁武县春景洼乡境内的万年冰洞、河北省承德市兴隆县兴隆镇双林村的八卦井、海南省儋州市三洋镇的"冷热泉"）都需要科技创新来探索、破解。

7.6.3 支持科技创新的条件

科技创新是社会、经济、安全和人类自身发展的必然需求，而支持科技创新的基本条件很多，除前面讲的各种需求外，还包括创新者的基本素质、创新发展的顶层设计、科技创新的社会氛围、科技创新投入等。

1. 创新者的基本素质

创新者的基本素质不仅包括其自然（身体）素质、心理素质和文化素质，还包括强烈的好奇心、社会责任心和一定的功利心；体现在正直、勤奋、执着、机遇、创造力和天赋等综合素质上。科技创新需要不断学习先进科技成果，引进吸收创新思想和技术设备，通过学习引进，消化吸收再创新，从而发挥后发优势，实现"青出于蓝而胜于蓝"的跨越式发展。

科技创新的动力来源包括对未知的好奇心和求知欲，开放和包容的心态，善于透过现象发现本质的灵感，不畏艰险的探求精神；为国家和民族利益进行科学探索的社会担当和责任心；满足内心对功名利禄的一定追求，即体现自我价值与追求的功利心。

2. 创新发展的顶层设计

顶层设计是统筹考虑项目各层次和各要素，追根溯源，统揽全局，在最高层次上寻求问题的解决之道。顶层设计包括基本的价值取向、要达到的主要目的及解决问题的先后顺序。通过顶层设计可以全面兼顾社会各群体的利益，使地方、社会及利益相关方都参与进来，进行互动，是自上而下发动、自下而上参与的系统性工程。

今天的顶层设计已不同于改革开放初期自下而上的"摸着石头过河"，而是自上而下的"系统谋划"。在国家的科技创新和经济发展中，从国家战略需求、全球视野和科技发展大趋势出发，由政府部门全盘考虑，运用系统论的方法，从全局和发展的角度，布局对国家未来发展可能产生重大影响的研究方向和领域，补齐产业链短板，提升产业链水平，增强产业链、供应链的自主可控能力，形成具有更强创新力、更高附加值、更安全可靠的产业链、供应链；以国家重点研究计划项目为引领，集中有效资源，高效快捷地实现国家的科技创新目标，是实现从中国制造到中国创造的有效途径，也是应对后疫情时代全球产业链结构重构，适应大国竞争、博弈新形势，重塑我国产业竞争新优势的战略选择。

顶层设计意味着政府要为中国经济这艘巨型舰的未来航向制定好科学的前进途径，各级管理部门当好"舵手"。政府和市场各司其职，政府不能替代市场，市场也不能替代政府，既要避免市场失控和政府失灵，又要打破资源垄断，减少市场扭曲和世界经济的不确定性所带来的系统性风险，通过国家发展战略，减少政府行为的盲目性，降低开发的风险与制度成本。

3. 科技创新的社会氛围

以科技创新解决社会发展和民生改善中的瓶颈问题，是国家现代化建设的核心。科技自立自强是国家发展的战略支撑。创新离不开科学和全民科学素质的提升，更离不开对科学精神的不懈追求。营造全社会学科学、爱科学、讲科学、用科学的良好氛围,激发蕴藏在亿万人民中的创新智慧,为建设科技强国汇聚磅礴力量。具体内容如下。

(1) 营造尊重科学、崇尚创新的社会氛围,良好的内外部环境,全社会能为科学发展提供充分的学术自由,尊重知识、尊重人才,鼓励创新、崇尚创新,热爱科学、崇尚科学、献身科学的浓厚文化氛围和社会环境。

(2) 国家政策支持、全社会对科技创新能提供的一定的物质条件,给予足够的研发经费支持,吸引和稳定一批优秀的科研人才,并为他们提供基本的科研条件。

(3) 加大科技创新的宣传力度,弘扬科学精神、传播科学思想、倡导科学方法,推动科学精神进校园、进课堂、进头脑,激发科技创新的社会潜能。

(4) 良好的基础科学教育,保持较高的科学普及水平,推动大众创业、万众创新的积极性、创造性。

(5) 推进科研院所与企业间产、学、研、用的有效衔接,缩减从科技创新到产业运用的进程。

(6) 加强企业经营者的诚信教育和品质意识教育,培育国民用国货的爱国情怀,依靠国民的共同培育和支持好产品、好品牌,是创新成果应用、市场发展的根基。

(7) 坚持问题导向,完善考核评价和激励机制,鼓励创新、表彰先进,允许试错、宽容失败,营造科技创新的浓郁氛围。

(8) 严格执行知识产权保护制度,给创新赋权,使创新成果受到尊重和有效保护,贯彻新发展理念,构建新发展格局,构建支撑高质量发展的制度。

4. 科技创新投入

科技创新或称科学研究,决定了它的不可预知性,已超出认知边界,需要科技工作者在黑暗中不断探索,是一条只有开始、没有终点的漫长的求解之路。科学研究是一个发现问题、解决问题的过程,不仅需要非凡的能力和勇气,还需要超常勤奋,无畏艰险,敢于创新,百折不挠,更需要有甘于清贫、不怕孤独、执着梦想的信念,以及献身科学的博大情怀。

科学研究是探求真理的过程,需要大量的知识储备,长时间学习,只有不断积累、思考和探索,才能够认识新现象的本质。提出新理论,不仅要勤奋,还要有灵感和运气。只有全身心投入,保持激情与乐观,甚至夜以继日地磨炼,才能到达光辉的顶点。正如爱因斯坦所说,在黑暗中探寻真理的那些能够体味却难以描绘的年月,那些强烈的渴望和在信心和疑虑之间的反复徘徊,直至突破后的明晰和领悟都只有亲身经历过的人才能知晓。

王国维《人间词话》描述了做科研、搞创新的三种境界,道出了科研人员付出的艰辛与执着。

昨夜西风凋碧树,独上高楼,望尽天涯路。——晏殊《蝶恋花》

衣带渐宽终不悔,为伊消得人憔悴。——柳永《凤栖梧》

众里寻他千百度,蓦然回首,那人却在,灯火阑珊处。——辛弃疾《青玉案·元夕》

思 考 题

(1) 科技为什么能够改变世界？
(2) 科技创新的源泉是什么？
(3) 科技发展的动力是什么？
(4) 发展中国家如何实现"弯道超车"？

第三篇
科研技能与创新引领

第 8 章 选题论证与立项申请

本章教学要点

知识要点	掌握程度	相关知识
科研选题	掌握科研选题的重要性； 掌握选题要求、选题维度与方向、选题要点、选题原则、选题方法	问题的类型； 问题的来源；
文献与选题	了解文献的作用； 了解文献的分类及特点； 熟悉文献的查阅方法与查阅要求； 了解文献阅读与凝练	文献对科学和社会发展的作用； 印刷型文献、缩微型文献、计算机阅读型文献、声像型文献
科研项目与课题	了解项目与课题的关系； 了解科研课题的分类	横向课题和纵向课题
申请书与可行性论证	掌握申请书的基本格式和填报要点； 了解可行性论证； 了解网上填报； 了解任务书	申请书的主要内容； 介绍研究背景的目的； 绘制技术路线的步骤； 可行性分析
项目研究过程	了解实施过程； 了解结题过程	实施方案； 科技成果的鉴定方式； 结题报告

导入案例

人最大的贫困不是物质的贫困，而是观念贫困、见识贫困。态度决定一切，有什么样的态度，就会有什么样的努力和相应的工作成果。人的认识水平有多高，工作质量就有多高；思想有多远，就能走多远；心有多大，舞台就有多大；眼界决定境界，境界决定高度，高度提升眼界；定位决定地位，思路决定出路；流程决定执行，细节决定成败。"北大屠夫"陆步轩认为，读书不一定改变命运，但读书能改变思维。这个时代根本不存在一本万利的知识，未来社会的竞争必将逐渐从知识竞争转向领悟力和眼界的竞争，其根本是创新能力的竞争。

大学生科研技能与创新思维

 课程育人

科技是国家强盛之基,创新是民族进步之魂。科技兴则民族兴,科技强则国家强。在我国发展新的历史起点上,科技创新已经成为国家强盛、民族复兴的动力源泉。科技工作者和当代大学生,要高度重视科技创新,深化对科技创新的理论认识,把创新放在核心和引领地位。强调抓创新就是抓发展,谋创新就是谋未来,明确要求把创新作为引领发展的第一动力,把人才作为支撑发展的第一资源,把创新摆在国家发展全局的核心位置,使创新成为民族复兴的不竭动力。因此,必须通过科技创新,走出一条发展新路,依靠创新驱动,实现中华民族伟大复兴。

8.1 科研选题

8.1.1 科研选题的重要性

科研选题是从战略上选择科学研究的主攻方向,从而确定课题的研究内容、主要研究方法和研究的具体步骤。简言之,选题就是提出要研究的问题,并确定如何研究。

爱因斯坦认为,提出一个问题往往比解决一个问题更重要。陶行知先生曾说:"发明千千万,起点在一问。"两次诺贝尔奖得主巴丁博士认为,一个研究能否取得成效,很重要的一点就是看它所选择的科研课题。

1. 选题是科研的起点

提出研究问题的过程,就是科技工作者创新意识不断觉醒、内功不断提高的过程。大量成功人士的研究经验证明,如果课题选得好,又能兢兢业业认真地做,其成果一定不错;但如果课题选得不够好,即使费了九牛二虎之力,其成果也很难达到非常好的效果。所以,选题是开展科研的关键,也是科研的起点。

2. 创新是科研的灵魂

视野开阔,不拘一格地选择要研究的问题,其重点是深度思考,见微知著,注重真知;针对同一个问题可以有不同的研究角度,为了使研究有新意,就需要尽量寻找并选择与众不同的研究角度,在变化中寻求突破。美国教育家约翰·杜威曾说:"科学的每一项巨大成就,都是以大胆的幻想为出发点的。"对选择的问题,进行大胆幻想、预测,是创新的开端,只有想不到,不怕做不到。

从认识到观念的形成,逐步转变为生活的态度,成为自觉的行为和思考习惯,最终养成性格,经磨炼、转变和完善,铸就事业成功的命运、处事能力和研究水平的高低。性格决定命运,脑袋决定口袋。

有一则寓言故事讲的是体弱多病的富翁非常羡慕体魄强壮的穷汉,强壮的穷汉也非常垂涎富翁的财富。富翁为了得到健康,乐意出让他的财富;穷汉为了成为富翁,随时愿意舍弃健康。于是两人决定交换，恰巧一位外科医生发现了人脑交换方法，富翁赶紧提出要和穷汉交换脑袋。手术成功后，富翁会变成穷汉，但能得到健壮的身体；穷汉会变得富有，但将病魔缠身。几年以后，成了穷汉的富翁由于有了强健的体魄，又有极其强烈的致富意识，渐渐地又积累起了财富。但他总是担忧自己的健康，稍有不适，便担惊受怕，寝食难安，久而久之，他那极好的身体，又慢慢回到以前那种体弱的状况。而成了富翁的穷汉总算有了大把的钱，但身体虚弱。他总忘不了自己曾是个穷汉，背负着穷困的危机感。他不想用换脑得来的钱建立一种新生活，而是把钱浪费在无用的投资里，大量的金钱很快便挥霍殆尽，他又变成原来的穷汉。一贫如洗的他反而变得无忧无虑，换脑时带来的疾病也不知不觉地消失了。他又像以前那样，有了一副健壮的身子骨。

人最大的贫困不是物质的贫困，而是观念贫困。态度决定一切，有什么样的态度，就会有什么样的工作成果。1985年，陆步轩以陕西省长安县（现西安市长安区）文科状元身份考入北京大学中文系，1989年毕业后被分配至长安区柴油机厂工作。柴油机厂倒闭后，他不得不去摆摊卖肉，维持生活。"北大毕业生长安卖肉"的新闻轰动一时。毕业分配时的一次错位使他在人生的道路上一路颠簸，最终为生活所迫，卖肉为生。虽然只是简单地卖肉，但他摸索出辨别猪肉品质的方法，保证进货质量。他认为，少一些抱怨，多一份努力，你离成功就不远了。他坚信诚实待人，诚信经商，坚持下去，总有生意转机的一天。同一市场，别人的摊位一天卖两三头猪，而他一天能卖12头猪，月入过万。他在《北大屠夫》一书中以幽默的笔触对自己的命运做了一番回顾、体味和反省。书中尽显人生的辛酸，五味杂陈。所以，这个时代根本不存在一本万利的知识，未来社会的竞争必将逐渐从知识竞争，转向领悟力和眼界的竞争，即创新能力的竞争。

8.1.2 选题要求

1. 选题基本要求

研究的问题必须正确；相关问题必须确切存在，答案可以被预测；选择的问题必须清晰、具体，有明确的界定，不应模糊、笼统。题目不能太大、太难，要量力而行，适度高于团队的承受能力，使其通过努力能够达到预期目标；题目也不能太小、太易，更不能重复他人已开展过的类似研究，避免失去立项研究的必要性。

2. 问题的产生

科研本身来源于对问题的探究，问题主要来自生产、生活及发展中出现的各种矛盾、疑惑，或需要讨论并加以解决的关键问题、难点问题，常涉及宗教、理想、信念、追求等心理需求的探讨。如一则故事所说，20世纪80年代，一家大型牙膏企业的产品质量优良、包装精美，深受顾客青睐。经过近十年的销售高速增长后，因市场饱和，销量趋于稳定，虽然采取了增加销售人员，加大市场开发和广告等措施，但是都难以奏效。总裁召集经理和公司高层开会商讨对策，虽然八仙过海、各有主张，但缺少创意。这时一位年轻的经理对总裁说："我有一个主意，但需要付我5万奖金。"总裁很生气地说，"我每月给你支付薪水，还有分红、奖励，叫你来开会讨论，还要另外要钱，太过分了。"年轻经理递去一张纸,解释说:"总裁先生,别误会,如果我的建议行不通,您可以把它丢弃,一分钱都不必付。"总裁听后,大喜,提笔就签了支票给青年经理。纸上就一句话——把口径扩大1毫米,结果牙膏销量当年提高了32%。可见,转换思路,或许可以解决大问题。

3. 问题的类型

人类科学知识的增长永远始于对问题的研究及研究得到的认知成果(如知识、规律、定律和定理等)。随着问题研究的深化,遇到的新问题会越来越多,因此需要不断研究、探索和发现,提高认识,从而推动人类不断进步。问题通常有以下两类。

(1) 生活积累和各种学识综合形成的经验问题。其关注点是经验事实与现有理论的相容性,即经验事实对理论的支持或否定,以及理论对观察事实的渗透、影响,理论预测新的实验事实的能力,等等。

(2) 概念性问题。其关注点是描述事物规律及本质的理论,注重本身的自洽性、涵盖力、包容性、精确度和统一性,协调与其他理论的结合程度、互补性及对立性等问题。

8.1.3 选题维度与方向

选题过程是一系列发散思维、开放思维得以充分展示的过程,是科技工作者专业素养和知识储备的检验。如何选题、选什么课题,是科研人员,特别是初出茅庐的青年科研人员要面临的难题,甚至是影响其一生研究方向的起点。

选题要体现科研人员开阔的眼界和胸怀;纵横比较,从多角度拓宽视野,多维度来认识、思考和定位要研究的问题。要利用空间维度和时间轴,结合个人特长、技能、爱好选择课题。

1. 选题维度

根据空间维度和时间轴对应的选题层次,可以将选题维度概括如下。

(1) 从社会和经济发展的维度,首先以提高生产力水平、高效生产为目标,选择事关生产力发展、有广泛社会需要的研究课题,即满足人民大众和社会客观需求的研究课题。

(2) 从满足国际交流,全球视野的维度,选择能够提高产品质量、丰富产品功能、满足不同民族需求、符合国际竞争要求的研究课题。

(3) 从高度与深度发掘的维度,选择符合国家科技发展战略、保障国家安全、提高国防现代化装备水平、影响全局的重大研究课题;同时,选择立足科技发展现状、综合国力和投入水平的研究课题。

(4) 从科学技术发展的时间维度,把握世界科技发展的大趋势,选择前沿高科技领域、引领未来科技发展潮流的研究课题,以抢占科技发展制高点。

要敢为人先,打破原有的思维定式,通过独到的思考和理论分析,重新认识事物。注重学习他人的先进理念和思维方式,选题既不是他人理论和认知的翻版,也不是空中楼阁,应兼具超前性、新颖性,独特的视角往往是成功的钥匙。

2. 问题的来源

科研的问题来源于各种需求,可以根据不同层面的具体需求和问题特点进行选择。

（1）国家战略层面。国家战略关系国家经济发展、国防安全和国际高科技领域竞争的需求，以及生产力水平提升或产业提质升级的客观需求，等等。

（2）社会生活层面。在满足衣、食、住、行、用等基本生存需求的同时，人们渴望追求美好的物质生活，享有便捷交通、交流、支付等服务，追求健康长寿，丰富精神生活，满足信仰追求的心理需求。

（3）自然探索层面。人类对自然界和自然现象的认知还较为肤浅，还有大量未知现象及内在本质规律的联系问题需要不断探究。

（4）未来发展层面。未来发展包括人类应对社会及经济发展中不确定因素威胁（如小行星撞击地球等突发事件）时的处置方式的研究，进行危机管控的研究，以及未来可能出现的全球性重大灾难的处置及管控措施的研究等。

此外，通过挖掘各种客观或潜在需求，发现问题，以需求为导向，结合需求的迫切程度和自身能力，选择、确定科研课题。同时，关注不经意间发现的新奇现象，特别是重复出现、密集出现的现象。

8.1.4 选题要点

留意生活、学习或研究实践中遇到的难以解释、不可思议的现象。例如，牛顿发现苹果从树上掉下来，想到苹果为什么不向天上飞。由此他根据哥白尼的日心说和开普勒定律联想到行星为何绕着太阳转，行星飞行的速度为何距离太阳近时就快，距离太阳远时就慢，越远离太阳的行星运行周期就越长，经过一系列实验、观测和推算，牛顿发现太阳巨大的引力与它巨大的质量密切相关，进而推算出万有引力定律。所以，科研选题就是要发现有意义的、值得研究的问题进行研究。

1. 关注热点把控机遇

关心社会热点，通过各种途径敏感地捕捉时代的潜在需要。例如，日本禁止用于半导体清洗的氟化氢、用于智能手机显示屏等的氟化聚酰亚胺和涂覆在半导体基板上的光刻胶这三种关键材料出口韩国，最后演变成国家间的政治和经济竞争事件。再如，美国蓄意打压我国高科技发展，以断供芯片等恶劣手段要挟我国，想迫使我国停止发展具有竞争力的高科技产业。又如，埃博拉病毒、猴痘病毒等的有效防控措施。这些都可能成为事关人类未来的重要研究内容。从各种媒体报道中，我们可以看到各行各业都面临这样或那样的问题，需要科技工作者付出努力加以解决。

同时，多积极参加行业领域高水平专业会议，注意捕捉与他们交往、交流讨论中获得的启示、灵感或顿悟，善于从其他学者的研究成果中发现并提出问题。

2. 奥斯特的艰辛与坚持

奥斯特是丹麦物理学家，青年时代是康德哲学的信奉者，博士论文讨论的是康德哲学。他周游欧洲列国，成为德国自然哲学派的追随者。1806年回国后，他被母校哥本哈根大学聘为教授。他一直坚信电磁之间一定有某种关系，电一定可以转化为磁。他在1812年的著作中推测认为，既然电流通过较细的导线会产生热，那么通过更细的导线就可能发光，如果导线的直径再小下去，还可能产生磁效应，沿着这个思路，他设计并做了许多实验,但都没有取得成功。直到1819年冬天,他在主持一个电磁讲座时,突然产生了一个新的想法,即电流的磁效应可能不在电流流动的方向上。

为了验证这个想法,他又设计了几种实验,但仍然没有取得成功。直到1820年4月,在一次讲座快要结束时,他灵感乍现,又重复了前面做过的实验,果然发现在电流接通的瞬间,导线附近的小磁针抖动了一下。通过反复验证,1820年7月,他发表了论文《关于磁针上电流碰撞的实验》,结论认为,电流所产生的磁力既不与电流方向相同,又不与之相反,而是与电流方向相垂直;电流对周围磁针的影响可以透过各种非磁性物质。

3. 安培的敏锐与效率

安培是法国物理学家,具有良好的数学基础,精于实验。奥斯特的发现轰动了欧洲科学界,安培敏锐地感到其重要性,于是重复了奥斯特的实验。一周后,他向科学院提交了第一篇论文,提出了磁针转动方向与电流方向相关的右手定则。再一周后,他向科学院提交了第二篇论文,讨论了平行载流导线之间的相互作用问题。1820年年底,他提出了著名的安培定律。

安培定律指出了两电流元之间的作用力与距离的平方成反比。这一极为重要的定律构成了电动力学的基础。安培提出的电动力学概念,是研究运动电荷(电流)的科学,与之相对的是电静力学,库仑定律则是静电力学中的基本定律。

安培提出的电流概念,把电流的方向规定为由正极指向负极。但科学研究证明,电流是电子由负极向正极的运动。

奥斯特用8年时间潜心钻研,才发现了电流对磁针的感应作用,而安培却在极短的时间内将这一发现推广到电流与电流之间的相互作用,并发现作用的方向与大小,给出了判定方向的方法及电流大小的计算公式。此外,安培还提出了分子电流假说,认为物体内部每一个分子都带有回旋电流,因而构成了物体的宏观磁性。这一假说提出17年后,才被科学家证实。可见,留意生活中、学习或研究实践中遇到的客观问题,注意捕捉与他人交流、讨论中的灵感,是选题成功的关键。

8.1.5 选题原则

选题要有前提,一是通过调查研究,洞悉国内外相关研究的历史渊源、发展现状和存在的问题与不足;二是要树立需求理念,社会需求是开展科研的前提。选题应遵循科学性、价值性、需求性、创新性、可行性、兴趣性和灵活性等原则。

1. 科学性

科学性是指选择的课题要符合科学规律和认知,前提必须正确,相关的问题必须存在可以预测的答案,即不违反公知的科学理论,遵循科学选题的程序,运用科学思维方法进行选题。其中,信息准确、资料客观、数据真实可靠,是选题客观的重要前提。选题也是发现客观规律、提高认识水平的过程。例如,热力学第一定律和热力学第二定律已经证实"永动机"不可能被制造出来;同样,违反热核聚变原理的冷核聚变,甚至荒诞的"水变油"等都是伪科学问题。

2. 价值性

价值性是指选题要有研究价值，包括理论价值、实用价值或社会价值。理论价值是课题研究的科学意义，即研究的问题对于相关领域的理论发展有贡献，在理论上能有新突破，能增加人类的知识财富。实用价值是研究成果的应用能提高生产力水平，带来经济效益。社会价值是研究成果对提高社会福祉、生态环境质量、文化或文明水平的贡献。

3. 需求性

需求包括两方面：一方面是社会发展、人们生活的客观需求，尤其是工农业生产、生态治理、环境保护的需求，这是选题的社会价值；另一方面是科学本身发展到一定阶段，必须寻求新突破、进入更高发展层次的客观需求，这是选题的学术意义。选题既要满足社会需求，又要符合科学自身发展规律的需求。

选题必须符合国家发展战略，优先考虑瓶颈问题，以及国家安全等重大问题，以解决重大民生、人类健康、生态环境、污染防治、节能减排、绿色能源等经济高质量发展所亟待解决的问题。选题必须支持具有预见性、开创性的课题。近年来，随着突发公共事件（如燃爆、瘟疫、溃坝、透水等）恶性事故的频发，应对或处置突发公共事件的研究课题日益受到关注。这说明选题的时机很重要，关键是选题能否始终走在社会需求的前沿，可预见性地引领社会、行业的发展，促进供给侧结构性改革。

4. 创新性

创新性是方法、手段、理论原理、思想观念、表现形式等的新颖性、先进性。科研人员要以批判、质疑的态度审视并更新观念和创新思维。具体表现如下。

（1）解决问题的思路要有独创性，跳出传统观念的束缚，用全新的理念和手段来解决问题，提出新思路。

（2）解决问题的手段、方法要有先进性，能够反映科技发展的时代特点。

（3）研究新内容，寻找新的角度，采用新的思维方法和思想观念开展研究。

（4）表现形式要创新，利用现代最新的技术方法，以高精度、数字化、可视化等手段展现研究过程和研究成果。

（5）研究成果要有所发明、有所发现，学术水平必须有所提高、有所进步，以推动某一学科或领域向前发展。思维观念的创新是在尊重科学规律的基础上，不拘泥于传统、现状或约定俗成的观念，要大胆突破并勇于实践。

5. 可行性

课题的实施必须具有可行性，充分考虑各项指标可能完成的程度，即研究者团队根据自身的客观条件和主观能力，预测最终课题的完成程度。如果不具备研究一个课题必要的客观条件（如研究光速飞行、多维空间穿越、暗能量推进等未来技术），无论社会如何需要，课题如何先进、超前和创新，目前都还看不到实现的可能性，研究这类课题大多都徒劳无益，不具备可行性。总之，解决问题的方案要有可行性，可行性的依据包括理论可行性、技术可行性、经济可行性、支撑条件、政策法规的制约等。

(1) 理论可行性。理论上符合科学规律和专业知识,具有实现的可能性。

(2) 技术可行性。拟采用的研究(实验、试验)方法、操作步骤及工艺条件具有现实的可操作性。

(3) 经济可行性。使用资源(人力资源、自然资源、资金条件),即占有和使用经济资源具有可能性,进而实现研究目标的可能性;同时,未来要有潜在的经济效益。

(4) 支撑条件。是否有足够的仪器设备、资源、环境、资金等条件来保障相关研究的持续、顺利开展,特别是关键问题的研究是否具备硬件条件。软件条件是申请者的知识背景、研究能力和组织协调能力,以及团队成员的知识结构和团队协作能力。

(5) 政策法规的制约。很多研究有违伦理,如克隆人(动物)技术、病毒研究等受到多国相关政策法规的制约。

基础研究和应用基础研究一般注重理论可行性和技术可行性;应用开发研究相对更注重技术可行性和经济可行性,兼顾环境效益(污染及治理的投入产出比)。

6. 兴趣性

选题要符合个人特长、兴趣爱好。兴趣是最好的老师,有兴趣就有意愿和动力去探究事物的本质,就能够抵抗诱惑,耐住寂寞,潜心探索研究。同时,每位科研工作者都有自己特定的知识储备和擅长领域。兴趣是开展科研的基础,也是选择和保持相对稳定的研究方向的前提。

7. 灵活性

自然界中的任何事物都不是一成不变的。同样,国家发展战略也会随着科技的发展,经济形势、国际局势及自然环境的变化,不断调整其重点研究领域。没有绝对好的学科和一成不变的研究领域。因此,科研工作者应紧跟社会需求开展研究;同时,因势利导,通过独特的分析,适度超前布局。

实践是检验真理的唯一标准,现代科学认识中,大多数知识是经过长期检验的,是符合真理性标准的共有知识。但也有部分观点,如古代的地心说,作为古天文学理论,被教会用于统治相关领域 1000 多年。但哥白尼就具有灵活性和辩证性,他通过长期天文观察和计算,证实了日心说,他的《天体运行论》修正了科学谬误。因此,灵活性就是要与时俱进地选择科研课题。

8.1.6 选题方法

选题方法是指选择研究课题的通用方法、主要途径和注意事项等的集合。选题方法通常有同步选题法、阶段分析法、边界选题法、机遇线索法。

1. 同步选题法

同步选题法是顺应科学技术发展的趋势和主流,逐步由宏观向微观,由模糊到清晰,由低能量水平向高能量水平,由单一性向综合性方向发展。

在特定时期内，由于经济发展特征和需求方向的不同，科研领域总有一些热门学科和重点领域迅速突破，带动并影响其他学科和技术的加速发展。通常选择那些新兴学科或重点领域中的科学问题、关键技术问题作为课题的研究方向。

同时，每门学科都有自己不断变化的前沿性课题和研究方向，因此，要紧跟学科发展的步伐，借鉴他人的研究成果，关注深层次问题的探究，结合相关性、前沿性、新颖性、开创性选择研究课题，以适应科学技术发展的客观需求。

2. 阶段分析法

阶段分析法是根据文献统计，获得某一学科领域所处的发展阶段，依据其成熟程度确定行业领域的科研主攻方向。该方法适用于选择有明确应用前景和开发价值的技术研究课题。统计表明，各学科从酝酿形成到发展成熟，大多要经历诞生、发展、成熟、相对萎缩四个阶段，发表的文献及专利数量呈 S 形曲线变化，即经过一个时期酝酿后，进入快速增长期，然后到达高点附近的平台期，随后就会进入负增长的逐步衰退期。

在科研的不同阶段，人们对研究对象认识的深度不同，从发现新现象，到形成新理论，进而寻找应用的突破口，不同阶段所采用的研究方法不尽相同。所以，了解该学科的发展历史，分析它的研究现状及成果，并根据研究阶段的特点，选定研究课题。

3. 边界选题法

边界选题法又称交叉学科选题法，就是在不同学科间的交叉衔接区域或者学科的边界进行选题。随着各学科分工越来越细，研究的深度向精细化方向发展。同时，各学科之间相互融合与渗透，联系日益密切，朝着综合化、整体化方向发展，出现学科交叉与融合。学科与学科之间交叉衔接区域的未知问题层出不穷，相关研究变得越来越重要，研究学科交叉区域中对两个学科都有重要影响的科学问题、关键技术问题，有利于推动交叉学科的理论发展和技术进步。

4. 机遇线索法

机遇线索法是在寻找新途径解决创新问题的过程中，出现了意想不到的机会，有利于及时捕捉相关线索或灵感开展研究。对于纷繁复杂的未知世界，人类的认知还很有限，许多科学发现、发明创造直接源于对意外现象的探索，因此，不失时机地抓住这些意外现象深入研究，就是机遇线索法。

选题一定要注重细节，事前认真做好调研，充分评估自身能力，冷静分析选题中的种种问题。所谓"不识庐山真面目，只缘身在此山中"，跳出圈外用大视野、全局观看问题，就能够超越自我。

总之，无论如何选题，都要经历循序渐进的抉择过程。在最初的灰色世界中雾里看花，在迷茫彷徨、举棋不定的痛苦中大量查阅文献，在肯定与否定的交替过程中逐渐感悟，待选目标初露端倪，通过综合研判，最终锁定目标，开始行动，坚定"咬定青山不放松"的探索信念。

8.2　文献与选题

选题要围绕国家的重大战略需求，高技术领域国际竞争的需求，工业生产、行业提质升级中遇到的共性问题、瓶颈问题等。找到这些重大需求并了解其发展历史、现状，发现解决问题的途径，以及搜集、整理、分析资料，是选题的基础工作。

8.2.1　文献的作用

文献是用文字、图形、符号、音频、视频等技术手段记录人类知识的一种载体，可以理解为固化在一定物质载体上的知识，也可以理解为古今一切社会史料的总称，通常理解为图书、期刊等各种出版物的总和。

1. 情报价值

文献是记录、积累、传播和继承人类知识的有效手段。文献是人类历史不同发展阶段的见证者，是历史事件脉络的呈现者；是人类从社会活动中获取情报、信息的最基本、最主要的来源之一；是在空间、时间上进行情报传播、交流的最有效的方法之一；也是解决一些历史遗留问题有效的法律武器。因此，人们把文献研究称为情报工作的物质基础。

2. 科研价值

文献分析是选题的前提，是科研的基础。任何一项科研都必须在广泛搜集文献资料，充分占有和分析资料的基础上，了解相关研究的历史沿革、发展现状、探求其内在的联系，从而进行更深入的研究。例如，英国李约瑟教授历经数十年时间，撰写成举世瞩目的巨著《中国科学技术史》，这本书就是他在分析大量中国古代科技文献资料的基础上写成的。只有通过阅读、综合分析国内外的大量文献，总结凝练，才能够正确选择，科学把握，有效开展科研。因此，文献查阅及分析总结是科研选题最有效的途径之一。

3. 对科学和社会发展的作用

文献对科学和社会发展的作用表现如下。
(1) 文献是科学研究和技术研究结果的最终表现形式之一。
(2) 文献是在空间、时间上传播情报的最佳手段之一。
(3) 文献是确认研究人员对某一科学发现或技术发明的优先权的基本手段。
(4) 文献是衡量研究人员创造性劳动效率和效果的重要指标。
(5) 文献是研究人员自我表现和确认自己的地位和影响力的手段，是促进研究人员进行研究活动的重要激励因素。
(6) 文献是人类知识宝库的组成部分，是人类的共同财富。

8.2.2 文献的分类及特点

根据文献的载体类型、内容加工情况等的不同,可对文献进行多种分类。

1. 载体类型

根据载体类型的不同,文献可分为印刷型文献、缩微型文献、计算机阅读型文献和声像型文献等四种。

(1) 印刷型文献。印刷型文献是文献的最基本方式,包括铅印型文献、油印型文献、胶印型文献、石印型文献等。其优点是可直接阅读;缺点是不利于检索,收藏占用空间大。

(2) 缩微型文献。缩微型文献是以感光材料为载体的文献,又可分为缩微胶卷型文献和缩微平片型文献。其优点是体积小,便于保存、转移和传递;缺点是阅读时须用阅读器。

(3) 计算机阅读型文献。计算机阅读型文献是一种最新载体类型的文献。它主要通过编码和程序设计,把文献变成符号和机器语言,输入计算机,存储在磁带或磁盘上,阅读时再由计算机输出。它能存储大量文献,可按任何形式组织这些文献,并能以极快的速度从中取出所需的文献。电子图书即属于计算机阅读型文献。

(4) 声像型文献。声像型文献又称直感型文献或视听型文献,是以声音和图像形式记录在载体上的文献,如唱片、录音带、录像带、幻灯片等。

2. 内容加工情况

根据内容加工情况的不同,文献可分为零次文献、一次文献、二次文献、三次文献。

(1) 零次文献。零次文献是未经加工出版的手稿、数据原始记录等文件,如《傅雷家书》手稿。

(2) 一次文献。一次文献是以作者本人的研究成果为依据而进行的凝练、提升创作的文献,如期刊论文、研究报告、专利说明书、会议论文等。一次文献数量庞大,种类繁多,还包括图书、简报、学位论文、政府出版物、科技报告、标准文献、档案等。

(3) 二次文献。二次文献是对一次文献进行加工整理后产生的一类文献,如书目、题录、简介、文摘等。

(4) 三次文献。三次文献是在一次文献、二次文献的基础上,经过系统归纳、综合分析而编写出来的文献。三次文献为情报研究的成果,如综述、专题述评、学科年度总结、进展报告、数据手册等。

8.2.3 文献的查阅方法

开展科研就要查阅文献,以通晓相关领域的研究现状,从而确定选题。文献的查阅方法主要有以下几种。

1. 中文文献查阅

开始从事科学研究时，最好从母语（中文）文献开始查阅，先了解国内概况，理解文献中的名词术语，特别是专业术语的准确内涵，然后进行外文文献的阅读，了解相关领域全球的研究现状。文献资料的搜集越具体越好，最好把想要搜集的资料列出文献目录，并确定详细的阅读计划。

中文文献查阅的方法很多，可以根据文章出处，在一些较大图书馆查找原文；高校图书馆大多会购买中国知网、维普网、万方网等期刊数据库，国内绝大多数刊物的论文资料均可从中查到；在读秀等平台中，一般都可以查到电子出版物。

具体查找方法是输入要查找的文献标题或关键词，或已知的期刊名称、卷、期、年等信息的字段，即可检索到所需的文献，甚至多篇相关主题的文献。

2. 外文文献检索

对于自然科学研究，英文文献检索应用最广的是 WOS（web of science）数据库。高水平期刊库还包括英国《自然》杂志及其系列子刊；美国《科学》杂志及其系列子刊，以及美国的行业学会数据库（如美国化学学会数据库、美国计算机学会数据库、美国物理联合会数据库、美国机械工程师学会数据库等）；爱思唯尔（Elsevier）数据库、施普林格（Springer）数据库。这些数据库中文献很多，可以提供数十年的国外研究的文献资源。

如果单位或大学没有购买这些数据库，可以去《科学》杂志官网上查找文献。另外，可以通过谷歌学术搜索。如果还找不到全文，就用作者的名字或者题名在谷歌中搜索。很多国外作者都喜欢把文献的全文（PDF 文件）直接放在网上，一般情况下他们会把自己的文献放在个人主页（home page），这样可能也是为了让其他研究者更加了解自己的学术领域。如果查不到第一作者的个人主页，可以用上述方法查第二作者等。

其他语种（如德语、法语、日语、俄语等）文献的检索方法基本类似，在此不再赘述。

3. 文献索取

如果通过上述方式还没有找到文献全文，那还可以尝试以下方法。

根据作者电子邮箱地址向作者索要，这是最有效的方法之一，作者一般都很愿意提供原文，但信件内容一定要简洁明了。

例如，作为河北工业大学能源与环保材料研究所的师生，我们可以直接向作者索要原文，信件模板如下。

Dear Professor ×××,

I am at the Institute of Power Source and Ecomaterials Science, Hebei University of Technology. I am writing to request your assistance. I have searched one of your papers "×××", but I could not read full-text content. Would you mind sending your paper to me? Thank you for your assistance.

Best wishes,

×××

如果作者发给你所需要的文献，出于礼貌，一定要回信致谢。

8.2.4 文献查阅要求

文献查阅是通过文献阅读、整理和分析,从中获得启发,找到所要研究的问题,及其研究现状、存在的问题或矛盾,解决该问题的思路、方法,最终确定选题。

1. 全面、准确领悟核心

文献资料的查阅要力求全面、准确。

(1) 全面是指不仅要查阅与课题有直接关系的资料,还要查阅与课题有间接关系的背景资料;不仅要查阅与自己观点一致的资料,还要查阅与自己观点不一致的资料;不仅要了解我国研究现状,还要了解国外研究现状。

(2) 准确是指查阅资料时要认真、仔细,准确把握文献中的信息。既要了解相关领域研究发展的历史沿革、重大成果或突破,又要搞清楚近十年来该领域研究热点的转换、难点问题及遇到的瓶颈,采取的有效方法与对策,存在的主要观点和主要分歧,从而发现问题,确定所要研究的目标。

2. 文献阅读

对搜集到的文献资料进行全面浏览,根据文献内容的差异和研究目标的不同,在阅读不同类型的文献资料时,应采取不同的阅读策略,具体说明如下。

(1) 综述、摘要、年鉴类文献要通读。应全面了解相关研究领域的发展概况、热点方向和难点问题,并从中找到需要仔细阅读、认真分析的重点文献。

(2) 技术方法类文献要选读。重点了解不同类型问题的具体解决方法,分析其所利用的原理,以及参数变化的影响及原因,为选题开阔思路,寻找突破的新途径。

(3) 创新性强的热点研究文献要细心研读。深刻体会其创新性的原理、机制和绝妙之处。要注意运用比较、分析、联想,在理论联系实际的基础上,提出解决问题的新思路、新方法或新观点;要善于抓住核心资料中的核心词语,理解所阐述的核心思想,防止主观臆断;要根据选题寻求再突破的可能性。

3. 注重有权威性和代表性的文献

要注意查找并阅读有权威性和代表性的文献,特别是在近几年发表的相关领域的热点研究文献。对于中文文献,注重阅读行业顶级期刊,如《工程索引》收录的期刊、行业学会及重点大学的学报(自然科学版)或中文核心期刊中刊载的文献;国外文献要阅读权威的行业学会的学报及有影响力的系列刊物。

要尽量多地选择一次文献进行阅读,尽量少地选择被他人多次引用过的资料;阅读时不要被旁枝末节所干扰。

4. 文献归纳与整理

(1) 在阅读文献的基础上,要不断凝练总结,提高认识水平,全面掌握相关问题的解决方法和手段,了解其原理的先进性及方法的创新性和独特性。同时,用批判性的眼光寻找其存在的技术或理论缺陷,并从中发现新问题,提出新观点和新见解,从而确立研究的出发点。

(2) 对于遇到的困惑或难以解决的问题,仅靠闭门造车,冥思苦想,一时难以有好的解决方法,这时要有针对性地查阅类似的相关文献。"他山之石,可以攻玉",通过查看前人是否做过相关或类似的研究,采用了哪些好方法,解决了什么样的具体问题,与你的预期是否一致等,去领悟并从文献中寻找答案。

(3) 针对同样的问题,课题组成员要定期组织讨论会,每个人讲自己最近阅读的文献和心得,以及发现或感悟,并提出设想,进行讨论,通过多次碰撞,即头脑风暴的洗礼,最终发现可以深入研究的问题。

(4) 跳出行业圈,学习一些看似完全不相关,但研究程度相对透彻、理论丰富、方法多样、技术先进的领域,从而获取新的感悟和创新,如仿照人体科学的研究方法研究地球科学,利用仿生学原理研究材料科学、机械科学、光学等。

8.2.5 文献阅读与凝练

1. 三种知识积累

文献阅读可以使研究者的三种知识,即专业知识、相关研究领域的科学知识、文献查阅知识得到进一步积累。同时,文献阅读可以使研究者开阔眼界,拓展思路,找到解决问题的方法。

2. 三种能力培养

通过文献阅读、分析、整理、凝练和总结,选择研究课题的综合能力得到提升;搜集资料的能力、分析处理资料的能力得到锻炼;撰写文献综述、发展报告、研究总结报告的能力得到培养。

3. 主题凝练

通过国内外文献的详细阅读,不仅可以了解相关问题研究的历史沿革、进展和研究现状,以及热点和难点问题,还可以从全局的高度进行系统分析,评估所要研究的问题的科学价值、经济价值和社会价值,以及难点突破的可能性。同时,在文献的对比分析中,将核心主题进行凝练,厘清思路,选定研究方法、工艺步骤,对所要获取的技术指标或参数了然于心。

4. 把握热点开拓前沿

从选题到获得高水平的创新性研究成果,发表研究论文,通常要经历两年左右。我们在进行文献阅读和分析时,所选择的热点问题或难点问题,可能已经是他人几年前在思考的问题,因此,查找、研读相关课题组的研究文献时,要重点关注核心内容、理论认识及发展趋势,客观评价选题所研究问题的水平及可能存在的独创性。思考如何更上一层楼,以确定研究思路、研究方法及解决问题的方法等。

总之，选题要有创新性，发掘选题的研究深度、拓展研究层次，从不同视角去发现、寻找最前沿的研究课题，独树一帜，利用相关学科最新的科学发现、技术发明等成果解决难点问题。同时，发掘新热点，持续创新，引领发展。

8.3 科研项目与课题

项目是指事物分成的门类，或者说是由若干个彼此有联系的课题所组成的一个较为复杂的、综合的科研问题。课题是人们对未认识现象或尚未解决的问题开展具体的研究，具有相对单一而又独立的特征。

8.3.1 项目与课题的关系

项目要解决综合问题，即一个项目中包括若干个课题，每个课题从不同方面为项目寻找解决问题的方法。每一个课题的研究成果集合，形成项目的最终研究成果，项目以此方法完成最终研究任务。

课题与项目既有联系又有区别。其联系在于：课题是科学研究的最基本单元，课题间的有机组合形成项目。课题与项目的划分标准也是相对的，有时没有严格的界限。

对于研究者来说，通常从单个课题入手，通过不断深入，形成系列的研究课题，从而汇聚成项目。或者一个研究团队承担一个项目后，将其研究内容根据要解决的问题性质不同，分成若干个课题，而后逐一进行研究，以期取得较大的突破。较大的研究课题还可以分解为若干个子课题。

8.3.2 科研课题的分类

科研课题分类方法很多，按来源通常可分为横向课题和纵向课题两大类；按课题立项批准单位代表的级别可分为国家级课题、省部级课题和厅局级课题三类；按课题专项归类可分为重点课题、一般课题、青年课题、联合课题等；按课题研究内容的性质可分为应用性研究课题、实验性课题、经验研究性课题三类；此外，还有很多其他类型的分类方法。

1. 横向课题和纵向课题

（1）横向课题指由各类企事业单位或兄弟部门委托的各类科技开发、科技服务、科学研究等方面的研究课题，以及少量由政府部门非常规申报渠道下达的研究课题。横向课题是以解决社会生产过程中存在的瓶颈问题、难点问题，或技术、产品开发过程中的关键技术问题为目标的研究课题，由课题相关技术的需求单位负责和出资。

（2）纵向课题指上级科技主管部门或机构批准立项的各类研究计划等，包括重点研发计划项目、重大项目、重点项目等，国家及各省、自治区、直辖市科技部门管理的各种基金项目，地区科学基金项目、联合基金项目等。纵向课题是由各级政府的科技主管部门征集、评审和批准立项的，其经费从每年的相关计划项目预算中拨付。

2. 不同级别项目认定

在纵向课题中，按课题批准立项的部门所代表的级别分为国家级项目、省部级项目和厅局级项目。

（1）国家级项目是由科技部科技主管部门、基金委管理的各种类型的科技研发计划项目。除社科类外的研究项目，包括国家重点研发计划项目、重大项目、重点项目、面上项目、青年项目、优秀青年科学基金项目、国家杰出青年科学基金项目、地区科学基金项目、联合基金项目、国际（地区）合作研究项目等。即由国家科技部下达到相关承担单位的科研项目一般认定为国家级项目。

（2）由各省、自治区、直辖市科技部门（科技厅、科委）管理的基金项目，重点项目和专项项目，以及国家其他部委技术主管部门（如教育部、国家发展和改革委员会、工业和信息化部等）下达的科研项目，一般认定为省部级项目。

（3）由各省、自治区、直辖市非科技主管部门的各委［如教委（教育厅）、工信委（厅）等］下达的科研项目，一般认定为厅局级项目。

这种分级的认定，一般用于研究者的职称评审、绩效评定等。

3. 不同项目专项归类

为鼓励年轻人早日成才，担当大任，国家及各省、自治区、直辖市等科技主管部门还专门设立了各种级别的青年基金项目，优秀青年科学基金项目或杰出青年科学基金项目；为照顾少数民族地区，留住人才，协调发展，国家设立了地区发展基金专项，支持内蒙古自治区、宁夏回族自治区、青海省、新疆维吾尔自治区、新疆生产建设兵团、西藏自治区等经济相对落后地区的科技发展。部分依托单位的科学技术人员在科学基金资助范围内，开展创新性的科学研究，培养和扶植该地区的科技人员，稳定和凝聚优秀人才，为区域创新体系建设与经济、社会发展服务。

此外，还设有国际（地区）合作研究项目，创新研究群体项目，联合基金项目，国家重大科研仪器研制项目，重大专项项目，数学天元基金项目，外国学者研究基金项目，国际（地区）合作交流项目，以及为应对突发公共事件临时发布启动的紧急专项项目等。

4. 不同课题研究内容的性质

科研课题的基本类型可分为应用性研究课题、实验性课题和经验研究性课题。

（1）应用性研究课题的重点是研究如何把科学理论、相关规律等知识转化为具有应用前景的实用技术、设备装置、方法手段或人员技能等，从而达到提高社会生产力水平或改善人们的生活条件等实际目标。这类课题的特点是具有应用性鲜明的特点，注重效益，可在多行业间灵活转换，覆盖范围广。

（2）实验性课题是在前期的课题研究过程中，偶然发现某种新现象、新问题或新特点，并且具有重复出现的特征。对这一现象或特性的深入研究要具有一定的科学意义或带来一定的经济效益、社会效益；通过实验探索变量关系，揭示新现象的变化规律，从而获得新知识。实验性课题要求研究者必须有关于解决新问题的研究设想或初步的特征理论，用比较严密的实验流程、规范进行研究、评价，以便重复验证。通过预设实验条件，明确区分变量，加以精确控制，对测量的事物参数、现象特征进行特定操作。课题要突出实验的特点，充分体现实验要求。

（3）经验研究性课题通常为经验总结，分为一般性经验总结和科学性经验总结两个层次。课题研究是对科研实践中获得的有益经验、需要接受的教训，以及实验中获得的实验数据等进行总结，形成对相关研究具有指导意义的研究报告。该类研究具有预设目标，即十分明确的科研成果；是有意识地运用科研的方法，鼓励支持有丰富实践经验的学者依据科研思路，有计划、有步骤地进行分析、总结；需采用一定的方法搜集资料，进行全面对比、分析、总结和凝练。课题设计的目的是要通过经验总结，得出理性的认识，揭示相关规律，提出更有效的研究方法或相关学科发展方向的建议。

8.4 申请书与可行性论证

确定好选题及向部门申报后，就进入课题申请书的填报和可行性论证等环节。

8.4.1 申请书的基本格式

虽然不同区域、不同级别的科技主管部门的科研课题申请书模板的格式、内容和要求不尽相同，但总体而言，申请书的格式和内容相近，应包括封面信息、研究背景、主要研究内容、可行性论证、拟解决的关键科学问题、支撑条件及各方面承诺与单位审核部分等。

1. 封面信息

所有的科研项目或课题申请书，不管是横向课题还是纵向课题，其申请书的封面都有相对固定的格式。

封面信息包括申请代码、接收编号、项目（课题）类别、资助类别（亚类说明、附注说明）、项目名称、申请人姓名及联系电话、依托单位、通信地址、邮政编码、电子邮箱、申报日期、项目发布单位名称等。

2. 基本信息

个人信息包括申请人姓名、性别、出生年月、民族、学位、职称、工作年限、电子邮箱、电话、国别或地区、通信地址、工作单位、主要研究领域等。

依托单位信息包括单位名称、联系人、电子邮箱、电话、网站地址等。

合作研究单位信息包括单位名称、地址等。

项目基本信息包括项目中英文名称、资助类别、申请代码、基地类别、研究期限、研究方向、申请直接费用、中英文关键词等。

3. 内容摘要

内容摘要是用有限字数（300～800字）说明该项目课题研究的重要性。内容摘要包括研究对象、研究目的、成果的意义、相关研究背景及开展研究的重要性，结合研究目的分析内容的必要性、可行性和创新性，提出研究原则及设想、关键技术、研究方法和手段，以及申请者和团队的科研能力、软硬件条件及承担单位的保证条件，等等。

强调研究的必要性、可行性和创新性是内容摘要的重点。

4. 申请书的主要内容

各级科技主管部门的课题申报都有自己的特色模板，虽然各有不同，但主要研究内容、填报格式基本相同，主要内容包括以下几方面。

（1）课题名称及内容摘要。
（2）研究目的与意义。
（3）项目的立项依据（国内外研究现状分析）。
（4）拟采取的研究方案（研究内容、研究方法、技术路线、实验手段等的说明）。
（5）拟解决的关键科学问题或关键技术问题。
（6）可行性分析（理论可行性、技术可行性、经济可行性）。
（7）研究特色与创新。
（8）年度研究计划及预期研究成果（拟组织的重要学术交流活动、国际合作与交流计划等）。
（9）研究基础（与本项目相关的研究工作积累、已取得的相关研究的工作成绩）。
（10）工作条件（已具备的实验条件、尚缺少的实验条件和拟解决的途径，包括利用国家实验室、国家重点实验室和部门重点实验室等研究基地的计划与落实情况）。
（11）课题组成员及其分工。
（12）经费预算。
（13）其他。

5. 单位审核与承诺

申请者签署承诺书，保证申报内容的真实性和完整性，并从法律层面全权负责课题的实施及经费的合理使用。

团队成员签名确认，以督促每名成员了解自己应该承担的责任。

单位技术委员会实事求是地进行科学评价并签字，主管领导签字、盖章，如有合作单位联合申报，合作单位的主管领导同样需要签字、盖章，并附上双方的合作协议。

从程序上环环相扣，单位为研究者及团队成员提供硬件（实验条件、场地）条件和时间、精力保证。研究者和团队成员各司其职，努力拼搏，争取有重大突破。

8.4.2　申请书的填报要点

申请书要围绕选定的研究内容和确定的目标，为验证提出的设想或预期成果构建研究内容，设计方案，并论证提出的研究设计的逻辑合理性、科学性、创新性和可行性。

1. 项目名称

项目名称是为申请的研究项目起一个正式的名称。其要点是以研究内容为基础，关键技术或创新点起点睛作用，高度概括，提纲挈领，确切反映主题的标题。项目名称要求概念准确、书写规范、简洁醒目，一般不超过 20 个字。

科研项目名称一般应包括三个部分，即研究的问题、研究的对象、研究的方法。例如，河北工业大学能源与环保材料研究所获得的"十一五"国家科技支撑计划重点项目名称为"高性能非金属矿物材料的制备技术研究"。

总之，研究的问题要具体，对研究对象的总体范围要表述明确。

2. 研究目的

研究目的是课题通过什么手段来解决什么问题，具有什么样的功能、结构或作用，或得到什么样的科学发现、技术方法、工艺等。例如，发现科学规律，从而形成理论或可以量化的定律，或者期望研究的对象获得推广应用，取得相关知识产权等，即详细说明研究的总体意图和理由。研究目的是比较具体的参数说明，必须清楚地写出来。

研究目的既是研究的起点，又是研究的终点。

3. 研究意义

研究意义是要回答得到的研究成果或结论有什么意义或价值。研究意义包括理论意义、经济意义及社会意义，所对应的价值就是研究的科学价值、潜在的经济效益及可能的社会效益。回答"为什么要研究"也是课题的研究价值所在。

理论意义或价值可以从宏观层次（如国家发展、国防安全等战略需求）的高度加以说明，宏观上应符合国家经济建设、科技发展的战略需求；也可以强调研究的内容及结论对相关学科、领域的理论发展产生什么贡献，或建立的机理模型有什么指导意义或作用。

经济意义是研究成果对行业发展、产业升级、提质增效，特别是对解决相关行业发展中遇到的瓶颈问题的作用、对经济发展的促进作用或潜在的经济价值。

社会意义是研究成果对提高大众福祉、幸福感，增强社会和谐稳定、生态健康、精神文明等的作用或价值，如节能减排、绿色可持续发展相关课题的研究成果具有明显的社会意义，符合国家发展或社会需求。

只有目标明确、具体，才能知道研究的具体方向，把握研究重点，明确研究思路。

8.4.3 可行性论证

可行性论证是此科研项目或课题是根据什么而提出的，要说明研究目的、要解决问题的背景条件，以及达到相关研究目的后的作用、价值及意义。

简明扼要、条理清晰、严谨科学是撰写立项申请书的前提和原则。写作中不仅要杜绝自创专业词汇，特别是不成熟的怪异辞藻，还要避免缺乏因果关系、逻辑关系的强行联系，避免评审专家认为逻辑不严谨而晦涩难懂。

1. 研究背景

研究背景包括对国内外相关研究的现状分析或研究背景介绍，阐述相关选题国内外的研究历史、现状及发展趋势。通过对不同时期的国内外相关研究文献的分析，厘清来龙去脉，找到研究思路，发现理论依据和技术依托，确定研究目标。

介绍研究背景的目的如下。

（1）通过分析找出该领域客观存在的问题。

（2）说明开展该研究的必要性及重要价值。

（3）提出解决相关问题的创新性研究思路或独特方法，进一步凝练研究主题，以此来说服评审专家支持我们的观点，获得高分。对选题有重要参考价值或启发意义的重要参考文献一定要标引出来，作为理论依据和支撑材料。

介绍研究背景时，要展示申请者的专业知识和科普水平，在分析前人研究成果的基础上引出科学问题，强调其重要性。通过研究动态及存在的问题，分析并说明他人研究遇到的瓶颈问题或争议问题，进而引出本课题将要研究的就是前人没有很好解决的痛点问题，提出我们解决问题的新思路、新方法或新途径。结合前人的理论和技术研究成果，进一步说明相关研究的必要性和前景，并简单提及研究思路、研究方法、工艺过程、技术路线及实施步骤等，重点是该研究的创新性、独特性和可行性等。

2. 研究内容

确定选题（做什么）之后，总体设计思路（如何做）就是研究内容。

（1）先将研究目的分解成多个解决具体问题的板块，分析不同板块的研究内容分别解决哪些不同层次的具体问题。

（2）完成研究目的必须解决的关键问题的总体设计，然后结合理论针对关键问题展开分析。通过文献分析找到要研究的问题及其存在的原因，提出解决问题的思路，通过科学实验验证对问题解决方法进行设想或设计，通过数据分析和建模解决理论层次的机制问题，最终使总问题得到圆满解决，达到预期研究目的，完成研究。

（3）分析研究内容的设置是否科学、合理，是否能很好地完成研究目的，这也是立项申请书需要重点阐述的核心和重点内容，是能否获准立项的重要依据。由于研究期间肯定会出现各种问题，因此需要不断地根据具体现象或问题采用合适的方法进行解决。

分析研究内容有以下几点必须注意。

①围绕研究目的这个总纲，评估确定重点开展的研究内容，采取的具体、可操作的研究方法及相应的技术路线。

②通常一个研究目的可能需要通过几方面的研究内容来实现，一个课题的研究目的不能太多，一般为3~5个，并要集中于一个问题的不同侧面。

③对提出的问题给出相对完整、可行的解决方案，预期有完整的结论。相对于研究目的和研究意义而言，研究内容是比较具体的参数，必须条理清楚地展开。

④创新是能否突破问题的关键，合理应用现代科技研究的新理论、新方法和新技术成果，解决要研究的问题，是体现项目新颖性、先进性的重要环节。

（4）研究内容包括原理及模型设计，不同类型参数的影响实验（包括单因素影响、多因素影响、正交试验等），结果及现象的定量测试、定性测试，数据的分析及科学评价，结果变化规律的建模及理论化提升，影响机理分析与假设验证，等等。总之，方法要科学、合理、实用，手段要先进、稳定，结果要准确、可靠，过程可重复，结果可验证。

3. 研究方法

研究方法是提出具体解决问题的方法。研究方法与研究目的的关系是服务关系，即研究方法强调按科学原理提出解决问题的可重复验证性的方法，以及可靠的检验、评价方法、印证手段，具有可验证的特征。

研究方法要具有创新性，在解决问题的方法上，特别强调创新性原理的使用，对创新性方法和作用加以呈现。课题申请书的核心就是提出解决问题的创新性研究方法，通过可验证的手段，评价实现研究目的的可能性和创新性。

提出的解决问题的具体方法应与课题的研究目的相匹配，以解决客观问题，达到相应研究目的的参数指标为原则，并且研究方法和得到的结果一定是可重复检验的。研究方法要具体、准确，说明相关方法的选择依据、具体内容和步骤，甚至关键细节等。提出的创新性研究方法或思路能够被同行专家认可，能够接受比较、鉴别与证实。因此要完整、细致、详细地写明研究方法的内容、重点及关键细节。

虽然研究方法有着比较广泛的适应性，但是随着研究领域、研究对象的不同，问题性质差异很大，解决问题的角度、路线、方式不同，选择的研究方法也不同。研究方法不仅要与课题所要解决的核心问题相互对应，而且要与研究内容中解决的具体问题相匹配。因此，正确的做法是先对研究内容所涉及的问题加以归类，然后根据各类问题设计适合的研究方法。

4. 技术路线

技术路线是为达到研究目的，将计划准备采取的技术手段、具体实施步骤及解决不同问题所采用的各种相互关联的技术方法，利用框图、流程图有机地联系到一起，以研究路线流程框图的形式展现。技术路线应尽可能详尽，每一步的关键点要阐述清楚，使评审专家一目了然，并具有可操作性。

绘制技术路线主要包括以下两步。

（1）绘制树形图。按研究内容流程，写出主次关系，一般包括研究对象、研究方法、拟解决的问题、相互之间的逻辑关系等。

（2）绘制结构示意图。根据研究内容，设计研究顺序、相互关系、研究方法及解决的问题，绘成结构示意图。

国家科技重点研发计划课题的技术路线如图8.1所示。

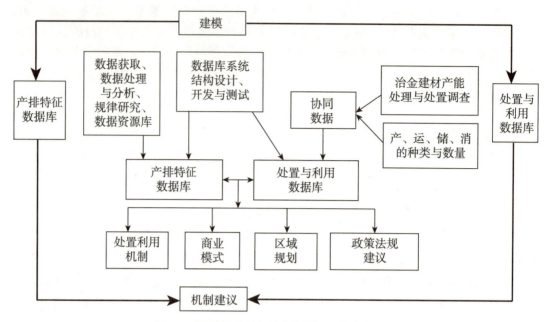

图 8.1 国家科技重点研发计划课题的技术路线

从研究内容、研究方法到技术路线,都是回答为什么要研究这个问题,为专家评判这个选题是否有研究价值、研究方法是否具有科学性、先进性、可行性,研究采取的方法能否奏效,论证逻辑性是否有明显的缺陷等提供判断依据;也限定了研究问题的性质和类型。

5. 拟解决的关键科学问题与关键技术

关键科学问题不仅是课题研究的中心思想、研究方向和研究目的,也是申请书的重要内容之一。

科学研究本身就是发现新现象、认识新规律、了解新物质和开创新原理;技术研究是寻找新方法和新手段。编写关键科学问题之前,必须明白什么是科学问题,科学问题是科学的问题,而不是技术的问题。科学问题是对技术问题的更深层次的本质规律总结,能够对客观事物的本质认识有普遍的指导意义。

对于研究课题而言,其中的科学问题强调"是什么"和"为什么"的问题;而不讨论"做什么"和"怎么做"的技术问题。例如,中国春秋时期的鲁班将勾股定理应用于大量的古代木结构建筑中。勾股定理是技术发现,属应用范畴;而直角三角形中 $a^2+b^2=c^2$ 是科学发现,是解决直角三角形边长关系的科学问题。再如,奥斯特发现电磁效应是科学问题,怎样去发现就是技术问题。同样,研究一个基因的功能和作用机理是科学问题,怎样去研究就是技术问题。研究一种化合物的作用机理,或发现药物作用的靶点是科学问题,怎样去研究和发现就是技术问题。

关键科学问题就是从项目中凝练出重要的、有意义的、需要解决的新现象、新物质、新原理的变化规律或本质;是不得不做、非做不可,可能开天辟地、继往开来、造福人类的科学发现。我们需要去研究这些关键科学问题,即从研究的重要性、必要性中将其引出，由研究动态说明他人研究的瓶颈、存在的问题及我们的创新思路。关键科学问题中的"关键"很重要，若不解决，则可能影响问题的正常解决或影响研究进度，甚至导致项目无法完成。所以，关键科学问题必须解决。既然"关键"说明解决起来有难度，我们就需要用独特、创新的方法着力解决。

关键技术是指在项目研究中，对项目所拟定的任务指标的完成过程中起到最核心和最关键作用的技术方法，也可以认为是起决定性作用的实验技术或研究手段。任务指标的完成情况是需要特别注意的关键点。

关键技术也可以是为了完成研究、达到目的需要克服的困难。有些关键技术是保密的，只提及基本的研究思路和基本的研究方案即可。甚至有拿到重点基金的研究人员在答辩时直接对评委提出的有关核心技术的问题以"涉及技术保密"为由，可以拒绝回答。

6. 可行性分析

通常，工程项目的可行性分析是以经济效益为核心，围绕影响项目的各种因素，即项目的主要内容和配套条件（如市场需求、资源供应、建设规模、工艺路线、设备选型、环境影响、资金筹措、盈利能力等），运用大量的数据资料，从技术、经济、工程等方面进行调查研究和分析比较，并对项目建成后可能取得的经济效益、环境效益进行综合性预测，从而提出该项目是否值得投资和如何进行建设的咨询意见。

为了佐证结论的可靠性，工程论证中往往还需要加上一些附件（如试验数据、论证材料、计算图表、附图等），以增强可行性报告的说服力。因此，可行性分析是一种为项目决策提供依据的综合性的系统分析方法。可行性分析应具有预见性、公正性、可靠性、科学性等特点。

作为科研项目（课题）的可行性论证，即项目（课题）本身的论证，需要回答理论上是否能做，技术上具体怎么做，有没有做的条件，有哪些可能面临的问题，以及如何解决这些问题，等等。在科研立项中，可行性分析要全面、系统地分析本研究项目达到预期目的的可能性，包括支撑的基础条件、有利因素、不利因素、必须克服的问题等。可行性分析不等同于基础研究，主要阐述理论可行性、方案可行性、技术可行性及实施条件的可行性等。

随着项目研究类型及阶段的不同，可行性分析的重点也有一定差别。

（1）基础研究更注重理论方面的可行性和采取的技术手段能否促成研究目的的实现，强调技术原理的科学性和所用研究方法解决问题的可行性。

（2）应用开发研究则强调技术方法对达到研究目的的可行性，以及后期经济可行性，是否有经济效益，在强调保护生态环境的今天，环境效益也成为衡量经济可行性的重要指标。

（3）工程开发研究更注重投入产出比是否合适，强调主要设备、配套设施如何科学布局，各系统如何高效匹配，输入与产出路径的优化，环保措施的落实到位，潜在危险的应对方法，等等。

7. 研究特色与创新

研究特色与创新是项目申请书中的亮点部分，需要强调申请者在本项目研究中采用的独创性方法，强调采用了哪些创意，可能产生的标志性创新或突破，及其与关键科学问题的关系，以加深专家评审的印象，提高通过率。

研究特色与创新可以是一点，也可以是几点。如果是开创新领域的创新性选题，研究特色与创新就显而易见，但这种开创性类型的研究总体较少。研究特色与创新可以是理论观点、研究内容的创新；也可以是工艺路线和技术方法的创新。

总之，课题类型不同，其特色与创新之处的表述、依据（立论）也应有一定的区别。研究特色与创新能够展示研究设想的亮点，提出前人未曾有过的新思想、新理论、新方法。同时，要客观、准确地强调本创新研究与相关领域中国内外同行已经使用的方法、工艺或理论见解的区别。

8. 年度研究计划

年度研究计划是将研究内容进行适当分解，并根据难易程度、相互衔接关系和层次，合理安排先后研究的顺序及要达到的阶段性目标，从而科学、有序、高效地开展研究。例如，国家青年基金课题一般3年完成，面上基金课题一般4年完成。一般情况下，都是先从基础问题开始，分阶段进行研究，每个阶段从什么时间开始至什么时间结束都要有目标规划，并按时间节点评价研究的进展状况。

具体来说，各年度的研究内容一般以半年为周期进行安排。可把研究方案中的小标题分别罗列到规划的时间表中，简要地介绍这一周期中将要开展的具体研究工作，而且需要明确说明预期达到的目的或技术参数。

年度研究计划要求详细，层次分明，具有可操作性，有实施的条件，有可以达到的考核目标，可以留有余地，并与预期目的呼应。无须用专门的时间周期去进行文献查阅、数据整理、论文撰写、专利申报、结题准备、项目鉴定、课题验收等。

对于国家重点研发计划课题、重点课题等，可以组织各课题组开展重要学术交流活动、国际合作与交流计划等。而面上基金课题、青年基金课题及省部级纵向课题，一般仅参加国际或国内的学术会议。

9. 预期研究结果

预期研究结果是计划在项目完成时能够获得的理论研究成果，如新发现、新规律、新认识，以及发表高水平论文。技术成果包括技术发明或设备、装置、产品的新型设计、工艺方法，以及材料、元器件的创新设计；还包括信息化、智能化相关的软件著作权，各级（国家、行业、企业）标准的制定，中试生产线的建设，国家、地方政府科技部门的奖项，博士、硕士和专业技术人员等高层次人才的培养。

科学研究必须有一定数量的研究成果，其成果数量与预期研究目的总体吻合，大多数研究成果可以量化，指标可以测量，结果可以验证。

对于高校师生，不仅要从事科学研究，还要开展教学研究。对于教学科研来说，预期研究成果还应包括调查报告、实验报告、教学课件、教案、案例、光盘、教具、学生作品、人才培养等。

10. 研究基础

研究基础是指在项目课题申报时，申请者在前期已经开展过的相关研究情况的总结。研究基础包括与本项目相关的知识积累、实验情况探索、已取得的阶段性研究成果及其价值，前期开展的其他科学研究中取得的有影响力的成果、特殊发现或研究经验，对本课题研究可能提供的关键科学问题、研究内容、技术方法的支撑作用，等等。已经发表的相关重要依据论文、专利等可以作为直接证据。

研究基础还包括课题申请人的情况，特别是从事相关专业或研究领域曾经获得的课题资助情况、已发表的主要学术著作、获得授权的专利、获奖情况等，这些都是评估申请者能力的非常重要的依据；同时，课题组骨干成员的相关研究情况应简要说明。

需要注意的是，避免正在开展的已有研究课题与申请内容发生冲突或矛盾；不必强行将已有工作与申请内容相联系，可以不将自己目前负责的所有研项目都写上；最好将近期自己已发表的高水平论文均列出，哪怕与申请的课题内容无关，高水平论文能够从侧面说明申请者的科研能力和写作水平。

申请者切忌写个人影响力（如×××津贴获得者）、声望（×××理事长、×××主任、×××委员）及与申报课题无关的奖项或荣誉等。

11. 工作条件

工作条件是申请者团队所依托的实验室，目前已具备的实验条件，特别是实验设备、配套设施、先进的测试表征手段等。其中，实验室已具备的实验条件主要是指仪器、设备、装置等，以及环境条件（如无菌实验室、超净实验室、恒温实验室等）等硬件条件。工作条件是对申请研究内容需求的满足程度和支撑。

完成课题尚缺少的一些特殊的实验条件及其解决办法应予以说明，如需要补充的仪器设备（但不可以是课题研究中最关键的仪器设备或实验条件），以免被专家评审误认为基础设施条件不满足需求。对缺少的个别实验设备或测试条件，一般可以借助周边兄弟院校、科研院所的实验室来解决，这是非常重要的解决措施之一。

此外，学校各级部门的大力支持（如给予课题组成员开展本课题研究的时间保证及资料、设备等科研条件的充分保证），课题组骨干成员的年龄结构、知识背景、学历结构、研究经历、受资助纵向课题级别、经费情况，以及团队成员间的合作模式、科研协作状态等，都属于重要的支撑条件，是构成支撑研究的软件条件或环境条件，对课题的顺利立项起一定的加分作用。

12. 骨干成员介绍及分工

骨干成员是课题组的关键成员，一般是挂靠单位的正式员工，是承担主要研究任务的博士研究生，而不是硕士研究生或本科生。需要填报骨干成员的学习经历、工作经历和科研经历，以及曾经获得的各级科研项目、发表的研究论文、获得的授权专利、奖励等。

课题组成员的团结协作是高质量完成课题任务目标的重要保证。为使研究工作顺利、稳步、扎实、有序推进，课题负责人应将课题研究的任务目标统筹分解成若干个相互关联的小课题，或小的模块单元；并根据课题组成员的知识结构和专长，分别交给不同的成员具体负责实施。每个子课题按计划完成，即整个课题的任务目标完成。子课题完成的质量直接影响最终课题完成的质量，因此，课题负责人应根据完成进度适时调整研究工作。

13. 课题经费预算

课题经费是指在这项课题研究过程中的各种必需开销，课题经费预算具体包括需要的仪器、设备购置费，实验原材料（耗材）、试剂购置费，仪器设备租用费及使用维护费，实验环境装修及搭建费，外协费，调研费，咨询费，外聘人员的工资及研究生生活补贴，会议费，资料费，差旅费，交通费，以及其他必要开销。

要详细列出相关项目的预算说明，对于预算中的大额支出要列出明细，甚至还要有协议，如大额测试费就要与测试单位签署正式的服务协议书。课题经费应正确使用，要花在课题研究过程中。

此外，其他费用包括印刷费、办公用品支出及研究人员的绩效奖励等。

14. 课题申报书填写过程中需要注意的问题

选题应避免：过于宽泛，问题指向不清楚，或提出的问题针对性不强，目的不够明确；研究内容不具体或者过于繁杂，研究内容之间缺乏内在的逻辑联系；研究步骤衔接关系不清晰，实验方法、测试手段无法保证任务目标的完成；研究过程的因果关系、研究成果、技术指标或实验参数不确切；预研究基础不扎实或不可靠；研究团队，特别是申请人实力不足；实验室研究条件不具备；研究的可行性分析不够客观；不必要的错别字，口语化等细节问题。

8.4.4 网上填报

将填写好的各种电子文档（如申请书、佐证材料等）转换成指定格式，通过指定的科研管理平台在规定的时间内填报、上传，待承担单位科技管理人员审核合格后，确认申报，并由系统生成带有项目类别、识别码、版本号的电子版申请书，然后按要求打印纸质版，交由单位科研主管部门统一审核、盖章后报送。

至此，作为课题申请人来说，对课题填报、修改等的申报工作完成，等待科技主管部门组织专家评审的结果。

8.4.5 任务书

经过约半年的等待，最终只有部分优秀的申报书可以通过专家评审，获批立项及资助。此时，课题申请人就自然成为课题负责人。获批立项后，开始按要求修改完善必要的任务书的内容，确认无误后，下载任务书，并打印、盖章，报送相关科研主管部门，立项完成，进入科研实施阶段。

任务书中的研究内容、过程方法、技术指标，以及任务目标等考核指标，应与申请书一致，不能随意更改。

8.5 项目研究过程

8.5.1 实施过程

签订任务书后,课题就进入实施阶段。在实施阶段,除按年度计划进行正常的研究外,还必须按期在特定时间填报研究进展情况、报告取得的研究成果及存在的问题等。

1. 实施方案

实施方案是立项批准后,课题负责人或课题秘书认真分析课题的研究内容,根据要解决的具体问题的特点,组织团队成员制定科学、合理的实施方案。实施方案的具体内容如下。

(1) 全面分析研究内容的内涵,对研究内容设计的具体问题按逻辑关系和承接关系进行再次分解,成为易于实施的小课题,从而化整为零,逐个突破。

(2) 针对每一个课题的研究特点,分别寻找最有效、最科学的解决问题的方法和途径。

(3) 根据要研究的问题,制定具体的实施方法,包括流程设计、实验方法确定等。

(4) 制定研究结果的测试、计算、评价及验证方法。

总之,立项批准后,马上进入研究准备阶段,购买必要的原材料、设备、工具等,准备和完善实验条件,开展探索实验,改善研究环境;同时,寻找更科学、更简单、更有效的方法,剔除多因素的干扰,提高研究效率。

2. 年度报告

年度报告也称年度进展检测报告,是每年都要定期总结的这一年来的研究工作进展,如取得了哪些具体的工作成绩(发表的研究论文,申报的专利,获得的奖励,参加的有影响力并做特邀报告的学术会议,以及生产示范线建设情况),有什么新发现,还存在什么问题需要进一步解决,等等。与任务书中规定的年度研究目标进行对照,从而找到不足,完善新一年的研究计划。

3. 中期报告

中期报告是项目进行一半时,由批准立项的科技主管部门组织专家,对每个课题的研究情况进行摸底,从而督促、鞭策研究人员,加快研究进度,提高研究效率。在与任务书规定目标的对照检查中,发现存在的问题,查明影响进度的原因,通过评估,给出处理意见,从而减少投入风险,提高资金的使用效益。

中期研究目标的衡量指标主要有研究取得的进展及技术指标,研究论文及专利情况,奖励,学术交流,以及任务书规定的项目(如标准、装置等)。通过梳理发现问题和不足,进而改进方法,提高效率,完成好后续的研究计划。

此外,由于一些不可控因素,因此需要对课题的研究计划、时间周期及研究成员等进行变更；同时，要写出书面报告进行上报。

8.5.2 结题过程

任务书规定的研究目标全部完成后，就可以提出结项申请报告。同时，需要对研究工作进行全面总结，编写研究工作的总结报告和课题研究的技术报告，提供研究成果的佐证材料（包括成果分析报告、测试报告、发表的论文、专利、软件著作权、用户报告、经济效益报告、环境评估报告等）及成果技术鉴定报告等。

1. 研究工作总结报告

研究工作总结报告是说明课题从立项到执行期间，所开展的能够促进该研究进行的各种相关工作或活动，是对研究工作进行事务性说明，而非学术性说明，属于工作情况总结汇报。

在结题时，专家组通过听取或阅读课题研究工作总结报告，了解课题研究工作的历程。研究工作总结报告主要由封面、正文、署名和日期等部分组成。其中，正文部分的主体是撰写的重点，具体内容如下。

（1）课题概述及立项背景。

（2）开展研究的情况和取得的研究成果。这部分是主要内容，重点阐述项目执行过程中开展的具体研究，取得的研究成果（如新发现、新规律、突破性研究成果，获得的主要标志性研究成果），项目支持发表的高水平研究论文，申报的专利，获得的奖励，制定的标准，以及研究过程中团队成员分别作出的重要贡献，等等。

（3）研究发现及创新，先进性和闪光点说明。

（4）任务书规定参数指标与实际完成情况对比说明。重点有：①生产示范线建设及达到的技术指标；②申请及授权的国家发明专利、实用新型专利、软件著作权等成果；③形成的国家标准、行业标准或团体标准；④技术推广应用或经济效益情况；⑤国内外期刊发表的高水平研究论文情况；⑥人才培养情况。

（5）课题经费的使用情况说明。

（6）研究成果的潜在应用及价值分析，包括科学价值、社会效益、经济效益，用户使用情况说明，以及企业的用户报告，等等。

（7）结论及自我评价，说明是否完成课题规定的任务及完成程度。重点说明研究成果的创新性（理论发现）或产品、工艺的创新性。同时，指出该领域的发展趋势，下一步研究和努力的方向等。

此外，还可以包括研究过程中发生的重要事件、时间节点、保障措施、存在的问题及下一步工作建议或今后努力的方向等内容。通常，研究工作总结报告直接在相应的科技管理部门的平台上填报。

2. 课题技术总结报告

课题技术总结报告是在承担的课题研究结束时，必须进行项目结题，从而对科研管理部门下达的研究任务的完成情况有一个文字说明，做一个"切割"。

结题过程中的一项重要任务是对整个研究过程及研究成果进行系统整理和分析，形成研究成果的书面材料。其具体内容如下。

（1）封面。封面信息包括：项目编号、属性、名称，课题负责人及其联系方式，课题承担单位名称、通信地址、填报日期，等等。

（2）正文。正文内容包括：①研究背景及国内外研究进展分析；②研究方法及流程，主要是研究对象、实验过程及测试表征、数据处理与分析；③实验结果与讨论部分：a. 不同变量、参数对结果的影响研究，通过参数优化与综合分析，结合单因素实验，获得最佳工艺条件及体系参数等；b. 通过不同类型实验，证明分析与验证研究结果的可重复性、结果的规律性、科学性和严谨性；c. 总结形成机理，建立理论模型，分析凝练出科学规律；d. 总结研究成果，形成闪光点、创新点和值得重视的工艺参数。

（3）结论。结论部分包括：①说明研究取得的结论成果，如理论创新、技术突破、潜在应用价值；②取得的主要研究成果。

3. 佐证材料

研究课题执行过程中所取得的主要研究成果都要有相应权威部门出具的认定报告，即佐证材料。由于研究成果的类型不同，出具认定报告的权威部门各不相同，具体如下。

（1）论文由国家授权的科技查新中心认定。

（2）专利、软件著作权等证书或原始受理文件、公开文件由科研部门相关人员审核，加盖单位公章。

（3）样品要有经过认证的权威部门出具带有相关认证标志的质量检测报告。

（4）试用情况要有签字、盖章的用户证明。

（5）奖励、标准、培养的高层次专业人才等均要有被认可的佐证材料。

总之，科学研究不得有半点虚假，提供的所有佐证材料都要真实、准确。

4. 科技成果鉴定报告

科技成果鉴定是评价科技成果质量的方法之一。它可以鼓励科技成果通过市场竞争及学术上的"百家争鸣"等多种方式得到评价和认可，从而推动科技成果的进步、推广和转化。因此，科技成果鉴定是正确判别科技成果的质量，促进科技成果的完善和科技水平的提高，加速科技成果推广应用的有效手段。

通常，凡是列入国家和省、自治区、直辖市及国务院有关部门的科技计划（以下简称科技计划）内的应用技术成果，以及少数科技计划外的重大应用技术成果，原则上都要进行科技成果鉴定。鉴定方式一般分为会议鉴定和函审鉴定两种。

（1）会议鉴定。会议鉴定是对鉴定课题进行现场考察、测试，经过讨论答辩后对科技成果做出评价。具体要求是：由上级科技主管部门指定七名及以上学风严谨、具有高级技术职称的同行专家（专家不能是成果完成人）组成鉴定委员会。申请鉴定课题时，必须将鉴定委员会推荐人员名单与鉴定材料同时报上级科技主管部门批准。

（2）函审鉴定。依照国家科技成果鉴定办法的规定，课题负责人也可以通过函审的方式进行鉴定。

申请科技成果鉴定的课题应符合下列条件。

（1）完成合同的约定或者任务书规定的任务要求，课题已正式使用半年以上。

(2) 不存在科技成果完成单位或者人员名次排列异议和权属方面的争议。
(3) 技术资料齐全，并符合有关标准和规范。
(4) 具有经科技部认定的科技信息机构出具的查新结论报告。

5. 结题报告

课题负责人报送结题申请时，应附上下列材料。
(1) 立项通知书。
(2) 研究方案或计划（及修订情况）。
(3) 结题申请书。
(4) 研究报告。
(5) 工作报告（工作重要过程报告）。
(6) 成果分析报告（或效果检测报告）。
(7) 反映全部研究成果的印证资料（如阶段性研究报告、论文、专利、用户报告、研究材料等）。
(8) 反映研究过程的主要资料（如阶段计划总结，研究工作中的各种原始记录、照片、工作日志、会议记录、教育教学效果的测试、评价材料、获奖证书、读书笔记、心得体会、个案、叙事资料、音像资料、问卷、调查报告等）。

思 考 题

1. 你家乡的×××桥简介（200字）
可以从该桥的历史、结构类型、材质、美学、地域、作用等方面论述。
2. 以熟悉的桥（感兴趣的桥或梦想中的桥等）为对象，通过简化设计，重新绘制其结构，写一份"×××纸桥模型制作及×××"的立项申请书，要求包括以下内容。
(1) 课题名称。
(2) 原型桥的背景和制作纸桥模型的目的及意义。
(3) 纸桥模型制作过程中主要解决的问题。
(4) 纸桥的结构设计与分析。
(5) 纸桥的制作方法、可能存在的难点问题及解决方法。
(6) 纸桥模型的最终尺寸和形态特点。
(7) 课题组成员及其分工（如果有）。
(8) 课题经费预算（如果有）。
撰写立项申请书时应注意如下事项。
(1) 课题名称最好体现目标。即你想做出什么样结构的纸桥模型，或解决纸桥模型制作过程中的难点问题，或实现什么目标。
(2) 简述原型桥背景和纸桥模型制作的目的及意义。
①所做纸桥模型的原型桥（如卢沟桥、赵州桥、五亭桥等）介绍。

②纸桥制作及研究的作用，纸桥原型桥的历史及现状。

③引出问题，说明你想做纸桥的目的及意义。

目的即描述所做纸桥的尺寸、形态、结构特点等。

意义即通过纸桥模型的设计与制作对你个人动手能力、思维设计能力、想象力、示意图绘制能力、科研立项能力等的锻炼，或能够引发的兴趣，或对团队协作教育的意义，或模型在古建筑设计中的作用，以及对国家、社会可能有的潜在作用等。

（3）研究目标与主要解决的问题。研究目标即做成一座怎样的纸桥模型，如桥的尺寸、结构，用什么样的纸，用多少张纸。主要解决的问题有：①原型桥的结构特点、轮廓特征及作用，或受力分析，简化设计的理念及想强调的问题；②绘制效果草图；③说明需要解决的难点问题。

（4）制作方法及技术路线。对照原型桥及绘制的模型草图，利用纸张的特性，结合剪裁、折叠、卷弯、拼接等技术进行组件加工，通过粘贴、捆绑来实现组件装配，说明制作中遇到的问题及通过什么方法来解决等。技术路线就是怎么从纸张，经过什么程序，最终变成纸桥的过程。

（5）成果形式。成果形式通常是纸桥模型的大概参数或说明，或由此获得的创意灵感，申请新型专利，发表论文。如果是团队协作完成，就要说明课题组成员的分工。另外，可以简要说明从设计、制作及思考中获得的感悟，或对完成纸桥制作项目的信心。

第 9 章 科技论文写作

 本章教学要点

知识要点	掌握程度	相关知识
科技人员与科技论文	了解科学研究成果； 掌握科技论文的价值与作用	论文与科技论文
科技论文的分类	了解按研究内容、性质和研究方法分类； 了解综合型分类； 了解公开发表论文的分类	理论性论文、实验性论文、应用性论文、描述性论文、设计性论文
科技论文写作	掌握科技论文的基本结构	中英文对照翻译及注意事项
科技论文写作要求	掌握写好科技论文的方法； 掌握论文撰写原则； 掌握论文修改与评价； 了解行动启示及八种将被时代抛弃的人； 掌握课程结课要求	科技论文的基本特征

导入案例

科技人员不仅需要具备较高的专业知识和科研能力，而且需要具备遣词、造句、立意、谋篇、表达、逻辑、语法、修辞等各种基础知识、文字修养和写作技能。这样才能更好地对所从事的研究工作和取得的成果进行科学总结、深入挖掘、充分交流和凝练提高。因此，科技工作者在进行科学研究、技术开发工作的同时，应努力具备科技论文写作的基本功。

 课程育人

习近平总书记曾提出："广大科技工作者要树立敢于创造的雄心壮志，敢于提出新理论、开辟新领域、探索新路径，在独创独有上下功夫。""广大科技人员要牢固树立创新科

技、服务国家、造福人民的思想，把科技成果应用在实现国家现代化的伟大事业中，把人生理想融入为实现中华民族伟大复兴的中国梦的奋斗中。""自力更生是中华民族自立于世界民族之林的奋斗基点，自主创新是我们攀登世界科技高峰的必由之路。"

引领当代大学生不断增强做中国人的志气、骨气、底气，树立为祖国、为人民永久奋斗、赤诚奉献的坚定理想。要锤炼品德，自觉树立和践行社会主义核心价值观，自觉用中华优秀传统文化、革命文化、社会主义先进文化培根铸魂、启智润心。加强道德修养，明辨是非，增强自我定力，矢志追求高度、提高境界、品味人生。教育学生勇于创新，深刻认识科技前沿，把握时代潮流和国家需要，敢为人先、勇于突破，以勤奋与才智报效国家，开拓进取，服务社会。

9.1 科技人员与科技论文

9.1.1 科学研究成果

科学研究成果是科技人员在从事项目或课题研究中，通过实验、观察、调查、研究、综合分析等一系列探索活动，取得的具有学术意义和实用价值的创造性劳动结果的物化；是科技人员辛勤劳动的结晶，也是人类重要的精神财富和物质财富；是一种具有特殊意义的生产力；也是衡量科学研究任务完成与否，质量优劣，以及科技人员贡献大小的重要标志。

科学研究成果的形式因研究目的、学科领域和方法、对象的不同而形式多样。常见的形式主要有科技论文，专著，研究报告（如年度报告、中期报告、课题技术总结报告、科技成果鉴定报告等），知识产权，标准或规范，测试报告，发展指南，数据库，产品说明书，应用技术解决方案，教学研究过程中编写的教学大纲、教案、讲义、课件，等等。科学研究成果是国家的财富、智力的资源。

1. 论文与科技论文

论文是讨论和研究某种问题的文献，或进行各种学术研究、描述学术研究成果的文献，是个人从事某一专业的学识、技能的基本反映，也是个人劳动成果、经验和智慧的升华。论文既是探讨问题、进行学术研究的一种手段，又是描述学术研究成果、进行学术交流的一种工具。

科技论文是一种特殊形式的论文，是科技人员、科技管理人员或其他科技人员在科学研究、探索实验或试验的基础上，对自然科学、技术科学、工程科学、社会科学、哲学及人文艺术研究领域中的某些现象或问题的本质，或规律进行专题研究和总结的结果。科技论文运用概念、判断、推理、证明或反驳等逻辑思维手段，分析、阐述、揭示研究对象的某些现象或问题的本质及其演变规律，是对原有认识和规律的进一步提升，得出创新性新认识的文献，并按不同类型科技期刊的相关要求，进行书面表达。

可见，科技论文是论述一些重要实验或观测的发现，理论性新见解，或对已知科学原理在实际生产中应用进展情况的报告,是以科学的技术化和技术的科学化为中心的研究论文。科技论文应为读者提供新的科技信息,其内容应在原有知识的基础上有所发现、有所发明、有所创造、有所前进,而不是重复、模仿、抄袭前人的工作及结论。

科技论文还包括高等学校毕业生(学士、硕士、博士)的学位论文及博士后的出站报告、科技论文、成果论文等。

2. 专著

专著就是专题论著,指的是针对某一专门题材开展研究,形成的以文字形式论述的研究成果,是著作的别称。专著可以说是一种篇幅比较长、相关知识论述全面、分析深入、理论认识水平比较高的论文。一般而言,字数超过5万字的论文,就可以称为学术专著。编撰学术专著比发表单篇学术论文更具学术价值。

3. 研究报告

研究报告是对特定主题的研究情况、研究过程及取得的成果进行说明的报告,包括项目或课题研究的对象和方法、研究的内容和假设、研究的步骤及过程,以及研究结果的分析与讨论等。研究报告必须如实地反映客观情况,所有叙述、说明、分析、推断、引用都必须恰如其分,其内容的科学性、严谨性和逻辑性是整个研究思路的基础,如可行性论证报告、课题实施过程中必须定期编写的年度报告、中期报告、为课题结题编写的研究工作总结报告、课题技术总结报告、科技成果鉴定报告等。

不同主题的相关研究报告的种类很多,如行业研究报告是从事某行业投资之前,对行业相关各种因素进行具体调查、研究、分析,评估项目可行性、预期效果或效益,提出建设性意见、建议或对策等,为行业投资决策者和主管机关审批的研究性报告。它以阐述对行业的发展认识为主要内容,重在研究行业发展的规律。好的研究报告应能提供独特的看法或认识,有创新的见解、深刻的哲理、严密的逻辑等,能够反映行业发展的客观实际,对研究者的逻辑分析能力、预见能力和思维能力有较高的要求,同时,要求具有较高的专业理论素养。

4. 知识产权

知识产权是指人们在社会实践中,就其智力劳动成果所依法享有的专有权利,通常是国家赋予创造者对其智力成果在一定时期内享有的专有权或独占权。知识产权从本质上说是一种无形财产权,其客体是智力成果或是知识产品,是一种无形财产或者一种没有形体的精神财富,是创造性的智力劳动所创造的劳动成果。各种劳动或智力创造的知识成果(如发明专利,实用新型专利,软件著作权,美术、雕塑、文学和艺术作品,以及在商业中使用的注册商标、标志、名称、图像)都可被认为是某个人或某个组织所拥有的知识产权。

5. 标准与规范

国际标准化组织(ISO)的标准化原理委员会一直致力于标准化概念的研究,先后以"指南"的形式给"标准"的定义做出统一规定:标准是由一个公认的机构制定和批准的文件。它对活动或活动的结果规定了规则、导则或特殊值,供不同机构共同和反复使用,以实现在预定领域内最佳秩序的效果。

按国家标准 GB/T 20000.1—2014《标准化工作指南 第 1 部分:标准化和相关活动的通用术语》定义,标准是通过标准化活动,按照规定的程序经协商一致制定,为各种技术活动或其结果提供规则、指南或特性,供共同使用和重复使用的一种文件。标准宜以科学、技术和经验的综合为基础,经过有关方面协商一致,由主管机构批准,以特定的形式发布,作为共同遵守的准则和依据。当针对产品、方法、符号、概念等基础定义时,一般称为"标准"。

标准的制定和类型按使用范围划分有国际标准、区域标准、国家标准、行业标准、地方标准、企业标准;按内容划分有基础标准(一般包括名词术语、符号、代号、机械制图、公差与配合等)、产品标准、辅助产品标准(工具、模具、量具、夹具等)、原材料标准、方法标准(包括工艺要求、过程、要素、工艺说明等);按成熟程度划分有法定标准、推荐标准、试行标准、标准草案。

规范是规定产品、过程或服务应满足的技术要求的文件,具有明晰性和合理性。

标准和规范都是研究成果的一种表现形式,习惯上统称标准,只有针对具体对象时才加以区别。

9.1.2 科技论文的价值与作用

1. 科技论文的价值

科技论文必须提出新的观点,回答自然科学与生产技术中人们所求知的问题,为人类的科学知识增加新的内容,这是科技论文的价值所在,也是每位科技工作者撰写科技论文的责任。科技论文的价值取决于它的创新性及实际社会效益。

科技论文的新内容一方面是在科学实验与生产实践中发现别人没有发现或没有涉及的新东西,另一方面则是在综合别人认识的基础上进行创新。因此,撰写科技论文不仅要考虑它有无新的内容,还应认真地预测和估计该研究在近期和远期的实际影响,或可能产生的社会效益。

2. 科技论文的作用

科技论文既是对研究的学术问题进行探讨的一种手段,又是对学术研究成果进行交流的一种工具。不同的作者发表论文的目的、作用各不相同,具体如下。

(1) 科技论文是科技人员改变现状、提高收益的基本条件。各类技术人员在晋升的过程中,作为评职称的基本条件,必须发表与其所从事职业相关的科技论文;年终考核、绩效分配中,高水平论文也成为评优、绩效数量的最基本统计依据。

(2) 在高水平科技期刊上发表一定数量和水平的论文,是作为博士研究生和硕士研究生毕业、获得学位的基本条件或参考指标,也是他们科研能力的体现,或是找到理想工作的支撑。

(3) 科技论文是申报国家重大项目、不同类型自然基金等纵向课题时,作为申请者前期基础研究程度、科研能力的重要标志,也是作为课题完成程度、质量的一种重要的考核、衡量指标，是科学技术研究结果的最终表现形式之一。

（4）科技论文是确认研究人员对某一研究、发现或发明的首发权、优先权的基本手段（如诺贝尔奖等重大奖项颁发的重要评价依据），也是衡量研究人员创造性劳动效率、价值的重要指标，以及研究人员自我表现和确认自己在科学中地位的手段，因而是促进研究人员进行研究活动的重要激励因素。

（5）公开发表科技论文是对最新科学研究成果、研究方法的一种展示和报道，是在空间、时间上传播情报、知识的最佳手段之一，是人类知识宝库的组成部分，是人类的共同财富。

（6）科技论文用于学术交流，是学习前沿新知识、推广经验、交流认识的重要介质，是促进研究者相互学习、共同提高研究水平和理论认识的一种重要手段。

9.2 科技论文的分类

由于科技论文本身的内容和性质不同，其研究领域、对象、方法、表现方式各不相同。因此，根据不同需要而编写的科技论文，或从不同角度对科技论文进行分类，就会有不同的结果。

9.2.1 按研究内容、性质和研究方法分类

根据科技论文的研究内容、性质和研究方法的不同，可以将科技论文分为基础理论性论文，实验性论文，应用性论文，描述性论文和设计性论文。

1. 理论性论文

理论性论文也指原理性研究论文，是那些侧重于探讨有关自然、社会、思维等基本规律的论文，特别是那些侧重于探讨、建立或检验各种理论、假设的相关基础性研究的论文。理论性论文有着十分明显的理论倾向，其关注点主要在于探索自然规律、揭示社会现象与本质之间的因果关系，从而增加对自然、社会现象所具有的内在规律的认识。

理论性论文具有系统性特征，不带任何感情色彩，排除许多影响或干扰客观性的因素，内容需要大量的理论及数据等确实信息的支撑。作者通常会考查该理论的内部和外部一致性，理论本身是否自相矛盾，以及理论与实验观察结果之间是否矛盾，并对已有的相关研究理论进行分析，指出其不足之处，比较说明各种理论之间的优劣，从而提出新的理论。

理论性论文与文献综述论文在结构上有许多类似之处，但理论性论文只引用那些对其理论建构有价值的实验资料，并对其认知的内容进行提炼和升华。

2. 实验性论文

实验性论文通常是将科学技术研究过程中获得的测试数据、变量对结果的影响规律、实验条件优化等相关实验报告的内容进行提炼，经过理论分析，升华成为论述某类技术研究最新成果的论文，是描述一项科学技术研究的方法、过程、结果或进展状态，或该技术

研究阶段性成果的介绍和评价，或以实验数据为依据论述某项科学技术问题研究的现状、实验瓶颈问题和发展趋势的论文。

3. 应用性论文

应用性论文论述的研究成果、技术方法、工艺过程参数和配套设施等，可以直接应用于生产实践，直接转变成生产力和企业经济效益。应用性论文是在实验性论文成果的基础上，对产品的生产工艺、装配过程和技术条件的进一步产业化完善，可应用于实际生产。企业生产一线的工程技术人员擅长写这类论文。

4. 描述性论文

描述性论文是对新发现、新发明等研究成果的记述说明，记述被发现事物或事件的背景、现象、本质、特性及其运动变化规律和人类使用这种发现或发明的论文。描述性论文阐述所发明的装备、系统、工具、材料、工艺、配方形式或方法的功效、性能、特点、原理及使用条件等，如《关于磁针上电流碰撞的实验》《能量守恒定律》就是描述性论文。

从事工程施工方面的人员擅长写这类论文。描述性论文的资料来自新发现，比较原始或初级，影响因素较多，分析后所得出的结论仅供参考；在描述中可进行分析，比较不同因素影响的变化趋势。

5. 设计性论文

设计性论文可以解决某些工程施工问题、机械装备的技术问题、编制管理预案等问题，通常进行计算机专用程序设计，以满足某些系统、工程方案、产品的计算机辅助设计和优化设计，以及工程运行过程的计算机模拟，强化某些产品的宏观结构、微观结构，形态设计；或指导使用材料、质地的选择等设计。

从事产品结构、形态设计的相关专业人员，工程设计、工程施工方案规划及其可行性论证的研究人员，创意设计及计算机软件开发的人员，他们的研究成果多以设计性论文的形式体现。

9.2.2 综合型分类

根据综合型分类方法，可将科技论文分为专题型论文、论辩型论文、论证型论文、综述型论文和综合型论文五大类。

1. 专题型论文

专题型论文是针对某一专题，在分析前人相关研究成果的基础上，根据相关理论和专业知识，以实践经验和个人兴趣爱好为基础，对某一专题直接以论述的形式发表独立见解，或解释、探讨该学科中某一学术问题的论文。例如，毛主席的《湖南农民运动考察报告》《星星之火，可以燎原》就是专题型论文。

2. 论辩型论文

论辩型论文是针对他人在某学科中发表的研究论文，某一学术问题的错误言论、观点、见解、认识或实验结论，凭借充分的实验数据、研究论据进行反驳，着重揭露其实验缺陷、论据不足，理论分析的错误之处，通过论辩的形式来发表见解的论文。这类论文的数量总体较少，但如果立论正确，反驳论据充分，很容易通过审稿，并快速发表。例如，20世纪90年代，曾经风靡在多个领域的"辩论大赛"，其辩词的书面表达就是论辩型论文。

3. 论证型论文

论证型论文是一类对基础性科学问题和应用性技术问题的论述与证明，或提出新的设想、原理、模型、材料、工艺等，并进行理论分析使其完善。科技人员在申报科研课题时，无论是纵向课题，还是企事业单位发布的科技研究课题，都必须进行可行性论证。因此，可行性论证是专业人员说服投资者支持开展相关研究的依据。

4. 综述型论文

综述型论文是归纳、总结前人或今人对某学科中的某一学术问题在某一特定时期内的研究历史、发展现状、已经取得的理论发现、规律认识、技术发明及创新方法等成果加以介绍、比较或评论，从而发表自己见解的一种论文。

综述型论文是一种比较特殊的科技论文，与一般科技论文的主要区别在于它不要求在研究内容上具有首创性，虽然一篇好的综述型论文也常常包括某些先前未曾发表过的新观点和新思想，但是它要求撰稿人在综合分析和评价已有资料的基础上，提出在特定时期内，相关专业领域的某一技术的发展趋势和演变规律，最后提出存在的亟待解决的问题，或在理论、技术研究方面的发展建议。

5. 综合型论文

综合型论文是一种将专题型论文、论辩型论文、论证型论文、综述型论文等多种论文形式有机结合在一起写成的一种论文。

综合型论文侧重从学科发展的角度讨论科学问题，如科技管理部门提出的学科发展规划、年度研究规划、研究建议、重点学科申报指南等。它主要针对社会发展、经济运行、工业技术中目前存在的瓶颈问题进行评述，并通过客观回顾，结合科学原理、理论分析和相对一致的观点及争论的焦点问题开展讨论，并对未来发展趋势进行展望，提出合乎逻辑的、具有启迪性的看法、建议、研究重点和努力方向等。综合型论文包括科学年鉴、发展规划、项目的可行性论证报告、博士研究生的学位论文、博士后提交的出站论文等。

9.2.3 公开发表论文的分类

国内外公开发表的论文可根据其在相应学科领域中的影响力、论文被引用的次数、专业人员的认可度等进行分类。

1. 国际上公开发表论文的分类

（1）第一级A类。该类论文指特种刊物论文，是在《科学》和《自然》两本期刊上发表的顶级论文。

（2）第二级 B 类。该类论文指一级学科顶级期刊综合版，包括《科学》和《自然》子刊中影响因子大于 10 的期刊，或影响因子大于 20 的权威核心刊物论文，或美国科学院院刊等刊物论文。

（3）第三级 C 类。该类论文指一级学科顶级期刊论文。

（4）第四级 D 类。该类论文指二级学科前 15% 的期刊论文。

（5）第五级 E 类。该类论文指二级学科前 15%～50% 的期刊论文。

（6）第六级 F 类。该类论文指其他 SCI 期刊论文。

2. 国内发表论文的分类

（1）SCI 期刊源。SCI 是美国科学引文索引（science citation index）的英文简称，是国际公认的进行科学统计与科学评价的主要检索工具，收录了国内顶级期刊（自然科学版）英文版的论文，即国内各种权威顶级刊物、行业学会的专业学报，如《中国科学》及著名大学学报（自然科学版）的英文版等。

（2）EI 期刊源。EI 是美国工程索引（the engineering index）的英文简称，供查阅工程技术领域文献的综合性情报检索刊物，EI 收录的世界工程技术期刊约 3000 种。国内出版的中文期刊中，有重要影响力的工程技术相关刊物能够被其收录。

（3）一般核心期刊论文。核心期刊是某学科的主要期刊，一般是指所含专业情报信息量大、质量高、能够代表专业学科发展水平并受到本学科读者重视的专业期刊。它通常指北京大学图书馆《中文核心期刊要目总览》认定的刊物上发表的论文，每两年更新一次。

（4）一般公开刊物论文。一般公开刊物论文指在国内公开发行的刊物（有国内统一刊号、国际标准连续出版物号及期刊邮发代号）上发表的论文。

（5）受限公开刊物论文。受限公开刊物论文指在国内公开发行的但受发行限制的刊物（仅有国内统一刊号和国际标准连续出版物号，无期刊邮发代号）上发表的论文。

（6）国家级内刊。国家级内刊有中国教育学会及其专委会、教育部、行业主管部门等自办刊物等。

此外，还有省级内刊、区级内刊等。

3. 学术会议论文的分类

（1）国际性学术组织举办的多国学者参加的国际学术会议，收入正式出版的英文版论文集（有国际标准书号）的论文。

（2）参加全国性学术组织举办的全国学术会议，收入正式出版的论文集（有国际标准书号）的论文。

（3）参加省级学术会议，收入正式出版的论文集（有国际标准书号）的论文。

（4）在各级期刊的增刊、特刊、专刊、综合版、专辑等上发表的论文。

4. 其他类型论文

（1）学位论文。学位论文是本科生、研究生等为了达到毕业条件必须撰写的学位论文，如学士学位论文、硕士学位论文、博士学位论文，以及博士后出站研究报告等。

(2) 课程论文。课程论文是本科生、研究生在学习某一课程后，作为考查学生对课程理解程度的论文。

(3) 调研报告（网络版）。其核心是实事求是地反映和分析客观事实。调研主要包括两部分：一是调查，二是研究。调查，应该深入实际，准确地反映客观事实，不凭主观想象，按事物的本质来了解事物，详细地钻研材料。研究，即在掌握客观事实的基础上，认真分析，透彻地揭示事物的本质。

(4) 调查报告（向主管部门报送的研究报告）。调查报告是由于发生了某件事（如案件、事故、灾情等）才去做相关调查，然后写出的关于真相的调查结果的报告。

(5) 建议报告。建议报告是某一特定项目前期工作的第一步，它是对拟开展项目的总体设想，主要从客观上分析项目的必要性，看其是否符合国家长远规划的方针和要求，同时初步分析现实条件是否具备，是否值得进一步投入人力、物力做进一步研究。

(6) 可行性研究报告。可行性研究报告是从事某种活动或投资之前，对该活动的可行性从经济、技术、生产、供销到社会环境、法律等各种因素，进行具体调查、研究、分析，确定有利因素和不利因素，评估项目的可行性、成功率、经济效益和社会效益，为决策者和主管机关审批的上报文件。

9.3　科技论文写作

科技论文不仅要全面反映写作者科研成果的技术水平，而且要全面深化、提升相关研究的科学内涵和理论认识水平，提升相关研究对变化规律的认识程度。

写好科技论文的前提是具有相应专业的一般知识和专业知识，熟悉相关专题研究的历史和现状，充分理解研究热点的发展和变化规律，并在研究实践中发现掌握某一专业方向中他人尚未获得或报道的研究资料，并经过深入的因果分析，归纳总结、凝练内容并划分层次，按科技论文相关格式要求，将研究成果进一步提升到理论高度，再以通俗易懂的语言展现给读者。

9.3.1　科技论文的基本结构

科技论文也称学术论文。无论是科技论文、学位论文还是科技报告，其撰写和编排都要遵循一定的规范，以便信息的系统收集、存储、处理、加工、检索、利用、交流和传播。根据国家标准 GB/T7713.2—2022《学术论文编写规则》，一篇完整的学术论文包括前置部分、正文部分和附录部分。

前置部分包括题名、作者信息、摘要、关键词、其他项目。

正文部分通常由引言开始，描述研究的背景、目的、理由、预期结果及其意义和价值；主体部分是论文的核心，论文的论点、论据和论证均在此部分阐述或展示；结论是对研究结果和论点的凝练与概括；致谢是作者对论文的生成作出贡献的组织或个人予以感谢的文字记录；论文中应引用与研究主题密切相关的参考文献。

附录部分是以附录的形式对正文部分的有关内容进行补充说明。

科技论文的基本结构如图 9.1 所示。

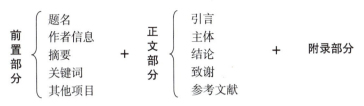

图 9.1 科技论文的基本结构

9.3.2 题名

题名是论文的总纲，反映论文中重要特定内容的恰当、简明的词语的逻辑组合。题名一般分为总题名、副题名、分题名。通过题名，读者可以了解论文的主要内容和主旨。

一篇高水平论文，一定有好的主题。主题不仅能概括性地反映论文的内容，而且简练、醒目、独特、新颖、形式多样，能引起读者的阅读兴趣。有了好的主题，作者就有了明确的写作方向和目标，写作方向和目标可以为内容编排、层次设定提供依据；围绕这个主题，作者可以凝练出亮点、闪光点。高水平论文题名的特征是能使读者眼前一亮，能反映研究特色，有科学意义、理论深度、潜在价值。

1. 题名的作用

科技论文的题名必须能准确地反映论文研究的核心内容、中心思想。题名是科技论文的灵魂或研究创新的精髓，也是一篇论文写作的出发点。要求用简洁明了、恰当准确的词组反映特定的研究内容，具有画龙点睛、启发读者兴趣的功能。一般情况下，题名中应包括论文的关键词和核心研究内容。

2. 题名要求

为便于交流和利用，题名应简明，一般不超过 25 字。为利于国际交流，论文宜有外文（多用英文）题名。题名力求简洁有效、重点突出，能够清晰地反映论文的主要内容和研究特色，往往要求用词醒目、贴切、有吸引力。题名宜开门见山，直入主题，切忌用较长的完整语句结构，逐点描述论文的内容；一般中文论文题名不应太长，20 个左右的汉字为宜。

题名要求尽可能将表达核心内容的主题词放在题名开头，慎重使用缩略语，避免使用不常见的缩略词、化学式、上下角标、数字符号、希腊字母等特殊符号、公式、不常用的专业术语和非英语词汇（包括拉丁语）等。

3. 副题名

善用副题名，当题名语意未尽时，用副题名补充说明论文中的特定内容。如果研究成果需要分几篇报道，或是分阶段的研究结果，各用不同副题名以区别其特定内容。其他有必要用副题名作为引申或说明者允许有副题名。

副题名的好处是可以将一个比较宏大的题名分解，利用副题名将不同的侧重点加以引申，从而形成系列的相关研究问题不同的论文，这样对问题的分析会更加深入、全面、精细，便于形成高度的理论概括和逻辑统一的整体思想。

4. 选题注意

（1）题名中的词语应有助于选定关键词和编制题录、索引等二次文献所需的实用信息，应使用标准术语、学名全称、药物和化学品通用名称，不应使用广义词语、夸张词语等。

（2）题名如果过大或过于宽泛，文中仅讨论题名中某些方面的部分内容，会名不符实。最好不用那些大的学科领域或学科分支的名称作题名，如"石墨烯物理化学""环境矿物材料""固废资源化利用技术"等；类似题名可用作学术专著，学报特约的评论、进展等，但不适合作为一般科技论文或学位论文的题名。

（3）题名是论文的主干，副题名则是分支，两者之间不能重合或混淆。

（4）题名在论文中不同地方出现时应保持一致。

9.3.3　作者信息

1. 作者

论文应有作者信息。作者信息具有以下意义：拥有著作权的声明；文责自负的承诺；联系作者的渠道。作者信息的内容一般包括作者姓名、工作单位及通信方式等，其位置宜置于题名之下。

作者是论文著作权的第一主体，特别是第一作者，是将科学研究活动中积累的大量实验数据、理论成果进行总结、凝练，通过独立构思、谋篇布局、写作技巧和写作方法的应用，经过内容的多次分析和修改，最终撰写出论文的人。通信作者是指课题的总负责人，承担课题的经费、设计，文章的撰写和把关，对论文内容的真实性、数据的可靠性、结论的可信性、是否符合法律规范、学术规范和道德规范等方面负全责，或负主要责任；在读研究生撰写的论文，一般由其导师担任通信作者。其他作者指直接参与论文选题、设计、研究、资料分析，全部或部分现象解释的主要研究人员，或参加撰写论文关键内容，并能对论文内容负责和进行答辩的人。

另外，作者必须参加本项研究的设计，并开展一定的研究工作，如后期参加部分工作，则必须赞同原来的研究设计观点，或必须参加论文中某项实验观察，并取得数据工作，或对实验数据进行解释，并从中导出结论，或参加论文的撰写，阅读论文的全文，并同意发表。

只参加部分实验工作（如协助采样或准备样品，负责某项实验的测试，委托开展某项分析、检验，或为论文提供部分指导意见及协助）的人，一般不能列为作者，而在正文末尾的致谢中说明。

2. 作者排序原则

作者的排列顺序由论文的执笔者，即第一作者负责，并应征得所有作者的认可，力求准确、公正。作者姓名不分单位、职务，一律按对本研究及写作贡献的大小依次排列在题名之下。文稿一经发出，进入审稿环节后，出版机构一般不允许对作者及其排序再作改动；但如作者姓名等信息有误，则必须改正。对论文作者数量不作硬性规定，一般不宜过多，以 6 位以内为宜。

3. 作者单位

标明作者所服务或公职的单位，主要是为了便于读者和作者进行联系和交流。同时，表明研究工作的主管单位、保证条件和资料来源。严格来说，作者所在单位应对该论文的全部内容进行审核把关，确保资料、研究方法和数据结果属实，并加盖公章证实。

多位作者可以有不同的工作单位，但稿件审核一般由第一作者单位负责。因此，如何确定和书写作者及作者单位，是一个十分严肃的问题。

4. 单位及地址标注

将作者单位依照作者顺序排列在论文首页，作者姓名行的下方，以脚注表示。第一作者的单位应注明单位所在地区（省）、城市及通信地址、邮政编码、邮箱、QQ 号或微信号等；其余作者的单位标注方法，原则上同第一作者，即按照作者顺序依次写出上述信息。

9.3.4 摘要

摘要是对论文的内容不加注释和评论的简短陈述。

1. 写摘要的目的

写摘要的目的是使读者尽快了解论文表述的主要内容，即使读者不阅读全文也可以获得必要的信息，可以补充题名的不足，并避免他人编写摘要时可能产生的误解、欠缺、歧义，甚至错误。论文摘要的质量直接影响论文被检索的频率、阅读次数和被引用的次数。

2. 摘要的作用

摘要的作用是回答论文的研究目的，说明"要研究什么问题""用什么创新方法进行研究的""得到了什么研究结果""该研究结果说明了什么科学规律"等问题。内容具有自明性、独立性和完整性，可以被直接引用或摘录。

3. 摘要的内容

摘要的内容通常包括研究的目的、方法、结果和结论。由于研究结果和结论关联度很高，有时很难有明确的界定，因此，也有研究者认为，摘要中的结果和结论两部分可以合并来写。摘要中的研究方法最好能够体现作者的独特视角，提出创新性实验方法、先进的测试技术和表征手段等，从而体现作者的创新高度。摘要内容需充分概括、高度浓缩。

宜采用报道性摘要，也可采用报道/指示性摘要、指示性摘要。报道性摘要可采用结构式。无论怎样，摘要都必须反映论文研究了什么问题，如何研究的，获得了什么结果，以及得出结论；能够体现研究的亮点、创新性、重要意义，潜在作用或价值。但不强求一定能够突出论文的创新点或新见解,也可以不指明结果与结论的潜在价值。通常,在中文核心期刊及国家级刊物发表的科技论文中,摘要一般以150~400字为宜,原则上应与论文中的成果多少相适应。

4. 摘要写作中需要注意的问题

摘要写作一定要语句通顺,结构严谨,表达清晰,语义确切,简明扼要,层次分明,独立完整。概念准确,论点鲜明,数据真实,结论正确,这是学术期刊中论文摘要内容编写的基础。摘要写作中需要注意以下几点。

(1) 摘要应具有独立性、自明性和完整性。

(2) 摘要应用第三人称写作。

(3) 摘要的书写格式要合乎语法,要采用规范化的术语;尽量少用生僻词和复杂的数学公式,并使摘要的内容、格式与正文的文体保持一致。

(4) 排除在本学科领域已成为常识,或科普知识的内容。

(5) 客观如实地反映原文的内容,不得简单地重复论文篇名、引言中已经表述过的信息,也不要将论文中正文的小标题或论文结论部分的句子或解释放入摘要中。

(6) 摘要应结构严谨、语义确切、表述简明,一般不分段落,不进行自我评价,也不宜与他人的研究成果作对比说明。

(7) 摘要的最后部分可以用简短的语句概括论文的创新性、重要意义,潜在作用或价值。

(8) 摘要中可以有数学式、化学式、插图、表格等,但不应含有数学式、化学式、插图、表格、参考文献的编号。

(9) 摘要中不宜使用非公知公用的符号和术语,对摘要中首次出现非公知公用的简称、外文缩略语和缩写词,应给出全称、中文翻译或解释。

(10) 摘要宜置于作者信息之后,外文摘要可置于中文摘要之后,也可置于正文部分之后。

9.3.5 关键词

论文应有关键词。关键词反映论文主要研究内容特征,具有实质意义和创新性。

1. 选用目的

关键词是为便于文献检索从题名、摘要或正文部分选取出来用以表示论文主题内容的词或词组。关键词通常以与正文不同的字体、字号编排在摘要下方,用以表示全文主题内容信息的单词或术语,一般每篇论文选取3~8个关键词为宜,多个关键词之间用逗号或分号分隔,以便计算机自动切分;一般按词条的外延(概念范围)层次从大到小排列。关键词的撰写应符合CY/T 173—2019《学术出版规范 关键词编写规则》的规定。

2. 选用原则

关键词不宜用过于宽泛的词,例如技术、应用、观察、复合、纳米科技、有机化合物、地球化学、理化性能等,以免失去检索的作用。

避免使用自定的缩略语、缩写字作为关键词，除非是科学界公认的专有缩写字、缩写词，如 DNA 等。另外，化学式、文中使用的业内熟知的未经改进的常规技术名词，也不能作为关键词；

通常选用相关学科经常出现的、有使用价值、有使用频率、通用性比较强、《汉语主题词表》中能查到的词或词组作关键词。未被《汉语主题词表》收录的新学科、新技术中的重要术语和地区、人物、文献等名称，也可作关键词。

3. 主题词和自由词

（1）主题词是为文献的标引或检索而从自然语言的主要词汇中挑选出来的，并加以规范化，并且在《汉语主题词表》中能查到的词或词组。主题词一般是名词性的词或词组，个别情况下也有动词性的词或词组。

（2）自由词是未加以规范化的，还未收入《汉语主题词表》中的新学科、新技术中的重要术语和地区、人物、文献等名称的词或词组。自由词是表示具体事物名称的名词术语，表示事物状态、现象、性质、性能的术语，表示学科门类的术语，表示工艺、方法、加工技术的术语，表示研究方法的术语，表示化学元素、物质、材料、助剂等的术语，表示国家名称组织机构等的术语。

9.3.6 其他项目

论文的前置部分要求、建议或允许标注其他项目，具体包括：基金资助项目产出的论文（标注该基金名称及项目编号），标注收稿日期和修回日期，标注引用本论文的参考文献格式，以及标注论文增强出版的元素和相关声明，如二维码、网站链接、作者声明等。

9.3.7 中英文对照翻译及注意事项

以上是科技论文前置部分的内容，如果论文是以中文形式在国家出版局批准、备案的正式出版的中文刊物上发表，中文的题名、作者、作者单位及通信地址、摘要、关键词等内容，通常要全部翻译成英语，译文部分多数刊物要求放在关键词之后，也有少量出版物附于结论或参考文献之后，还有部分行业管理部门出版的通信、快报类刊物不要求翻译。

1. 标题翻译

英文题名以短语为主要形式，尤以名词短语最为常见，即题名主要由一个或多个名词加上其前置定语和（或）后置定语构成。通常短语型题名要确定好中心词，再进行前后修饰；各词的顺序很重要，词序不当，会导致表达不准。

英文题名一般不用陈述句，因为题名主要起标示作用，而陈述句容易使题名具有判断式的语义，不够精练和醒目。描述性论文、综述型论文和论辩型论文可以用疑问句作题名，因为疑问句有探讨性语气，易引起读者兴趣。

论文的题名在翻译前，必须深刻理解中文题名的核心内容，明确英文题名的结构形式，一方面要能概括性地反映论文的内容，另一方面要简练、醒目，突出主题，吸引读者的注意力。既不能完全按汉语的语言习惯、字面结构逐词直译，也不能漏译和错译，特别是影响主题概念的中性词语，可以将其提到前面，放在突出位置。一般用名词性短语或词组,不用不定式或完整句式。在许多情况下,个别非实质性的词可以省略或变动,凡可用可不用的冠词坚决不用。题名中的概念不加说明、不缩写。通常题名中第一个词的首字母需要大写,或者题名中所有的实词的第一个字母都大写。

国外科技期刊一般对题名字数有所限制,有的规定题名不超过 2 行,每行不超过 42 个印刷符号和空格;有的刊物要求题名不超过 14 个词。具体应参照将要投稿的刊物的具体要求。

2. 作者翻译

汉语名字翻译成英文时,按照汉语拼音来书写,姓的字母全部大写,名的首字母大写,其余小写;双字名的拼音要写在一起,或两字间加连字符,不缩写。

已有固定英文名的中国科学家、华裔外籍科学家及知名人士,应使用其固定的英文名字。

3. 作者单位名称、通信地址及邮编翻译

作者单位名称往往包括注册地、专用名称、生产对象或经营范围等内容。翻译时,注册地按地名翻译处理;专用名称可音译,也可意译,音译时可按汉语拼音,也可按英语拼写方式;生产对象或经营范围必须意译,两个并列内容一般用符号"&"连接起来,如"材料科学与工程"可译为"Materials Science & Engineering",而河北工业大学的"生态环境与特种信息功能材料教育部重点实验室"译为"Key Laboratory of Special Functional Materials for Ecological Environment and Information (Hebei University of Technology), Ministry of Education, Tianjin 300130, People's Republic of China"。

作者的通信地址及邮编通常按地名翻译原则处理,一般按照单位、城市、省、邮编、国名的顺序和格式翻译(参见上例)。注意,中文名一般不写国家名称,但译为英语时必须加上国家名称。单位名称与省、市名称之间以逗号","分隔。

4. 摘要翻译

中文摘要在翻译成英文摘要时,应特别注意英语有其自身的表达方式、语言习惯等。在编写英文摘要时,作为标识,英文摘要前加"Abstract:"。其内容常用固定格式,即目的 Objective(s)、方法 Method(s)、结果 Results、结论 Conclusion。目的一般用不定式表达;方法和结果,因为写摘要或论文时,都是已经完成的,或已经显示的内容,需用一般过去时或现在完成时表述。结论所表达的是一种客观的真理或常识,需用一般现在时表述。

翻译摘要时需要注意以下几点。

(1) 语态一般为被动语态。

(2) 方法和结果用一般过去时或现在完成时,结论用一般现在时。

(3) 一般是通过意译,将原文主要内容根据西方人的思维习惯完整地表达出来,不要逐字逐句地直译,没有实际内容的汉语字词,不必完全译出。

(4) 正确翻译和应用标点符号。中文与英文标点符号的差异,如中文的顿号"、",英文为",";中文的句号"。",英文为"."。

5. 关键词翻译

关键词翻译成英语时,首先冠以"Key Words"作为标识。具体词汇按其核心内容直译,中英文关键词相互对应,顺序和数量一致,一般采用小写。

9.3.8 正文部分一般要求

科技论文的正文部分通常包括:引言、主体、结论和参考文献等。正文的表述应科学合理、客观真实、准确完整、层次清晰、逻辑严密、文字顺畅。

9.3.9 引言

引言也称绪言、绪论、前言、导论、背景综述或国内外研究现状分析等,是论文主体部分的开头。在撰写引言之前,作者首先应明确的问题是:通过本文想说明什么问题,相关问题已经研究到什么程度,本研究有哪些新的发现或进展,这些发现是否有学术价值或潜在利用价值。

1. 引言的作用

撰写引言的主要目的是向读者介绍与论文研究内容相关的历史,前人已经取得的研究成果,相关领域或专业的发展趋势、研究热点,目前存在的问题,等等。引言体现全文的核心主题及研究内容的基本轮廓。

引言一般包括研究的背景、原因、目的、预期结果和意义等。同时,引言简略介绍为达到研究目的所采取的研究方法及所取得的结果等。一般读者读了引言以后,就可清楚地知道作者为什么选择该课题进行研究。因此,在撰写引言之前,作者要尽可能多地收集、阅读、分析和总结相关文献,了解国内外相关研究的详细情况,发现需要研究的问题,说明本研究的合理性。

2. 引言的内容

引言部分的核心内容需要回答"本文要研究什么问题""前人对该问题的研究程度及研究结果""还存在什么问题需要进一步研究""为什么要进行该研究"等问题。

引言通常包括以下五项内容中的全部或部分。

(1) 结合对前人文献的研究成果,介绍本研究领域中该研究课题相关研究的历史和发展现状,已经取得的重要理论发现和实践成果,本课题研究的作用及研究意义,等等。通过对本课题相关的信息进行分析和梳理,从研究历史,热点方向的切换,变化规律,对前人研究作出客观的总结和评价并从战略高度看待相关领域的研究价值。

(2) 适当对该领域发展中,影响力较大的相关研究成果进行分类回顾和分析,包括前人采取的研究方法、策略及其已经取得的研究成果。

(3) 指出前人尚未解决的理论空白,或仍存在待解决的技术瓶颈问题,发现新矛盾、分歧或争议问题,通过比较或适当评价前人研究中存在的不足,也可以通过文献比较,从新角度提出新问题,即首先要找到本研究要解决的问题,然后提出解决这些问题的新方法、新思路或新对策。

(4) 针对要研究的问题，引出本论文的主要研究内容，采取的关键技术、工艺方法、预期成果，从而勾勒出本论文的研究内容及大体轮廓。

(5) 对预期的研究成果进行概括说明，从而引出本论文的研究目的及意义。

(6) 引言的篇幅不要太长，太长可致读者乏味，太短则难以清楚说明来龙去脉，中文论文引言一般以 400~600 字为宜，但国外发表的论文，引言可以较长。

撰写引言最重要的目的就是通过分析现状，引出问题，而问题是支撑本研究开展的必要性前提，是非常重要的立项评价依据。

3. 引言中的文献综述

引言的第一句就应提纲挈领地告知读者本论文所涉及的研究领域、研究目的、研究意义。文献综述是引言的重要组成部分，主要梳理本论文研究对象的历史、现状、发展趋势、研究热点、存在的问题等，并对这些研究作出恰如其分的评价，从而确定论文研究的逻辑起点，说明本研究与前人研究的关系，引出本论文的主题。

回顾研究历史时要有重点，内容要紧扣文章主题，围绕主题介绍背景，用几句话概括即可；可以适当引用文献的内容，包括代表性的观点或理论、突破性研究成果、新发现或新发明及解决问题的先进方法等；可以适度评述，但不要长篇罗列，不能把引言写成该主题研究的历史发展介绍，也不要把引言写成文献简述。在引用他人的研究成果时，必须标注这一研究成果由何人、何时在什么地方公开发表的，给读者以引导。

4. 引出研究动机与意义

在介绍他人的相关研究成果之后，就需要明确指出相关研究领域中还存在哪些前人尚未解决的瓶颈问题、研究空白，有分歧或争议的问题，指出对该问题进行研究的意义及重要性，在提出问题或假设之后，提出本文针对这个问题将利用什么方法、手段或思路，开展哪些研究，预期达到的主要成果，由此引出研究动机、目的、主要内容、潜在科学价值和意义。

如果是别人从未开展过的研究，创新性显而易见，就可介绍该创新点的价值；但大部分情况下，多数问题都是前人研究过的，这时一定要说明本研究与前人研究的不同之处，特别是本质上的区别，强调本研究不是单纯重复前人的工作。至于研究方法、研究结果及论文的组成等，可以省略。

5. 引言的结尾

引言的结尾部分一定要引出本文的研究目的、理论依据和创新的研究方法，简述为达到研究目的进行的关键研究，并简单地预示本研究的结果、意义和前景，但不必展开讨论。引言的结尾起到承上启下的作用。

如果篇幅允许，也可简单介绍文章的结构及每一部分的主要内容，使读者了解论文的轮廓和脉络，激发他们的阅读兴趣。

6. 引言需要避免的问题

引言的编写宜做到：切合主题，言简意赅，突出重点、创新点，客观评价前人的研究，如实介绍作者自己的成果，不过多叙述普通专业知识，或教科书中的常识性内容，避免大篇幅地讲述历史渊源和研究过程；确有必要提及他人的研究成果和基本原理时，只需以参考引文的形式标出，可以不分段，不应有插图、表格，不进行公式的推导与证明，也不要求展开讨论，内容不能与摘要雷同。

引言中介绍本文的创新性或特色时，最好不要使用自夸性词语，如本研究是国内首创、首次报道、填补了国内空白、有很高的学术价值、相关研究内容国内外未见报道或本研究处于国内外领先水平等。同时，避免使用广告式语言。

避免使用如才疏学浅、水平有限、抛砖引玉、疏漏之处恳请指正、谬误之处恳请指正等的"客套话"。

9.3.10 主体

主体占据论文的最大篇幅。论文的论点、论据和论证均在此部分阐述或展示。主体部分应完整描述研究工作的理论、方法、假设、技术、工艺、程序、参数选择等，清晰说明使用的关键设备装置、仪器仪表、材料原料，或者涉及的研究对象等，以便本专业领域的读者可以依据这些描述重复研究过程；应详细陈述研究工作的过程、步骤及结果，提供必要的插图、表格、计算公式、数据资料等信息，并对其进行适当的说明和讨论。主体部分必须回答"具体是如何开展研究以及研究的结果是什么"的问题，论文的新发现或创造性成果都将在这一部分得到充分的表达，并反映出论文的学术水平。因此，要求主体部分内容充实，论据充分、数据可靠，论证有力，主题明确。

研究内容包括科学研究的全过程，如新思路、新原理、新方法、新技术的应用；对得到的实验数据进行归纳分析，发现新规律，形成新想法，进而凝练成新理论；通过大量相关实验数据和测试、表征手段或前人的研究发现等，进一步证明本论文研究结果的可靠性及结论的正确性。主体部分一般由具有逻辑关系的多章构成，如理论分析、材料与方法、结果和讨论等内容，均宜独立成章。为了满足这一要求，科技论文的研究内容部分包括以下内容。

1. 写作要求

作为科技论文的核心组成部分，主体部分必须阐明该研究中具体使用了什么样的新技术、新思路、新方法，达到的预期目标。主体部分应能反映该研究的首创性，突出创新是主体部分的基本任务，也是论文能否顺利发表的决定性因素。

根据研究内容、研究手段、研究方法和研究过程的差异，论文的研究分为理论性研究、实验性研究、编程和设计性研究、模拟性研究等。

一般来说，论文的研究内容可以根据需要将一个主题分成多个研究侧面，每个研究侧面根据不同影响因素的状态，再分为若干个不同的小节，并冠以适当的小标题，即可以分层次设置二级标题、三级标题，甚至四级标题，从而逻辑清晰地逐层剖析实验数据、观察到的现象、研究发现等，深入探究其背后的本质，寻找其内在规律。

科技论文撰写要求层次分明、思路清晰、观点合乎逻辑，语言简洁、生动，用词准确，朴实无华，按照不同的思维方式、逻辑规律或学科特点组织结构，顺理成章，不必过分堆砌华丽的辞藻。

研究内容力求客观、准确、科学、完整，要尽量用事实和数据说话；尽可能用简单明了的文字，结合数据表、示意图来陈述研究的问题和结果，表述清楚相关规律或发现的来龙去脉和本质规律。当文字难以表述清楚时，或不可言喻时，可以借助公式、解析图，或前人的研究理论间接说明。总之，研究内容的写作要有材料、有内容，结合概念、判断、推理，最终形成新发现、新认识或新观点。通过数据进行比较，避免过多使用"更小""更大""更强""更弱""更长""更短""更紧密""更松软"等不具体的词语。

科技论文的物理量和单位应采用国家规定的法定计量单位；国际期刊发表的研究论文，也可以采用国际单位制。下面以化学、化工、材料、环境、矿产检测等实验或研究为对象，说明相关学科的论文写作方法。

2. 实验或研究方法

（1）实验部分。

科学实验过程中使用的全部原材料名称，包括纯度等级（色谱纯、优级纯、分析纯、化学纯、工业纯）及生产商信息，实验设备名称、型号及生产商信息，测试设备名称、型号及生产商信息，（创新的）实验原理或方法简介，具体的实验步骤，测试仪器及表征方法，数据处理或特殊的计算方法、公式推导过程，等等。

①原材料与助剂。论文研究从开始实验到获得成果的全过程中，所采用的各种实验材料，如原材料、填料、试剂，各种类型的表面活性剂、偶联剂等改性剂，润湿剂、乳化剂、防锈剂、抗氧剂、助熔剂、流变剂、流平剂、增稠剂等助剂，以及催化剂等。在元素或成分的定量分析等特殊领域中，常用的原材料、填料，试剂、助剂等应标明生产商、牌号或型号、质量等级（如百分含量，化学试剂的质量等级，甚至用水的质量等级）。总之，所有影响实验结果的细微信息都必须标明。

②在材料研究领域中，根据实际需要的不同，部分原材料需要列出其成分、结构、粒径、比表面积、硬度、特殊基团的含量等参数。

③如果论文是在国外期刊上刊载，为便于对外交流，还需要标明材料的成分、对应国外同类产品的标号等。

（2）实验设备及测试仪器。

①研究过程中使用的各种实验设备，应标明其名称、型号及生产商。对于关键设备，其技术参数也很重要，需标注清楚。

②研究人员为完成实验，根据相关原理组装的实验装置，需画出实验原理图或流程简图，并说明与之相关的重要技术参数。

③在研究实验工作中，对获得的样品、装置或现象，利用测试仪器进行参数测试，评判研究效果。测试仪器同样需标明其名称、型号及生产商等信息。

（3）实验方法。

实验方法包括实验操作流程、工艺参数和工艺路线。

①实验操作流程。

开展实验时，具体实验步骤的详细过程，也称实验步骤，包括原材料的加入方式、加入顺序、数量梯度、注意事项等。

a. 如果实验采用的是常规设备、通用方法和原材料，只需简单提及。

b. 引用或模仿文献中常用的实验方法，如化工或材料合成中常用的溶胶－凝胶法、水热法、氧化－还原法、溶剂热法、超声波分散法、微波加热法等，仅需标注出这一实验方法或步骤的出处，以参考文献的形式标出，简略叙述实验过程即可，无须写出每一步操作细节。

c. 采用有改进的特殊材料和有显著差异的实验方法时，则要详细写出实验步骤及参数条件等。

d. 如果使用的是创新性的实验方法，需要详细写出该方法的科学原理，实验过程中可能发生的变化、产物特征、化学反应方程式、公式推导及变换过程等。

为节省实验时间，提高实验效率，减少实验次数，获得多因素间协同作用的影响程度，抓住影响因素中最主要的关键指标进行深入、细致实验，往往利用多因素正交试验方法，结合关键因素的单因素验证进行确证研究。即对选定的最佳实验条件中的主要参数再进行细化的重复验证，从而获得可靠的研究、实验条件和优化工艺参数。

在实验过程中，一定要注意那些容易引起实验失败的关键实验步骤及工艺参数，或者能够引起显著结果差异的加料顺序、参数条件；另外，对于那些可能引起如爆炸、燃烧、有毒有害物质释放等过程的相关实验方法，在实验流程及实验步骤说明书中，应当强调可能的危险及注意事项等，以免他人据此重复验证时发生危险。

② 工艺参数。

工艺参数是指实验中使用的设备及操作中需要控制的具体的参数条件，如温度、转速、压力、pH值、气氛条件、功率、频率变化等。

③ 工艺路线。

工艺路线是以框图的形式画出的试验流程图，图9.2所示为选矿研究实验常用的工艺路线。

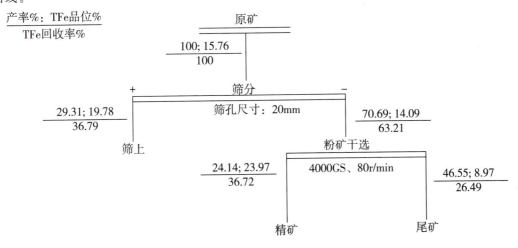

图9.2 选矿研究实验常用的工艺路线

（4）测试及表征方法。

测试及表征方法包括对关键原材料，中间过程及最终获得的样品进行物理性能、化学性能测试所使用的仪器、设备及实验方法。

例如，测试及表征方法包括对元素成分及物相组成、晶体结构及结晶度、微观形貌、表面官能团类型、价键结构及键能变化、粒径及分布、孔径及孔径分布、孔隙率、比表面积、粗糙度、抗拉强度、抗压强度、剪切强度、密度、硬度、延伸率、吸光度等多种指标测试所用的测试仪器。需要说明仪器的型号及生产商；对于本研究的关键参数或技术指标的测试，还需要说明仪器的使用参数或模式等，如电压、电流、倍率、狭缝宽度、波长等，以便他人据此重复验证。

（5）计算方法、科学原理或理论模型。

在科学研究过程中，通常要对获得的各种实验数据、测试结果和观察到的自然现象，根据相应的计算方法及科学原理进行数据处理和统计分析。对于常见、易理解的数据处理，通常不需要另外将计算方法及科学原理列出；但对于一些复杂问题的计算，特别是大量利用如对数、导数、微分、积分、偏微分方程等推导，进行数据变换和过程建模时，常需写出具体的推导、变换过程。

大多数科技论文的写作到此，将进入"结果与讨论"部分。但也有部分研究者，在此部分会将实验过程中所获得的各种因素对结果影响的所有实验数据通过不同类型的表格或变化曲线图等形式都呈现出来，然后在"结果与讨论"部分对这些数据及影响进行深入分析。

3. 结果与讨论

研究者的创新性劳动成果、科学发现、技术发明、创新方法等均在结果与讨论展示。因此，结果和讨论是科技论文写作的重点，也是反映作者水平的关键部分。该部分通常又分三个主题，一是不同因素对实验结果的影响，二是实验结果分析，三是机理分析。

（1）不同因素对实验结果的影响。

不同因素影响的条件实验是以实验部分设计的各种参数及变量为基础进行的系统实验。例如，在无机材料合成研究中，反应体系的参数包括反应物体积、浓度及用量，酸、碱、催化剂或助剂种类及加入量。探讨不同物质及加入量的因素变化对实验结果的影响，在以平均值作为实验结果的统计数据中，可以通过误差分析说明实验结果的可靠性及可重复性范围，这是实验结果分析的基础。

工艺条件参数包括研究反应体系中不同控制变量（如温度、压力、气氛、搅拌强度、反应时间，甚至加料方法及顺序等）的变化对实验结果的影响。通过大量实验测试，获得不同变量的变化区间及对实验结果的影响程度，实验结果通常以曲线图或数据表的形式列出。例如，在利用搅拌合成材料的实验中，工艺条件参数有反应物体积的大小、搅拌方式（电磁搅拌、螺旋桨搅拌或机械振荡）、搅拌强度（取决于搅拌机的转速、搅拌桨的半径或直径、介质黏度）、搅拌时间、反应温度、气氛、压力等。很多研究中还有辅助条件，如微波加热、超声波分散、超临界萃取等。此外，生成物的收集方式、洗涤条件、干燥方式（如微波、电炉、激光、等离子、电弧、烘干、冷冻干燥、冷冻喷雾干燥、真空干燥等）、干燥温度、干燥时间、干燥过程中的搅拌或翻动强度等，会在一定程度上影响所得样品的粒径、形态结构、表面特性、团聚程度，甚至团聚结构。后处理条件（如研磨、分散、包装状况、存储条件等）会在一定程度上影响材料性能。

（2）实验结果分析。

①对实验的测试结果，按照相关规律进行数据处理和统计分析，根据实验数据变化的

规律，分析不同因素的影响程度及变化趋势。得到主要影响因素，从而抓主要矛盾，优化实验，得到最佳实验条件，或比较理想的工艺参数，为高品质、高效率、低消耗的合成、制备创造条件。

②由于影响实验结果的因素很多，因此需要多次进行单因素影响实验才能够得到较为完整的数据，而且各因素之间经常是相互促进或相互制约的，纯粹的单因素实验的结果有时难以有效反应不同因素间的协同作用。解决以上问题的最有效方法就是利用多因素影响的正交试验方法。

③正交试验方法是根据正交性从综合试验中挑选出部分有代表性的参数范围进行试验，这些有代表性的参数范围具备均匀分散、整齐可比的特点，是一种高效、快速、经济的试验设计方法。例如，利用四因素三水平正交试验设计，可用 $L_9(3^4)$ 表示，说明需做 9 次实验 "L_9"，就能够观察到 4 个因素（"3^4"的上角标），每个因素在 3 个数量水平上变化的影响。同理，四因素四水平正交试验设计，用 $L_{16}(4^4)$ 表示，说明需做 16 次实验 "L_{16}"，同时，最多可观察 4 个因素，每个因素在 4 个水平上变化的影响。对各因素影响数据进行极差分析和方差分析，就可以找到不同因素的影响程度，从而找到最佳因素水平组合。

如果各因素都不受其他因素水平变化的影响，各因素最优水平的简单组合就是最佳试验条件。但是，实际上选取实验条件时，还要考虑不同因素影响的大小，按照主、次排序，以便在满足指标要求的情况下，对于一些比较次要的影响因素按照优质、高产、低消耗的原则选取水平，得到更为有效的试验条件，从而大幅减少试验的次数，降低劳动量，节省试验时间。

为了使选择的条件更加可靠，必须进行进一步的验证试验，包括两个：一是在最佳实验条件和次佳实验条件下，实验结果的再现情况，反应可重复性；二是对主要和次要影响因素进行单因素的验证试验，以期获得稳定、可靠的实验参数和工艺条件。

（3）机理分析。

机理分析就是通过对实验观察到的现象，或者实验过程中获得的不同样品的性能结果与特定参数的关系（如研究颗粒粒径变化对复合材料强度性能的影响，进而探讨晶体结构、表面官能团、比表面积等与材料性能变化的影响趋势），反演或推测反应体系内部各因素间的相互作用，探究各因素影响的本质原因，从而探究其科学规律、发展或演变趋势。

在研究过程中，为了实现预期的某一特定功能或结构，要在一定反应体系中利用各因素间的协同作用达到预期目标，其中涉及物料间的反应规律、催化剂的作用机理、反应条件的相互作用等。在化学动力学研究中，机理是指从原子的结合方式来描绘化学反应过程。而在化学气相沉积研究中，机理的含义更加广泛，如果其过程是动力学控制的，机理就是指原子水平的表面过程。机理分析的过程就是以实验数据事实为依据，以变化规律为引导，探究引起突变的"导火索"的产生过程，最终发现反应的本质，寻找科学真理。

机理分析的主要目的是解决不同因素对指标影响的本质规律，或者影响过程变化的内因，是对条件实验中获得的数据、引起变化的因果关系进行探讨，通过探究"为什么会变""怎么变""变化轨迹是什么样的"等展开大胆的猜想，勇于提出多种可能的假设，然后利用多种可能的方法、手段，借助相关理论，对提出的可能性进行分析和论证。

机理分析的前提是以实验事实为依据，以各种理论为指导，借助先进的测试及表征手段和分析工具，从微观尺度研究宏观现象，从而有理有据地发现参数条件对材料的微观结构、晶格变化、宏观形态、尺寸变化、表面形貌与内部层间结构、物化性能等的影响机理。在机理分析过程中可以有多种形式，不拘一格。机理分析过程是从实验现象到建立理论，形成规律的认识过程，主要以自己的分析、测试数据为依据进行说明或论证，也可以借用他人的类似研究理论或研究结论作为间接佐证材料，证明本研究结果的可靠性，成果或结论的正确性。机理分析过程是各因素对结果的影响理论认识的凝练和升华，是论文研究结果的精华所在。

机理分析广泛用于自然科学，是对自然现象中蕴含的本质及规律的研究，服务于物理、化学、生物、数学建模、材料开发、环境治理等领域的科学研究和技术开发中。机理分析就是找出其研究对象或反应体系在一定条件下的发展和演变规律的一种科学研究方法。这种方法常与科学研究的演绎法、逻辑法、辩证法配合使用，相辅相成，在科学发展中起巨大的作用。例如，通过水汽对光的折射、反射现象相关原理的探究，就可以发现彩虹的形成机制等。

（4）注意事项。

结果与讨论部分要用到大量的数据表、曲线和插图等，这些数据表通常用三线表，表格要有序号和名称，表格中要有数据来源的标注符号，如果是委托测试的结果，需要在表格的下方标注数据来源；因素影响规律的各种类型的测试数据通常可绘制成曲线图，作为插图。插图同样要有序号和图名，并有简短的插图信息说明结果及其意义，对于复杂插图应指出强调或希望读者注意的问题。简明有效，颇具说服力的示意图通常比大段的语言描述更易说清问题，可以提升论文的可读性和提高论文发表的概率；一篇论文中的数据，适合用数据表的就列表，适合用曲线图展示的就画曲线图。

科技论文必须围绕主题、紧扣主题进行写作，不要下笔千言、离题万里。避免使用生僻的专业术语及缩略语阐述主要的、关键的和非一般的内容。论文中也要尽量避免使用过多的数学公式，数据表和曲线图中的数据不能重复表述相同信息。在博士毕业论文、硕士毕业论文、博士后出站研究报告、课题或项目结题的研究报告中，当图表的数量太多时，可以放在附录中。对图表相关内容的描述，必须前后一致，切忌模棱两可，含糊不清；正确使用国家法定计量单位及相关换算，规范使用各种表格、计算公式，准确描述和应用专业术语。

尊重事实，在资料的取舍上不应掺入主观成分或妄加猜测，也不应忽视偶发性现象和重复出现的异常数据。切忌数据造假，抄袭剽窃，故意漏引高度相似的文献，胡乱署名，自我吹嘘，私自投稿和一稿多投。

9.3.11　结论

结论是整篇文章的最后总结，是对研究结果和论点的提炼与概括，不是摘要或主体部分中各章、节小结的简单重复，宜做到客观、准确、精练、完整。结论包括研究发现的重要研究结果，具有重要内涵和对结果的认识等。结论的目的是综合说明全文研究结果的科学意义、发现或作用。结论部分需要回答"研究的结果是什么"的问题，强调发现了什么，说明这些发现意味着什么，结论一般应该以正文中的实验或考察中得到的现象、数据和阐述分析作为依据，由此完整、准确、简洁地指出以下几个方面的认识。

（1）对本论文研究对象进行考察或实验得到的结果所揭示的原理及其普遍性，该结果说明了什么问题。

（2）对前人已经发表过的研究工作或理论作了哪些修正、补充、发展、证实或者否定。

（3）研究中有无例外发现，或本论文尚难以解释和解决而需要后人解决的问题，以及对解决该问题的可能建议。

（4）阐述本研究结果的理论意义与实用价值、可能的应用前景、研究的局限性及需要进一步深入研究的方向。

结论的写作要求：明确具体、简练求是、准确完整，合乎逻辑、措辞严谨，逻辑缜密，文字具体；不用"大概、也许、可能"等模棱两可的词语，不要"通过理论分析和实验验证可得如下结论"等用来凑字数的词藻堆砌，更不要自我评价，如"本研究结果属国内首创"等。

结论应体现作者更深层次的认识，是经过推理、判断、归纳、逻辑分析后而得到的学术观点、总体见解。要注意分寸，不要夸大其词，对尚不能完全肯定的内容注意留有余地；不应涉及前文不曾指出的新事实，无中生有，牵强附会，强拉硬拽；也不能在结论中简单地重复摘要、引言、结果或讨论等章节中的文字。结论应是该论文最终的总体认识，而不是正文中各段的小结的简单重复。如果推导不出结论，也可以没有"结论"而写成"结束语"，进行必要的讨论，在讨论中提出建议或待研究解决的问题等。

9.3.12 致谢

致谢是作者对论文的形成作过贡献的组织或个人予以感谢的文字记录，目的是体现作者对协作完成本研究工作，提供便利条件的组织和个人，或在研究工作中提出建议和提供帮助的人，及其他应感谢的组织、团体或个人贡献的认可。内容应客观、真实，语言诚恳、真挚、恰当。

致谢内容可用与正文部分相区别的字体，排在结论或结束语之后，一般不编章、编号。

1. 致谢对象

对因参加一些工作而又不够成为作者的人（如给予技术性帮助的专业人员，曾给以一般性支持的部门、科室领导人等，给予国家、地区政府科研管理部门的各种基金、国家重点研发计划、重点专项、地方政府或行业协会的产业发展或创新发展基金等资助的团体，以及能发生利益冲突的经济往来对象）应给予致谢。

2. 致谢原则与写法

作者应负责征得每一位被致谢者的书面同意，方可刊登其姓名，这样读者可根据这些来推断论文中资料和结论的可靠性。可在致谢中提及他们的姓名，以及他们的工作和贡献，如学术性指导、研究计划的重大建议、收集资料、参加部分试验等。

以中文编写致谢时，根据中国人的习惯，最好不要直书其名，应加上"×××教授""×××博士"等。致谢模板如下。

本研究得到×××教授、×××主任的帮助，谨致谢意。

试验工作是在×××重点实验室完成的，×××工程师、×××老师承担了大量试验，对他们谨致谢意。

国家重点研发计划，国家、省、市各类基金或非政府组织等团体资助者，应写明资助团体的名称及被资助项目的编号。

9.3.13 参考文献

参考文献是为研究、撰写或编辑论著而引用的与研究内容密切相关的期刊、论文、图书等。

1. 列出参考文献的目的

参考文献是论文研究内容、思路和解决问题的方法的起点。列出参考文献的目的有以下几点。

（1）反映科技论文内容的真实依据。

（2）反映本研究论文真实的科学依据。

（3）尊重前人的科学研究成果，向读者提供文中引用有关资料文本的出处，便于检索；同时为了节约篇幅和叙述方便，提供在论文中提及而没有展开的有关内容的详尽资料。

（4）体现作者严肃的科学态度，分清是自己的观点或成果，还是别人的观点或成果。

2. 列入参考文献的条件

能够列入参考文献中的文献需具备以下条件。

（1）所选用文献的主题必须与论文主题密切相关。

（2）被列入参考文献中的论文，必须仅限于那些作者亲自阅读过的原文，并在该论文中引用了其思想、观点或方法的论文；若为间接引用（即转引某篇论文的引文），需要提及该中间论文。

（3）该论文一定是正式发表的出版物或其他有关档案资料，包括专利等。

（4）优先引用最新发表的同等重要的论文。

（5）一般不引用专利和普通书籍（如大学教材等）。

（6）避免过多地，特别是非必要地引用作者自己的文献。

（7）确保文献的各著录项（作者姓名，论文题目，期刊或专著名称，出版年，卷、期、页码范围等）正确无误。

3. 参考文献著录规则

通常科技论文正文部分引用文献的标注方法，既可以采用顺序编码制，又可以采用著者-出版年制，但全文应统一。采用顺序编码制组织的参考文献表应置于文末，也可用脚注方式将参考文献置于当页的地脚处。对于博士研究生、硕士研究生的毕业学位论文，博士后的出站研究报告，以及各级科技管理部门资助的基金项目、重点研发计划项目等，其结项技术研究总结报告的参考文献的著录项目、著录符号、著录格式及参考文献在正文中的标注方法应按照国家标准 GB/T 7714－2015《信息与文献 参考文献著录规则》的要求，对论文中引用的参考文献进行标注。

然而，不同类型的科技期刊对投稿论文参考文献的编写格式又都有不同的格式要求，所以，要求作者严格按照拟定投稿期刊对参考文献的具体格式的要求，进行参考文献的编写。

4. 参考文献引用中需注意

优先引用该专业领域中研究成果突出、影响较大、有一定启发价值的文献。如果是同等重要的论文，以近 3～5 年内发表的文献为主，引用数量虽然没有规定，但建议不少于总引用文献量的 50%。其余文献引用时要围绕论文主题，兼顾历史沿革，从最早出现相关研究的文献开始，列出一定量的不同时期具有代表性、权威性的文献。

需要强调的是，作者不要想当然地按照自己的写作习惯，随心所欲地编写参考文献。此外，文献的引用格式需保持一致，特别是英文文献的书写格式，从作者姓名字母的大小写和格式，到论文题名、来源名称字母的大小写和格式，在同一篇论文中要保持一致。

9.3.14 附录部分

附录部分是以附录的形式对正文部分的有关内容进行补充说明。

论文一般不设附录；但那些编入正文部分会影响编排的条理性和逻辑性，有碍论文结构的紧凑性，对突出主题有较大的价值的材料，以及某些重要的原始数据、数学推导、计算程序、设备、技术等的详细描述，可以作为附录编排于论文的末尾。

9.4 科技论文写作要求

在撰写科技论文的过程中，必须对实验研究过程所取得的大量数据、现象及其变化规律的材料进行深入分析，大胆假设，并为各种假设通过科学实验和文献研究，寻找不同类型的证据，实现由感性认识向理性认识的飞跃和理论认识的升华，从而使研究活动得到深化，使人们的认知水平得到提高。

9.4.1 写好科技论文的方法

写好科技论文，一定要掌握足够的资料，包括自己的经验数据、现象和规律的总结，国内外已有研究资料的综述；要对资料进行充分的分析、比较，选择有用信息；根据选择的主题，拟出较详细的撰写提纲，包括主次分类、段落分节、重点选择、图表拟定与设计，顺序排列等。

科技论文的内容必须反映当代科学技术发展的实际水平，符合社会发展的客观需求，能够服务于经济建设、社会进步和文明发展。

1. 读者定位

发表科技论文的目的是供他人阅读，传播知识。因此，应该了解读者的内在需求。要有很清晰的读者定位，即为谁写，给谁看。一般来说，科技论文的读者可分为专业读者、非专业读者、主管领导、科技工作主管机构负责人四大类。他们阅读文章时所站的角度不同，心理需求和寻找的目标也不同。因此，他们对科技论文内容的要求与评估标准也不同。

在清晰的读者定位的基础上，有效开展构思，即写什么、如何写，顺利地确定立意、选材及表达的角度、深度和广度。对于学术类科技论文而言，其读者多为同行专业人员。因此，学术类科技论文的构思首先要从满足专业需要与发展及行业发展的角度去思考和定位，确定材料的取舍，表达的深度与广度，明确重点所在。

而对非专业读者、主管领导、科技工作主管机构负责人而言，科普性科技论文更适合他们的需求。主管领导会站在单位经济利益、知识产权、单位发展的角度审视论文；而科技工作主管机构负责人会从科技发展的大趋势、理论发现的科学价值、社会意义去了解科技论文的价值。

总体来说，科技论文应从社会生活、群众关心的角度出发，特别是以科普形式出版的论文，应描述他们感兴趣的问题，以有说服力的解答，阐释群众关心的问题，以科学观点和追求真理的态度澄清是非，答疑解惑。

2. 编写提纲

提纲可以帮助我们树立全局观念，从整体出发，规划每部分所占的篇幅、所起的作用和相互间的逻辑关系；判断各部分所占的篇幅与其在全篇中的地位和作用是否匹配，各部分之间的比例是否恰当；各部分是否都围绕主题，服务全局，相互配合。因此，提纲的好处是帮助自己从全局着眼，树立科技论文的基本骨架，明确层次和重点，简明具体，一目了然。

从写作程序上讲，编写科技论文提纲是作者行文之前的必要准备，以保证写作过程有条不紊地进行。同时，科技论文提纲本身是作者构思谋篇的具体体现，能够帮助作者凝练主题，归纳资料，厘清写作思路，突出重点。合理的谋篇布局可以确保章节间的合理衔接，提高内容的整体性、一致性，促进思路贯通，顺理成章，可以有效避免重复、遗漏、返工；同时，可以锻炼思路，养成写作前编写提纲的好习惯。

从科技论文提纲本身的编写过程来讲，其能促使作者通过已有资料为论文构思谋篇，提炼主题，寻找证据，并通过对资料内容的科学、合理安排，展开有理、有据、有节的论证。有了好提纲，就能够纲举目张，提纲挈领，按照全文的基本骨架，使主题与各章节的论证观点有机统一，保证科技论文结构完整、格式统一、层次清楚、逻辑严密、重点明确。

同时，编写科技论文提纲能帮助作者进行资料的合理组织、安排，决定取舍，最大限度地发挥资料的作用。在写作过程中，也可以根据资料现状及时调整，避免被旁枝末节所干扰。另外，对于初次写科技论文的本科生而言，只有把自己的写作思路写成提纲，才有可能请老师或专业人员帮忙修改，并提出指导意见。

3. 资料准备

在制订了论文提纲之后，作者必须根据提纲制订的内容，进一步收集相关领域国内外已有的文献资料，并将其阅读整理，总结归纳。

（1）相关学科、领域中对该问题研究的起因，主要的研究发现、理论认识和应用概况。

（2）作者在对该选题的实验研究中所获得的大量测试数据，绘制的影响因素趋势曲线、数据表等。

（3）对实验现象、测试结果进行分析，凝练出规律或发现，并探讨形成这种趋势的本质原因，通过不同类型的证据阐述形成的可能根源。

（4）通晓科技论文写作的基本格式，了解期刊论文的编辑知识，善于对章节、层次进行划分，深入浅出，脉络清晰。

9.4.2　论文撰写原则

确定了科技论文的提纲，就要开始撰写初稿。在顺着思路进行科技论文写作时，凝练核心论点需要利用关键论据和不同类型测试结果。当佐证论文的观点时，很可能发现原来提纲中的某些设想并不恰当，应该及时修改和调整；如果发现某些论点、例证与实验事实不符，论证不够充分、确切，则应重新查阅文献，进行实验验证，认真梳理分析、仔细斟酌和反复推敲，使之完善。

总之，应围绕目标，从内容出发，服务主题，语言简练，语义确切，这是科技论文写作的基本原则。

科技论文与其他论文的区别在于科学性和创新性。科技论文是科学与技术研究成果的科学论述，是某些理论性、实验性或观测性新知识的科学记录，是不同领域科学原理应用于实际中取得新进展、新成果的科学总结。因此，在撰写科技论文的过程中，应使其具有科学性、首创性、逻辑性、有效性及规范性，此即科技论文的基本特征。

1. 科学性

科学性是科技论文写作的思想基础，阐述的不仅是所涉及的科学问题、技术方法、工艺参数、实验结果等相关研究成果，而且是通过大量的观测事实、实验数据的定性分析和定量研究，使感性认识上升到理性层次的过程。尊重事实，在资料的取舍上不应掺入主观成分或妄加猜测，其论述的内容一定要具有真实性、可信度和准确性，可以被不同研究人员在不同实验室重复或再现，不容丝毫虚假，是可以证伪的。从现象观察到本质认识，发现理论或规律，获得技术参数、评价指标，或者经过多次使用和完善达到成熟，能够在相关产业中推广应用。

2. 首创性

首创性是科学研究的目标，也是科技论文创新性的重要依据，创新性是科技论文的灵魂，是有别于其他类型论文的重要特征。科技论文的首创性体现在以下几方面。

（1）利用最新的科技手段、理论知识，揭示事物或现象的本质规律及属性特点。

（2）发现影响事物运动、演变规律的主要因素，探索不同因素影响的机制，或建立起演化模型。

（3）必须是前所未有的、首创应用或部分首创应用所发现的规律。

（4）内容必须提出新观点、新方法，有独到的理论见解，是在前人研究的基础上有所发现、有所发明、有所创造、有所前进的更高层次的研究成果，而不是对前人研究工作的重复或模仿。

3. 逻辑性

逻辑性是指科技论文研究内容的表述形式和文体结构相适应。科技论文必须层次分明、脉络清晰、结构严谨、前提完备、演算正确、符号规范、用词准确、语句通顺、图表精准、推断合理、前后呼应、独立完整。

4. 有效性

有效性是指科技论文的发表方式应有效。当今，高水平科技刊物所刊载的论文一定是经过相关专业的同行专家的审阅、修改、完善后才发表刊载的，被认为是有效的研究成果。例如，科研项目或课题结题时，撰写的技术研究总结报告需要在一定规格的学术评议会上通过答辩，才能存档归案并正式结项。

无论科技论文采用何种文字发表，它都表明科技论文所揭示的事实已能方便地为他人所应用，成为人类知识宝库中的组成部分。

5. 规范性

规范性是科技论文写作的前提，从论文的写作格式，到专业词汇及术语使用、实验数据来源、测试方法及计算过程、公式及推导过程、图表量值单位及标注等均符合科技论文的写作规范。

科技论文要求概念准确、单位换算和使用规则符合国家法定计量单位（中文论文）或国际单位制。科技论文切忌口语化，避免使用过多的形容词或带浓重感情色彩的非科技词语。

9.4.3 论文修改与评价

初稿写成后，应反复阅读、斟酌和修改，思考是否符合科学原理和规范要求。事实上，认识是一个循序渐进、波浪式前进、螺旋式上升的漫长过程，是在不断修正、完善中升华的过程。在论文写作中，只有通过不断地琢磨、反复比较、细心修改和完善，才能够达到用词恰当、论证有力、结构完美、理论升华的程度。论文的修改非常关键，常体现出细节决定成败的道理。

增、删、改、调、换、留是六种论文修改的基本方法。但就笔者多年在科研、撰写论文、为专业刊物审稿，以及指导研究生撰写、修改论文的过程中的体会而言，更提倡用"推敲提纲，完善结构；美化图表，简明直观；朗读默读，修正语句；观察感悟，不断创新"的方法来修改科技论文，这样可以起到事半功倍的效果。

1. 推敲提纲，完善结构

推敲提纲是在论文初稿完成后，再从论文的整体出发，优化框架结构和层次逻辑，结合写作过程中的新感悟、新思考或新发现，进一步调整、优化章节或段落布局，改善内容间的衔接和相互逻辑关系。

提纲结构再推敲的过程也是进一步论证、考察各部分内容所表达的层次、内涵及其对研究主题所起的支撑作用的过程。推敲提纲可以完善基本骨架结构，着眼全局，围绕主题，突出重点，使结构紧凑，布局合理，过渡自然，层次分明地表达观点和论据。

2. 美化图表，简明直观

研究内容可以用简明直观的图表呈现。图文并茂的撰写形式可以丰富论文的层次，引起阅读兴趣。但配图一定要美观、易懂、清晰。一幅好的配图往往能够起到提纲挈领、烘托全文的作用，增加论文的关注度，引发读者好奇心，提高发表可能性，增加论文引用率。图表是论文数据信息的载体，也是形成论文主题的重要支撑。

利用不同类型的示意图能够简明有效地表达工艺流程、反应过程和作用机制，不仅可以使读者直观地理解反应机理、变化过程或科学原理，增加论文的趣味性、可读性，改善视觉效果，还可以减少大篇幅的说明和解释。此外，配合图片可以有效进行相关说明，加深读者的印象。

3. 朗读默读，修正语句

语病是多数投稿论文中普遍存在的现象。一方面，作者为了说清楚问题，常常会使用一些过长的陈述句，原意是想面面俱到，讲清楚来龙去脉，结果却是主、谓、宾、定、状、补之间的关系含糊不清，使读者难以理解。另一方面，部分学生的写作基本功不够扎实缺失汉语语言优良的表达习惯，使论文读起来总有一种说不出的别扭。

论文脱稿后，除研究内容的不断修改完善外，还要修正语句。通过大声朗读，可以发现语句是否流畅、通顺，发现不恰当的词语、词组等语病。而默读过程中，可以集中精力，反复推敲，通过字斟句酌的修改，就会使全文逻辑严密、结构严谨、用词准确。

4. 观察感悟，不断创新

内容层次有效的衔接可以进一步加深对写作主题和论点的理解。结合观察、思考，根据实验数据，琢磨、发掘和凝练出新的想法或感悟；通过实验现象和多种表征技术手段的综合应用，升华认识，强化论点，从而获得新的创新性突破；围绕主题，突出重点，寻求研究对象变化规律的科学本质、内在动力和变化机制，发掘更深层次问题的解决方案。

创新是高品质科技论文的灵魂，通过不断观察、思考、领悟、修改、凝练和再创作，使原本零散的研究资料被有效整理、科学归纳，而获得恰到好处的应用。实验数据内涵信息的挖掘，能够使观点得到升华，创新性得到增强。而从已有资料的微细变化中发掘事物间的因果关系，确定段落间的逻辑关系，寻求论文整体的辩证统一，正是科技论文的观点是否正确、论证是否有力的关键创新所在。

可见，推敲提纲、完善论文结构和总体布局能够在一定程度上解决全文的宏观一致性问题；通过图表的美化，简明直观地说明问题，避免长篇幅的文字说明，能够增加论文的可读性，改善视觉效果；而通过朗读结合默读，能够有效解决论文中常见的语句问题。感悟创新的本质是"悟"，大彻大悟才能铸就伟大。

9.4.4 行动启示

美国通用电气公司首席执行官杰克·韦尔奇曾应邀到我国讲授管理知识。一些企业管理人员在听完课后，感到有些失望，便问："您讲的那些内容，我们也差不多都知道，可为什么我们之间的差距会那么大呢？"杰克·韦尔奇听后回答："那是因为你们仅仅是知道，而我却做到了，这就是我们之间的差别。"

这件事启示我们：正是行动，使人和人之间拉开了距离；正是行动，使人与人之间分出了高低；正是行动，使人与人之间产生了差距。

9.4.5 八种将被时代抛弃的人

中国人事科学研究院副院长吴德贵曾提出，当今时代，一些行业或领域的高素质人才走俏的同时，有八种人将在激烈的竞争中被淘汰。他们分别是：知识陈旧的人，不善学习的人，反应迟钝的人，技能单一的人，情商低下的人，心理脆弱的人，目光短浅的人，单打独斗的人。

9.4.6 课程结课要求

1. 模型制作

以熟悉的桥或自己渴望观摩的桥等为对象，通过简化设计，制作一个纸桥模型。具体来说，利用约 40 张 A4 纸、胶水、剪刀、线绳等，制成长度约为 70cm，宽度为 10～15cm 的纸桥模型。

2. 考核论文

标题自拟，如：×××纸桥模型制作及研究（说明、探讨），或×××纸桥模型制作及××。必须以自己或团队设计、制作的纸桥模型为对象，按科技论文的基本格式和写作要求，根据纸桥模型制作过程中的技术特点、发现的问题等，围绕自拟标题的主题思想，组织写作内容，要求层次清楚、图文并茂。

提示：制作的纸桥模型作品要与立项申请书中的原型桥对应。模型是简化设计后的原型再现。论文可以简单阐述纸桥模型的设计思路，但重点是制作方法及制作过程中遇到的难点问题和相应的解决方法；也可以分析所做纸桥模型的空间结构问题、组装衔接问题、受力问题、美学问题等；还可以结合纸桥模型制作过程的感悟，团队协作及对动手能力的锻炼，以及制作纸桥模型对个人能力提升等潜在作用等问题展开论述。

具体要求如下。

（1）按所讲科技论文写作规范进行论文的写作。

（2）正文部分 2500～3000 字，应包含原型桥的简要介绍、简化的结构示意草图、纸桥模型制作过程中的细节说明（附有照片）、存在的问题及解决方法的分析、最终作品的清晰照片等（各种图片的总数不超过 6 个）。

(3) 论文包括以下内容。

①前置部分：题名、作者信息（姓名、班级、学号）、摘要、关键词（不要求中英文对照，但可以有）。

②正文部分：引言、主体（制作方法、制作结果与问题讨论）、结论、致谢、参考文献（按国家标准 GB/T 7714—2015《信息与文献　参考文献著录规则》执行）。

思　考　题

(1) 科技工作者为什么要撰写科技论文？

(2) 科技论文写作有固定的格式和规范吗？

(3) 科学研究为什么要选用高水平刊物的相关代表性参考文献？

第 10 章
立德树人优秀作品

 本章教学要点

知识要点	掌握程度	相关知识
先做人后做事	了解邓稼先、黄大年与稻盛和夫	"两弹一星"； 创造力方程
课程实施及效果	了解课程实施及效果	纸桥模型制作
结课论文及纸桥模型范例	熟悉立项申请书范例； 熟悉结果论文报告范例； 了解优秀纸桥模型作品照片	金门大桥； 五亭桥； 伦敦翻滚桥； 赵州桥； 天津彩虹大桥； 橘子洲大桥

导入案例

在科技快速发展、知识大爆炸的大变革时代，一成不变的书本知识早已不能够满足时代进步和社会发展的要求。作为工科大学的教师，只有不断地与时俱进，紧跟时代发展的步伐，学习新知识、新原理和新技术，才能够不断补充、修正、完善教学内容，保持讲授知识的先进性、可行性和完整性。所以本章以现有教材为基础，并充分将网络、期刊中最新的研究成果、科学原理和知识补充到课堂教学实践中，以此丰富教学内容。

课程育人

马克思说："在科学上没有平坦的大道，只有不畏劳苦沿着陡峭山路攀登的人，才有希望达到光辉的顶点。"这句话告诉我们：科学探索不会一帆风顺，会有很多挫折；只有不畏艰险的人，勇于拼搏的人，持之以恒的人，才能有希望获得成功。

坚持德才兼备、以德为先的标准，大胆用好人才；广大科技工作者要把论文写在祖国的大地上，写在国家技术发展和生产力提升的主战场，写在美丽中国的生态环境建设、绿

色可持续发展的需要中。论文要理论密切联系实际，解决现实中不断发生的需要解决的问题。坚持共产主义信仰，共产主义是人类发展史上最壮丽的、最光辉的伟大事业，这个事业是前无古人的。

10.1 先做人后做事

老子在《道德经》中记载："是以大丈夫处其厚，不居其薄；处其实，不居其华。故去彼取此。"这是告诉后人做人的基本原则。"不居其薄"就是做人不能不守信用，要诚恳厚道，踏实做人，用心做事；"不居其华"就是不要追求虚荣、浮华，要朴实、笃信，不敷衍了事，不浮夸炫耀。

孔子提倡君子言必行，行必果。"诚"是孔子人格修养思想的基石，"学"使其人格修养思想具有笃实的品质。孔子的教育思想就是倡导君子之风，道德修养与品格完善。《论语·子路》中记载："君子和而不同，小人同而不和；君子泰而不骄，小人骄而不泰。"

君子的人格境界为"知者不惑，仁者不忧，勇者不惧"。"知者不惑"要求君子具有渊博的学问和严谨求实的学风；"仁者不忧"要求君子具有仁者爱人的情怀和律己宽人的精神；"勇者不惧"要求君子具有尚义重行的勇敢和坚强进取的毅力。

《礼记·大学》中记载："古之欲明明德于天下者，先治其国；欲治其国者，先齐其家；欲齐其家者，先修其身；欲修其身者，先正其心；欲正其心者，先诚其意；欲诚其意者，先致其知，致知在格物。物格而后知至，知至而后意诚，意诚而后心正，心正而后身修，身修而后家齐，家齐而后国治，国治而后天下平。"即"修身、齐家、治国、平天下"的前提是修身，修身是做人的根本。

10.1.1 邓稼先

邓稼先，中国科学院院士，中国核武器研制工作的开拓者和奠基者，为中国核武器、原子武器的研发作出了杰出贡献。1982年，他获国家自然科学奖一等奖，当选为中共第十二届中央委员会委员。1986年6月，他被任命为国防科工委科技委副主任。同年7月，国务院授予他全国劳动模范称号和奖章。1987年和1989年，他两次荣获国家科技进步奖特等奖。邓稼先是我国科技工作者的典范，是我国科技工作者的骄傲。

在庆祝中华人民共和国成立50周年之际，党中央、国务院、中央军委追授邓稼先"两弹一星功勋奖章"；2008年，邓稼先当选为中国科学技术协会组织评选的中国十大传播科技优秀人物；2009年，邓稼先被评为"100位新中国成立以来感动中国人物"。

1. 求学报国心

1924年，邓稼先出生于安徽省安庆市怀宁县一个书香门第的家庭，其烈祖是清代著名篆刻家、书法家邓石如。父亲邓以蛰是北京医科大学、北京大学、清华大学等校的哲学系教授。他从小就受到爱国救亡运动的影响，北平沦陷后，各高校需陆续南迁。由于父亲邓以蛰患有严重的肺结核，咳血不止，一家被迫滞留北平，其间，他目睹了日寇惨无人道的暴行，感受到山河破碎，做亡国奴的屈辱。他曾秘密参加抗日聚会，当众把日本国旗撕碎，踩在地上。父亲担心他遭到日本人迫害，就安排他随大姐经上海、香港等地，辗转到达昆明。1941年，邓稼先考入西南联合大学物理系，1945年以优异成绩毕业。

抗日战争胜利后，他参加了中国共产党的外围组织"中国民主青年同盟"，翌年回到北平，受聘担任北京大学物理系助教，并在学生运动中担任北京大学教职工联合会主席。1948年，邓稼先赴美国普渡大学留学，由于学习成绩突出，仅用一年多就完成学业，通过博士论文答辩，26岁获得了博士学位。由于才华出众，他的导师和好友们都希望他能留在美国发展，但他婉言谢绝。在获得博士学位后，他便离开科研和生活条件优越的美国，毅然投向了百废待兴的祖国。

2. 舍家为国隐姓埋名

回到北京，邓稼先与王淦昌、彭桓武等人一起投入中国近代物理研究所的建设中，为新中国核理论研究作出了开拓性的贡献。随着赫鲁晓夫当政，原本友好的中苏关系出现微妙变化，我国感受到核武器在国防安全中的威慑作用，决定依靠自己的力量研究原子弹。

1958年6月，中央决定由第二机械工业部（简称二机部）牵头开展原子弹相关理论模型研究，原二机部副部长刘杰找到邓稼先，问他是否愿意参加这项绝密工作，邓稼先毫不犹豫地接受了邀请。

在得知自己将要参加新中国第一颗原子弹设计工作的当晚，他既兴奋，又感到任务艰巨。他的妻子许鹿希看出他有心事，两人一夜无眠，在太阳就要升起来时，邓稼先才对许鹿希说要调动工作了，不能再照顾家和孩子。天亮后，他与妻子、孩子拍了一张全家福，从此义无反顾地将青春和生命投入我国原子弹、氢弹的研究实验中。

1959年6月，苏联单方面终止两国签订的国防新技术协定，撤走全部专家。为激发广大科技人员的爱国斗志，中国第一颗原子弹工程的代号命名为"596"。

3. 报国献身挑重担

为了解开原子弹爆炸的科学之谜，充分发挥集体智慧，研制出我国的"争气弹"，邓稼先借其智慧和敏感，选定中子物理、流体力学和高温高压物理作为中国第一颗原子弹研制理论的主攻方向，并亲自参与爆轰物理、流体力学、状态方程、中子输运等基础理论研究，指导模拟计算和分析评估。

面对极为复杂的原子理论计算，在没有任何高端设备的情况下，他带领一批刚跨出校门的大学生，利用算盘、计算尺和手摇计算机等，以"三班倒"接力的方式不停地进行计算、分析，不断修正和完善。在缺乏资料，没有试验条件的情况下，大家共同想方设法收集文献，由于能找到的少量原子物理方面的图书都是外文版的，他就组织相关人员一起研读，共同翻译后，连夜刻蜡板、油印后发给大家学习。同时，为了改善试验条件，他带领大家自己动手盖起原子弹教学模型厅。每当疲劳过度，思维中断时，他都着急地说："唉，一个太阳真不够用呀！"

经过多年艰难的理论研究，克服常人难以想象的困难，终于算出了原子弹模拟爆炸的全部参数，再经9次反复验算，高效完成了中国第一颗原子弹理论模型设计的技术方案。

随着他指导的华北某地爆轰模拟试验的成功,他签字确定了原子弹试制的设计方案,我国原子弹制造进入工程实施阶段,奠定了我国制造的第一颗原子弹成功爆炸的基础。图 10.1 所示为中国第一颗原子弹爆炸成功。

完成原子弹理论模型设计后,他又奉命和于敏一起,率领大家开始中国第一颗氢弹的理论设计、技术途径探索的论证工作。1967 年,按照"邓-于理论方案"设计制造的 330 万吨 TNT 当量的中国第一颗氢弹爆炸成功,如图 10.2 所示。中国仅耗时 2 年零 8 个月,与法国 8 年零 6 个月、美国 7 年零 3 个月、苏联 6 年零 3 个月相比,创造了奇迹。

图 10.1　中国第一颗原子弹爆炸成功　　　图 10.2　中国第一颗氢弹爆炸成功

4. 身先士卒勇赴危难

随着原子弹理论模型设计和爆轰模拟试验的成功,邓稼先的工作重心转移到飞沙走石的戈壁试验场。在很长一段时间内,他几乎天天出入核燃料生产车间,接触放射性物质。凭着一腔爱国丹心和强国信念,他在罗布泊坚守了 28 年。在第一颗原子弹爆炸成功的第一时间,为了掌握第一手材料,他就率领研究人员,深入爆心区域,进行现场勘查、采样,分析爆炸效果,保证中国核试验水平的稳步提高。到 1986 年被迫住院前,我国完成的 32 次核试验中,他现场亲自主持就达 15 次。

在 1979 年进行的一次飞机空投氢弹核爆试验中,因降落伞未能在指定高度打开,导致核弹从高空直接坠落,摔碎在戈壁沙漠深处。为尽快找到核弹头,排除隐患,他亲自带领搜寻小分队在戈壁中搜寻。发现目标后,深知放射性危害的他,不顾个人安危,毅然决定一个人前去处置。为准确获得一手数据,他还把摔破的核弹碎片拿到手里观察,并妥善归拢,处置好核弹残骸,极大地减少了放射性物质泄漏可能对下风区域人民群众的影响。

他的体检结果显示,所有化验指标都不正常。尿液里查出了超高剂量的放射性物质,白细胞内染色体几乎呈粉末状,说明他的身体已经不可逆转地被毁了。但作为一个肩负重要使命的科学家和实验负责人,他认为即使牺牲也值得。体检后他又马上回到了核基地,投入到了繁忙的工作中。此时,医生从他的体检报告中已经看到,直肠内已长满了肿瘤。

排便时要加一个中空的充气圈才行,这种痛苦是常人无法想象的。

在实验的关键时刻,他常不顾个人安危,出现在最危险的岗位上,每一次核爆试验前,都需要给弹体装雷管,这个操作非常危险,如果出现意外,在场的所有人将化为乌有。就算是他步履艰难之时,也坚持要亲自为氢弹装雷管,并以院长的身份命令周围人员撤离,充分体现出他崇高无私的奉献精神。

1984年,中国第二代新式氢弹试爆成功,邓稼先兴奋地写下感怀诗篇:"红云冲天照九霄,千钧核力动地摇。二十年来勇攀后,二代轻舟已过桥。"张爱萍将军看到他身体日渐消瘦、脸色不好,便询问他的身体状况。邓稼先若无其事地说:"没事,开完会后去医院开点润肠药吃了就好。"将军立刻联系了中国人民解放军总医院(301医院),命令他去住院治疗,邓稼先就这样依依不舍地离开奋斗了28年的核试验一线。

邓稼先带着疲惫和严重的疾病住进301医院,直肠癌已发展到晚期,癌细胞已扩散。他的小便中带有放射性物质,肝脏破损,骨髓里都侵入了放射性物质,已无法挽救。国庆节当天,虽然他的身体十分虚弱,但科学春天带来的冲动,激励他信心满怀,他悄悄要求警卫员游泽华带他去看看天安门,感受国家的发展。

游泽华带他溜出医院,坐上公共汽车,来到天安门广场。他凝望着五星红旗,思绪万千地说:"到中华人民共和国成立一百周年时,请你再来看看我,那时候,我们国家肯定已经富强了!"游泽华听后,不住地点头,热泪夺眶而出。

5. 生命不息战斗不止

邓稼先共住院363天,进行了3次手术。第一次手术后的他只能躺在病床上,他首先想到的是利用这段空闲时间做点事。于是就忍着疼痛开始编写之前他已经写了两章的"群论"的书。这是一本关于原子核理论研究的工具书,他要抢时间把书写出来,培养更多新一代核工业技术人才。在病情稍有缓解后,病房就成了他的办公室,总有同事们有事情要和他商量。

每一次手术后都需要进行化疗,但严重的核辐射伤害及体内残存的放射性物质使他的抵抗力变得很弱,化疗进一步造成他的白细胞数降低,全身出现大面积溶血性出血,疼痛难忍。止痛的哌替啶从每天一针增加到每小时一针,就在这样极端的痛苦中,满头虚汗的他还在坚持看材料。

他清楚地知道自己的时间不多了,但看到其他大国的核武器设计和制造水平已经接近理论极限,多个拥核国家正在推动联合国全面禁止核试验,企图阻止无核国家发展核武器。面对如此严峻的国际形势,他忍着病痛,请来于敏等人商讨对策,经过反复酝酿,他和于敏等人联合署名完成的中国核武器事业发展建议书报送中央,建议书详细列出了我国今后核武器发展的主要目标、具体途径和实施措施。

他就这样用自己生命的最后余光,用崇高的爱国热情和无畏生死的气概,指引着中国核事业前行的道路。即使在临终前,他留下的嘱托也是:"不要让人家把我们落得太远!""一不为名,二不为利,但我们的工作要奔世界先进水平!"(图10.3)发展高水平原子弹、氢弹是邓稼先临终前念念不忘的崇高事业。

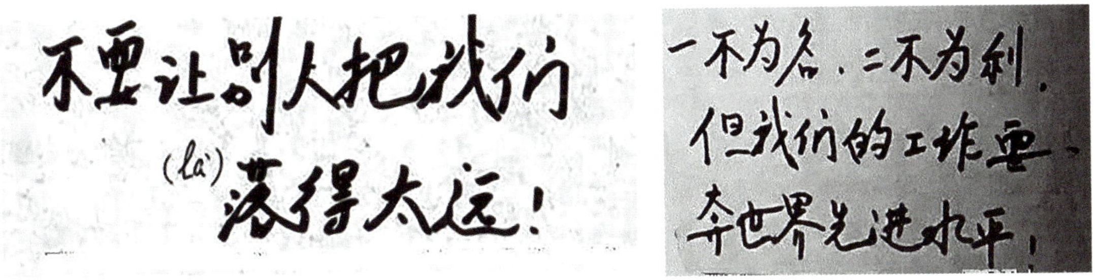

图 10.3　邓稼先临终手迹

在弥留之际,他对许鹿希说:"要是有来世,我还选择中国,选择核武器事业,选择你。"对自己的选择死而无憾!

邓稼先用他的智慧,将中国核武器研发快步推进了十年。值得慰藉的是,就在他逝世十周年的祭日(1996 年 7 月 29 日),我国进行了最后一次核爆试验,并向世界庄严宣告,从 1996 年 7 月 30 日起,我国暂停核试验。这标志着中国完成了原子弹、氢弹、中子弹、核禁试等四个里程碑式的研究,达到了在实验室模拟核爆过程的国际先进水平。

正是有一批像邓稼先、郭永怀、钱学森等这样的中国优秀知识分子胸怀祖国、无私奉献,勇于担当,才撑起了我国不屈的民族脊梁。这种家国情怀,就是中华民族的强盛之基,将永励后人。

10.1.2　黄大年

黄大年,1958 年 8 月出生于广西壮族自治区南宁市。2009 年 12 月,黄大年放弃了在英国优厚的待遇,怀着一腔爱国热情毅然返回祖国,出任吉林大学地球探测科学与技术学院教授、博士生导师,他带领团队刻苦钻研、勇于创新,在航空地球物理领域填补了多项国内技术空白,取得一系列举世瞩目的成就,为我国深地资源探测和国防安全建设作出了突出贡献。2017 年 1 月 8 日,黄大年因病逝世;2018 年 3 月 1 日,黄大年当选"感动中国 2017 年度人物";2019 年 9 月,黄大年获"最美奋斗者"个人称号。

中共中央总书记、国家主席、中央军委主席习近平对黄大年同志先进事迹作出重要指示,黄大年同志秉持科技报国理想,把为祖国富强、民族振兴、人民幸福贡献力量作为毕生追求,为我国教育科研事业作出了突出贡献,他的先进事迹感人肺腑。我们要以黄大年同志为榜样,学习他心有大我、至诚报国的爱国情怀,学习他教书育人、敢为人先的敬业精神,学习他淡泊名利、甘于奉献的高尚情操,把爱国之情、报国之志融入祖国改革发展的伟大事业之中、融入人民创造历史的伟大奋斗之中,从自己做起,从本职岗位做起,为实现"两个一百年"奋斗目标,实现中华民族伟大复兴的中国梦贡献智慧和力量。

1. 欧阳海式好少年

黄大年父母都是广西地质学校的教师。幼年时期,父亲对黄大年的要求十分严格,常在各种小事中锻炼他的记忆能力和应变能力。当时虽然生活条件十分艰苦,但受父母的教育和引导,黄大年从小就对科学知识产生了强烈的兴趣,英雄模范的故事更是让他百听不厌。例如,欧阳海是中国人民解放军的一名战士。1963 年,他所在的部队行军经过一段铁路时，一匹战马受惊拉着炮车横在轨道中间，此时列车正在快速驶来。危急时刻，欧阳海奋不顾身推开马车，挽救了国家财产和旅客的生命，自己却壮烈牺牲。

黄大年的同学司志刚回忆，1970年的一天，他和黄大年在放学的路上，发现当地农场的一辆拖拉机抛锚停在了铁路中间。他们急忙过去帮忙推车，可根本推不动。而此时，不远处的山坳里已经传来隆隆的火车声。由于山势阻隔，司机无法发现前面的危险。千钧一发之际，黄大年毫不犹豫，快速向火车驶来的方向奔去，边跑边脱下上衣，使劲地挥舞，司机终于发现了向他示警的黄大年，及时刹车制动，列车在距离拖拉机不足百米的地方安全停下。几天后，农场给黄大年所在学校送来一面锦旗，上面写着"欧阳海式好少年"。

高中毕业后，他以优异成绩考入广西第六地质队工作，为国家寻找矿产和能源成为地质队员黄大年的职业理想。但地质队员的工作经常要翻山越岭，顶着酷暑严寒进行勘探工作，几个月就要换一个工区，搬家是常事。但对黄大年来说，自己最重要的家当就是书，他工作之余总是苦读到深夜。

2. 发愤图强

1977年，恢复高考的消息传遍祖国大江南北，但由于地质队常年工作在野外，信息闭塞，直到高考前3个月，黄大年才得知消息报名参加。地址队员大多住在野外帐篷里，或租借农家暂助，没有电灯，只能在油灯下，忍着蚊虫叮咬和饥肠辘辘，刻苦学习。最终，功夫不负有心人，他以超过录取分数线80分的优异成绩，考入长春地质学院（现吉林大学朝阳校区），学习金属及非金属地球物理探矿专业。

1978年2月下旬，黄大年从广西壮族自治区贵县（现贵港市）七里桥村出发，经过四天三夜的长途跋涉，来到正值冰天雪地的吉林省长春市。那一年，他19岁，如初升的太阳朝气蓬勃，充满着无限可能。大学期间，他不仅奋力学习知识，还积极参加体育锻炼，强健体魄。1982年春，他考取本校研究生；1986年，以优异的成绩完成硕士学业，并在毕业后留校任教。一次，他利用去北京出差的机会，进入北京大学的课堂去旁听，机会近距离体会顶尖高校的教学理念和教学方法。作为青年教师，他努力学习和提高教学水平，想方设法给学生上好每一堂课。

3. 忍辱蛰伏蓄势待发

1992年，"中英友好奖学金项目"启动，通过层层筛选，黄大年拿到了全国仅有的30个公派出国名额中的一个，被派往英国利兹大学地球科学系攻读博士学位，是同批留学生中唯一来自地学领域的博士生。经过无数个日日夜夜的挑灯奋战和埋头苦读，1996年，他以排名第一的成绩获得英国利兹大学地球物理学博士学位，引起了业内极大的关注。

1997年，回国不久的黄大年再次被派往英国从事研究工作。因为他是一名中国共产党党员，在英国求学的过程中，从事的是高精尖领域，且涉及敏感的军事用途，很多核心知识都无法接触。为了尽快掌握世界航空地球研究领域的核心内容，他不得不加入英国国籍。也正是从这个时候开始，他受到了一些人的指责，甚至漫骂，觉得他背叛了祖国，忘了本，还失去了党籍。

但黄大年没有过多的辩解，他默默地承受着社会舆论的压力，一心做好自己想做的事。他认为，个人荣辱并不是最重要的，最重要的是学到了真正的知识，只有具备真才实学，才可以为祖国的发展奉献出自己的绵薄之力。更改国籍之后，黄大年加入了英国剑桥ARKeX航空地球物理公司，担任研发部主任、博士生导师、培训官，出色完成了水下油气的高精度探测，航空重力梯度仪军转民用试验等，受到了英国政府的大力嘉奖。

4. 巅峰时刻毅然回国

在英国经过了十余年勤奋历练，已经卓有建树的黄大年成功跻身于英国的精英阶层，成为航空地球物理领域的战略科学家；但他始终牢记父亲的谆谆教诲："你是有祖国的人，要做个忠诚国家的科学家。"

随着国家启动"海外高层次人才引进计划"，2009年4月，黄大年接到了吉林大学地球探测科学与技术学院的邀请，听到母校的召唤，海外赤子的一颗心被彻底激活，他第一时间就明确表示考虑回国。在祖国最需要的时候他毫不犹豫地积极响应，这一决定震惊海外。

黄大年回国后恢复了中国国籍，正如他自己所说的那样："多数人选择落叶归根，但高端科技人才在硕果累累的时候回来，更能发挥价值。"就这样，黄大年与吉林大学正式签下全职教授合同，担任吉林大学地球探测科学与技术学院教授。

5. 报效祖国时代楷模

黄大年的主要研究领域是利用一种高级"CT机"对大地和浩渺海洋进行深部探测，从而实现在海洋和陆地复杂环境下，通过快速移动方式实施对地穿透式精确探测，是国际尖端而敏感的前沿技术。深部探测关键仪器装备和高精度航空重力测量技术，简单说就是在飞机、舰船、卫星等移动平台上安装了一副"千里眼"，能快速看穿地下深埋的矿藏和潜伏的目标，可用于航空航天、地质勘探、油气开发等领域；还可作为军事用途，用于对潜艇的攻防和对敌人的穿透侦察。因此，这也是各国科技竞争乃至战略部署的制高点之一，重要性丝毫不亚于核研究。

当黄大年载誉归来，祖国也已今非昔比，他那深埋在心中的报国梦的"种子"，犹如火山喷发，势不可当。他总有一种强烈的紧迫感，仿佛是要将国家落后的那些年争分夺秒地"抢"回来。他的回国加速推动了中国深地探测事业，在航空移动平台探测技术装备项目上，他率领全国各地300多名科学家，仅用5年的时间，追赶了西方发达国家20年的发展路程，引领中国正式进入地球物理研究的"深地时代"。在尖端装备重力梯度仪的研制上，就数据获取的能力和精度，我国与国际的研发速度相比至少缩短了10年；而在算法上，达到了与国际持平的水平。

6. 鞠躬尽瘁死而后已

黄大年回国时，我国相关技术的研究才刚刚开始起步，国内相关领域的同行都是摸索着研究，硬件、软件条件都很差。用黄大年的话来说，国外是"导弹部队"，我们是"小米加步枪"，其中一些"步枪"还是进口来的，高精尖的装备被别人禁运。

在如此落后的条件下，他勇敢地担起了"深部探测关键仪器装备研制与实验"和"高精度航空重力测量技术"两个国家重点项目的首席科学家，并率领团队开始了夜以继日的科研攻关。作为地球深部探测领域的国际顶级战略科学家，黄大年就是在这样的环境下开始为我国的航空地球物理事业耕耘播种，使我国一步一步努力走到了世界的前列，成为航空地球物理研究领域的引领者，掌握着世界最前沿的技术。

在同事们眼里，黄大年是"科研疯子""拼命黄郎"，为祖国的强大鞠躬尽瘁、死而后已。黄大年说："中国要由大国变成强国，需要有一批科研疯子"。黄大年的归国并不是特例，更不是偶然。回溯历史，许许多多海外留学生先后返回祖国参加建设，其中不乏一些声名远播的大科学家，如钱学森、邓稼先、钱三强、李四光等。他们为祖国的科技事业、国家安全作出了杰出贡献。他们之所以令后人敬仰，不仅是因为他们的突出成就，更是因为他们始终有爱国情怀和报效祖国的崇高理想。他们的率先垂范激励和感召了一批批科技工作者，为民族复兴的强国梦奉献赤胆忠心。

在研究无人机机载平台时，由于没有机库，黄大年自掏腰包，在吉林大学地质宫门前的空地上建了一个机库。但因手续不全，不久便被当地执法部门视为违章建筑准备拆除。他闻讯赶来，大喊"不能拆，我们打过报告的！"并索性往卡车前一躺，他的几个学生也随之在车前躺下，阻止强拆。在场所有人都惊呆了，这可是世界级的大科学家啊！

在黄大年的带领下，多台之重器横空出世，"地壳一号"万米大陆科学钻机投入使用，无缆地震勘探系统研发完成，航空重力梯度仪原理样机研制成功，固定翼无人机航磁探测系统研发完成，等等。

回国后黄大年一直在号召进行规模化、架构化、体系化的科学研究，目标就是要形成一个空、地、海全方位的地理探测体系，已在很多领域产生巨大价值。他提出，把国外最好的技术先买进来，设备引进来，在这个基础上进行改装、升级，这样就可以站在巨人的肩膀上，实现跨越式的进步。在进行深部钻探设计时，依据黄大年的思路，选用最先进的平台，搭上我们自己研发的核心技术，一步就实现了万米大陆科学钻机的试验成功。

2016年11月底，黄大年晕倒在北京飞往成都的航班上，昏迷之前，他双手死死抓着自己的笔记本电脑，用微弱的声音告诉机上乘务员："如果我不行了，请把我的电脑交给国家，里边的研究资料很重要。"黄大年将所有的心血奉献给了祖国、奉献给了事业，换来了我国在深地探测领域的腾飞；然而他积劳成疾，身体每况愈下。

回国工作的7年，黄大年没有行政职务，没有发表学术论文，没有院士头衔。就如他所研究的领域那样，几乎没有走进公众的视野。学校领导曾多次催他抓紧申报院士，他却一拖再拖，认为先把事情做好，头衔不重要。他将全部精力投入科研、参加学术会议或讲座；他能准备十几页的学术材料，但要让他填报评奖材料，半页纸都写不满。

他一心惦记着养育他成长的这片土地的中华儿女，有人说他傻，有人笑他痴，但每个听过他故事、读过他生平的人，无不被他的报国之心深深感动。他的故事也被多次搬上荧幕，带给人们无尽的敬意与感动。"科学无国界，但科学家有祖国"，黄大年用自己的一生，践行着这句至理箴言。

10.1.3 稻盛和夫

1932年，稻盛和夫出生于日本九州鹿儿岛县。1955年，他毕业于鹿儿岛大学工学部，曾就职于生产高压电流绝缘瓷瓶的松风工业公司。1959年，27岁的他创办了京都陶瓷株式会社（现京瓷株式会社），起初员工仅有8人。10年后，公司在日本的股票市场上市交易。依靠在新型陶瓷材料领域的先进技术，京瓷株式会社成长为全球大公司。1984年，52岁的稻盛和夫又创办第二电信（原名英文缩写为DDI，是现日本电信公司KDDI的前身之一）。在他的引领下，这两家公司均以惊人的速度成长，先后进入世界500强。

1. 临危受命

日本航空公司（简称日航）拥有58年的历史，曾被日本人视作"日本株式会社"战后经济繁荣的骄傲与象征。受2008年国际金融危机的影响，日航于2010年1月在东京地方法院申请破产保护，成为日本自第二次世界大战结束以来最大一宗非金融企业破产案。时任日本首相鸠山由纪夫选中稻盛和夫作为拯救日航的恺撒。鸠山首相曾表示，如果能够请动稻盛和夫，日本政府将不必再投入几百亿美元纳税人的钱去激活日航，就可能使日航重新崛起。稻盛和夫于2010年1月13日表态愿意重新出山，不过他提出了两个条件：一是以零薪水出任日航董事长，二是他将不带团队去日航，因为他公司内部没有人懂航空运输。稻盛和夫认为，对于交通运输业来说，他是一个彻头彻尾的"门外汉"。他决定接受这份工作，主要原因是政府和日航重组的企业再生支援机构（ETIC）都希望能以任何方式来阻止日航倒闭。

2. 妙手回春

在民主党鸠山政府的三顾茅庐下，2010年2月1日，已经78岁高龄的稻盛和夫出任破产重组的日航董事长，重振危机四伏的日航。到2011年3月底，稻盛和夫仅用了424天，便创造了日航历史上空前的1884亿日元的利润，是全日空航空公司创造利润的3倍，位居2011年全世界航空公司利润第一。2012年9月19日，日航重新上市。因破产，日航的规模缩小到原来的三分之二，日航的乘客数量低于全日空航空公司，但利润是其3倍。仅用一年多的时间，日航做到了3个世界第一：利润率世界第一，准点率世界第一，服务水平世界第一。稻盛和夫被称为日本的"经营之圣"。

3. 经营之道与生活经历

作为两大世界级企业的创办者，稻盛和夫有着自己独到的经营哲学。他认为企业最重要的三个要素在于：人才、金钱和技术，只要有这三项要素，就有经营。在这三者之中，人才又是最重要的。

稻盛和夫在初中、高中、大学考试经常不及格，原本想当医生，现实却只能到陶瓷厂打工。陶瓷厂又濒临倒闭，同去的4个大学生都辞职了，但稻盛和夫留了下来。他孤身一人，在简陋的宿舍中自己做饭。他的妹妹看不下去了，就把自己在外地的工作辞退了，在他宿舍附近的工厂打工，为他做早餐和晚餐，两人相依为命。有了妹妹的助力，面对生活压力，他感悟到总是唉声叹气、闷闷不乐不是办法，与其发牢骚，不如全身心投入工作中，进入新型陶瓷的研究中去。在这样的环境下，若自己干不成事，在别的环境中也一定会一事无成。于是他痛下决心，吃住在实验室，一边反复做实验，一边到图书馆查找、研读文献，他全力以赴，拼命研发，全神贯注地投入新型陶瓷的结构设计和生产工序的技术开发，高度的关注和毅力使他在没有先进设备的情况下，研究出了世界领先的产品，挽救了陶瓷厂。

在技术研发过程中，稻盛和夫想到采用镁橄榄石瓷，这种瓷介质损耗低，随频率的变化小，体积电阻高，是高频绝缘材料的首选。但是如何成型是工艺难点，在一年多的时间里，他常常冥思苦想，不断实践，但始终无法攻克镁橄榄石瓷成型过程中的技术难题。就在他为这一难题寝食难安时，无意中看到松香能够很牢固地黏贴在鞋上，他灵机一动，以松香为成型黏合剂，通过优化实验，最终获得了圆满成功，全新的高频绝缘材料镁橄榄石陶瓷就此诞生。

这些经历使他深刻地体会到，人一旦全神贯注地投入工作，对某个目标有强烈的渴望，就会在脑海里形成一个意象，实验中的任何一个新发现，都会坚定地指向那个意向。这时，智慧之井就会向你洞开。经历使他明白人才所发挥出来的巨大潜能，只要能将朴素、开朗的人才齐聚一堂，让大家团结一致，就一定能够成就大的事业。

4. 商业理念

君子爱财，取之有道。君子散财，行之有道。稻盛和夫认为这是利他之心的回报，为对方着想似乎伤害了自己利益，却带来意想不到的成果。在近半个世纪的时间里，稻盛和夫亲身经历过不少经济周期，当经济不景气时，最重要的是要为未来做好准备，要有远见，要忍耐。利用这段宝贵的时间，认真思考未来的产品、服务和市场，针对可能性进行研发，为进军新市场做准备。

5. 人才选拔理念

稻盛和夫痛惜战后的日本以选择聪明、才辩型人才做领导，而忽略了道德规范和伦理标准，导致日本近年来政界、商界丑闻频发。他建议领导者的选拔标准是德要高于才，也就是居人上者，人格第一，勇气第二，能力第三。他指出热爱是点燃工作激情的火把。无论人做什么工作，只要全力以赴，就都能产生很大的成就感和自信心，都会产生向下一个目标挑战的积极性。成功的人往往就是那些沉醉于其所做事的人。

他认为，如果不能调动全身的感觉和能量潜身于细节之中，就不会有持久的热情和到位的思维。稻盛和夫一再强调，人生与心意一致，强烈的意念将以一定的现象表现。需要有极其敏锐的头脑和极其柔软的心，需要用神经、眼睛、身体、耳朵、嗓音等全身心地投入，细心感受，敏锐觉知，并跟随每一刻的真实与灵感。这涵盖了他的生活态度、哲学、思想、伦理观等。

他根据人们对待工作的态度和对待事物的热情将人分为自燃性的人、可燃性的人、不燃性的人三类。

（1）自燃性的人。这类人最先对事物开始采取行动，将其活力和能量分给周围人。

（2）可燃性的人。这类人受到自燃性的人或其他已活跃起来的人的影响，能够跟随活跃起来。

（3）不燃性的人。这类人即使受到周围人的影响，也不为所动，反而打击周围人热情或意愿。

6. 创造力方程式与用人原则

稻盛和夫根据多年实践和管理经验，提出一个创造力方程，即

$$创造力 = 能力 \times 热情 \times 思维方式$$

"能力"是指遗传基因及后天学到的知识、经验和技能;"热情"是指从事一件工作时所具有的意愿、热心、激情和渴望成功等因素;"思维方式"是指对待工作的心态、精神状态和价值偏好。一个人或一个企业能够取得多大成就,就看这三个因素的乘积。

其中,能力和热情,取值区间为0~100。因为是乘法,所以,有能力而缺乏工作热情,也不会有好结果;缺乏能力但能以燃烧的激情对待人生和工作,也能够取得比拥有先天资质的人更好的结果。

思维方式取值范围则为-100~100。改变思维方式和心智,人生和事业就会有大转弯;有能力,有热情,但是思维方式犯了方向性错误,仅此一点就会得到相反的结果。这个方程是稻盛和夫在实践中考察干部和选聘员工的标尺。据此,稻盛和夫坚持在公司中不用"聪明人";不用一流大学毕业的学生;更不用有资深背景的人。在他看来,这些通常让人们引以为傲的东西,恰恰是专注做事的障碍。

7. 诚信的力量

日航的复活经历进一步使稻盛和夫看到,人的世界观变了,做事的目的、努力的程度、追求的动力就变了。劳动赋予了我们内心的满足,也带给了他人快乐。平等待人,尊重、施舍、帮助人,敬天爱人,才能至诚赢天下。

自信心可以改变一个人的面貌和底气,努力能够成就未来,正所谓"塞翁失马,焉知非福""无心插柳柳成荫"。

10.2 课程实施及效果

《大学生科研技能与创新思维》"脱胎"于编者从2009年秋季学期开始讲授的河北工业大学创新类校选课程"创新思维与科研技能"的讲义。课程安排为32学时,经过10余年,50余班次的讲授,已形成较为成熟,能够开阔眼界、拓展思维、技能训练、总结提升的创新训练课程。编者与学生课间交流时倾听他们的心理需求及对课程讲述内容的期望,结合个人讲授中的感悟,不断修改和持续完善,最终编写成《大学生科研技能与创新思维》。

"创新思维与科研技能"作为河北工业大学的创新类校选课程,每年春季学期和秋季学期均在丁字沽校区和北辰校区同时开设。每期每班的限报名人数为125人,班班爆满。2016年春季学期在北辰校区的一个班,因未限制选学报名人数,最后选课学生数量达到教室的极限容量(297人)。由于课程内容能使学生耳目一新,每个班上课时,均有部分没有选修该课的学生来教室听课,甚至出现过一位没有选修本课程的学生,在结课时撰写提交了立项申请书、课程论文,并将制作的纸桥模型作品带到教室展示。

目前,接受该课程培训的学生数量超过6000人,完成课程学习的大多数同学都初步掌握了立项申请书、科技论文撰写的基本要求,具备了独立撰写立项申请书和科技论文的能力。通过独立创作或团队协作,完成纸桥模型作品有3200余件。本课程从立项申请书、科技论文的撰写到纸桥模型的制作，均要花费学生大量的时间，部分学生甚至说比他们的专业课学习还要费精力，要求还高。所以，部分以"混学分"为目标的学生就很难通过考核。

促使编者努力上好每一节课的动力是学生对本课程的喜爱和努力。本课程第一个获得满分的学生是河北工业大学电气学院自动化141班的高晶平，她撰写的立项申请书和科技论文十分规范，条理清晰，用词准确，她制作的五亭桥纸桥模型（图10.4）近乎完美。

在与她交流时她说，制作模型作品，她花了三天时间，立项申请书和结课论文修改了多遍，并且课程带给她观念的改变、内心触动及眼界的开阔、能力的提升。本想将她的立项申请书和科技论文作为范本，可惜2016年上课时同学们交的立项申请书和结课论文均为纸质版，只保存三年，虽然遗憾，但留下了深刻印象。

图10.4　高晶平制作的五亭桥纸桥模型

10.3　结课论文及纸桥模型范例

2020年春季学期后，采用线上结合线下的授课方式，因此积攒了一批电子版的立项申请书和结课论文。在此选出三篇，作为范例，仅供参考。

10.3.1　立项申请书范例

1."金门大桥纸桥模型制作"立项申请书

申请人：王谛，班级：通信2203，学号：203381，指导教师：汤庆国，申请日期：2022年5月10日。

（1）背景介绍。

原型桥介绍：金门大桥（图10.5），又称金门海峡大桥，位于金门海峡之上，是美国境内连接旧金山市区和北部的马林郡的跨海通道，大桥总长2737.4m，宽27.5m，高227.4m，用10万多吨钢材，耗资3550万美元，历时4年，于1937年5月28日建成通车，桥面为双向六车道城市主干线，设计速度为60km/h，由约瑟夫·施特劳斯设计，被誉为20世纪桥梁工程的一项奇迹及旧金山的象征。

图10.5　金门大桥

纸桥模型的历史及现状：纸桥，顾名思义，就是用纸做的桥，其中的科技含量、知识密度及对材料的性能认识要求特别高。纸桥形式各异，在常见的纸桥结构中多采用复合截面，造型上多采用三角形、矩形、梯形、拱形、卒形及其他一些形状。

纸桥起源于英国曼彻斯特大学，是该校学生的一项科技活动。简洁桥梁可以展现力学之美、结构之美。制作纸桥可以充分发掘桥梁的结构艺术，可以为今后桥梁施工技术提供思路，故纸桥的制作、研究意义重大。在本研究项目中，通过对悬索纸桥的结构强度研究，可以由实际的物理模型总结出悬索吊桥这种桥梁类型的特点。

（2）研究目的及意义。

①了解桥梁建筑设计文化。在作品原型选择过程中，通过对有关资料的查阅，拓宽自己的视野，感受建筑之美。

②学习科技制作并理解桥梁主要结构的作用。通过纸桥实验增加自己有关力学方面的知识技能，培养团队协作意识及创新思维能力。在纸桥的桥面设计、桥墩支撑能力、稳固性的考虑等过程中培养独立思考能力及实际动手能力。

③桥梁既是一种实用工具，又是一种建筑艺术表现形式。通过对桥梁外观的设计、模仿、美化，不仅可以培养空间思维能力、逻辑抽象能力和动手能力，还可以培养艺术素养。

④通过纸桥模型制作来研究桥梁的结构和强度，从建筑工程师的角度对桥梁结构进行分析，培养工程实践能力与统筹规划能力。

⑤通过实际制作培养动手能力，以成为国家需要的工学并举的高水平人才。

（3）研究方法与技术路线。

①研究纸桥的结构与强度的关系和相关的受力关系。具体分为研究用纸做成的桥面如何才能达到最大的抗压强度，桥墩与桥面如何相连更稳固，桥体在平面上如何更稳定。

②研究如何使纸桥各部分的线条协调、整体外形美观。要解决桥面硬化、抗压能力、桥墩稳固性、吊索悬挂方式等问题。

③通过网络、书籍搜索、查阅有关桥梁的结构与强度方面的知识，观看体会老师发送的往届同学设计的纸桥，与学习桥梁专业的同学进行交流，并联系之前学过的物理知识，设计出比较理想的纸桥模型。纸桥模型设计图纸如图10.6所示。

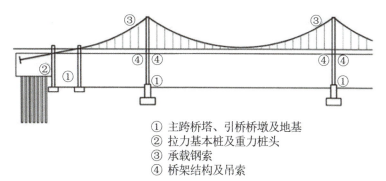

① 主跨桥塔、引桥桥墩及地基
② 拉力基本桩及重力桩头
③ 承载钢索
④ 桥架结构及吊索

图 10.6 纸桥模型设计图纸

（4）研究步骤。

①根据资料和图片，构思设计出纸桥模型并计划好制作尺寸，利用AutoCAD软件进

行图纸制作。

②收集采购材料,准备制作纸桥。

③动手做出纸桥的各种构件。先用胶水粘连卷纸棒,作为桥面,然后将整体用纸张包裹以保持美观;桥墩先用四根纸棒粘在一起包裹而成,增强承载力,再用纸条进行牵拉,对桥面起到减压作用;桥墩下部利用三角形的稳定性结构加装固定,组装固定成纸桥模型。

④对纸桥的总体形态和外观进行修正美化,在桥面上放置重物,测试其承重能力、形变特性等力学性质。

(5) 预期成果形式。

①手工制作一座长约70cm,桥面宽10~15cm,悬索高20cm的纸桥模型,对其承载能力进行测试。

②撰写关于悬索纸桥模型结构强度研究成果的结课论文,对悬索纸桥的承载能力、形变特性、结构特点等进行论述。

(6) 预算。

40张A4纸张(采用部分回收纸张,减少浪费)、胶水、胶带,预计成本15元。

2. "扬州五亭桥纸桥模型制作" 立项申请书

申请人:王文通,班级:材料2109,学号:213403,指导教师:汤庆国,申请日期:2022年5月10日。

(1) 背景介绍。

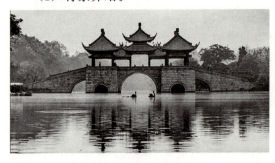

图 10.7 五亭桥

五亭桥(图10.7)在江苏省扬州市邗江区,位于瘦西湖风景区,横跨于瘦西湖上;五亭桥建于莲花堤上,别名莲花桥。桥梁全长 57.99m,宽 6.16~18.77m,桥身中孔拱圈跨度 7.13m。五亭桥为青条石砌筑,正桥平面呈"工"字形,南北两引桥下各为半拱,桥墩列四翼,各有三拱,正侧共十五个桥洞。桥身建成拱圈形,中心桥孔最大,呈大的半圆形,旁边十二桥孔呈小的半圆形,桥阶洞为扇形。

五亭桥始建于1757年(清乾隆二十二年),仿北京北海的五龙亭和颐和园的十七孔桥而建。清人黄惺庵赞道:"扬州好,高跨五亭桥,面面清波涵月镜,头头空洞过云桡,夜听玉人箫。"

五亭桥有"中国最美的桥"之称,是古代桥梁建筑的杰作,是扬州市的地标建筑,是我国最具艺术性的桥梁。2006年5月25日,五亭桥被中华人民共和国国务院公布为第六批全国重点文物保护单位。

(2) 研究目的及意义。

①根据五亭桥的尺寸和照片,用A4纸制作一个五亭桥模型,使其尽可能真实地还原五亭桥。其具体参数指标如图10.8所示,预测纸桥的总长710mm,纸桥大致呈对称形

状,最高的亭台(包括拱桥)高310mm,其余四个小亭台(包括拱桥)高210mm,两边桥的四个半径为50mm,中间桥拱直径为95mm,其余十二个小桥拱的直径为50mm。

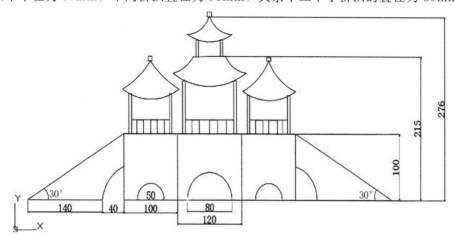

图10.8 五亭桥具体参数指标

②纸桥设计和制作是一项探索、学习和改进的工作,从中可以更详尽地感受实施一个项目需要哪些东西。其实,五亭桥模型制作有些难度,但如果把这个模型拆分成很多小部分,把每个小部分做好后,再组合到一起,整个纸桥就做好了。而在纸桥的设计及制作过程中,会出现很多难题,随着这些难题的解决,个人分析、解决问题能力也得到提升。在设计过程中,脑海中要有纸桥的大概轮廓和结构,从而挑选出制作纸桥需要哪些元素,这对思维想象能力是很好的锻炼。与此同时,绘制模型简图可以了解制作纸桥组件的尺寸,对绘图能力有一定的锻炼与提升。制作纸桥,从选定对象,到模型简图、组件制作和组装成型,是一个漫长的过程,需要耐心。在动脑的同时,可以将自己的想法融入纸桥制作的实践中,是一个不错的锻炼机会和成长过程。

(3)研究方法与技术路线。

①通过在网上搜索五亭桥的具体数据及建造的有关资料,同时,结合老师提供的往届学生的纸桥模型,以及自己对纸桥设计的想法进行思考整合。

②严格按照五亭桥的具体数据,绘制草图,标注数据。根据图中标定的尺寸,进行各元素的制作,使纸桥看起来简洁美观。

③绘图时考虑图中左右两桥的倾斜角度,倾斜角度过大或过小都会影响纸桥的整体美观,最终参考原型桥来设计组件参数,通过了解原型桥的实际长度进行相应的数学知识计算,得到图中角度(大概为30°)。

④在网上查询如何设计可以使纸桥更加稳定。在设计组成纸桥模型的元素时,保证其准确性,使其简洁美观。在制作各元素时,严格要求,减少错误,每一步都做好,力求纸桥模型建造完美。

(4)研究步骤。

纸桥模型是由许多种元素组成的,要想制作好纸桥模型,就要把这些元素分别制作好。

①在设计组成纸桥模型的元素时,用直尺、圆规等工具尽量保证准确性,尽量把一些

纸张的多余部分裁去，使其美观简洁。

②将每个元素分别制作好后，将其粘在一起，确保纸桥的稳定性；若无误，则纸桥模型制作完成。

③由于纸桥模型的组成元素比较多，需要测量的东西也比较多，而在进行划线裁剪过程中难免出现倾斜、偏差等失误，因此要经过反复测量，保证准确。

④由于纸桥模型的重复元素比较多，因此可采取将纸张折叠制作重复元素，以达到省时的目的。

(5) 预期成果形式。

①用 40 张 A4 纸制成总长 710mm，大致呈对称形状，最高的亭台（包括拱桥）高 310mm，其余四个小亭台（包括拱桥）高 210mm 的五亭桥纸桥模型。

②撰写"扬州五亭桥纸桥模型制作"的结课论文。

3. "伦敦翻滚桥纸桥模型制作"立项申请书

申请人：张宇，班级：电气 2010 班，学号：201545，指导教师：汤庆国，申请日期：2022 年 5 月 12 日。

(1) 背景介绍。

伦敦翻滚桥全长约 12m，由木材和钢铁打造，横跨伦敦大运河的其中一段。该桥的扶手内置了液压系统，允许桥身收缩并折叠成一个八角球，方便搬运移动，如图 10.9 所示。这种可伸缩设计一方面能使船只畅通无阻，还能够满足行人过河。有桥梁建造 40 年经验的建筑师唐纳德·麦克唐纳认为，这座桥的构造很复杂，展示了一个实验性的概念。

图 10.9 伦敦翻滚桥

这座翻滚桥是由英国的设计公司赫斯维克工作室于 2004 年设计建造的。翻滚桥可用于河道多的城市，这样不仅美观了街道，也方便了船舶与行人的通行。

(2) 研究目的及意义。

这座桥集科技性、创新性和艺术性于一身，与常见的拱桥、吊桥等有很大的区别，用纸桥来模拟它的伸缩和展开过程为本研究的目的。由于这座桥的设计方式很复杂，需要模拟出它的折叠过程，进而思考桥身每个零件在这一过程中的工作方式。协调性和灵活性是需要重点思考的问题。制作这座纸桥模型对学生的空间想象能力、动手能力及设计能力、团队协作能力等都是很好的锻炼。

(3) 研究方法与技术路线。

这座桥找不到太多的文字参考资料，只能通过视频观察它的运作过程进行分析。设计这座桥要先把各零件制作好，然后拼接起来，在此之前要确定各零件的长度比例，以防在拼接过程中出现不协调的现象。制作好各零件之后，找到相互的作用点，并将其连接起来，再将桥两边的折叠结构与桥面连接。由于受力不平衡，因此操作起来非常不方便。

伦敦翻滚桥主要适用于行人通过，同时又因其位于运河之上，不能影响船只的行驶，故这座桥可以在行人通过的时候展开（图10.10），在船只通过的时候折叠成八边形。制作纸桥模型时八边形的分割制作有些困难，因此确定制作六边形翻滚桥模型（图10.11），以减少工作量。

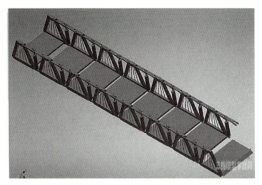

图 10.10　伦敦翻滚桥展开图

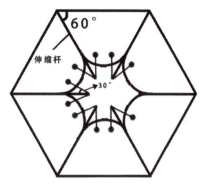

图 10.11　六边形翻滚桥模型

在折叠结构与桥面连接的过程中，胶水的固化作用难以支撑折叠结构的直立，只能继续在平面操作，在这个过程中要保证两边的对称性和相邻三角形之间的间隔大小。在这座桥未完全制作完成之前，难以测试六边形的协调性，只能由多人协作进行一次翻转，保证角度和长度都处于一个合适的数值，在最后由于翻转角度过大，已经不能再进行测试，只能继续进行下一步，即将两边折叠结构直立，使折叠结构与桥面的角度成直角。

(4) 研究步骤。

①通过多次观看视频发现，制作这座桥的难点在于伸缩杆及各轴承的变化，尤其是伸缩杆的长度必须既能达到折叠成六边形结构的要求，又能在展成桥面后起到支撑作用。另外，还原折叠的过程需要保证每个三角形的顶角必须是60°，在其折叠完成之后三角形两腰与相邻三角形的两腰必须平行，而且伸缩杆的根部与三角形两个底角的相对位置基本不变。

②组装零件包括等边三角形、伸缩杆、旋转连接杆、桥面。在组装过程中，桥面连接是最后一步。首先是制作等边三角形，这个可以直接通过A4纸折叠而成，但是一张A4纸折叠出来的三角形太软，不满足硬度要求，因此，选择将两个折叠出来的三角形用订书钉订在一起以加强硬度。其次是制作伸缩杆，选择两张长度相同的纸，一张折叠成内杆，一张折叠成外壳，用一张很短的纸条缠在内杆上尾部固定，这样可以当作活塞在内杆上下滑动，然后把外壳用双面胶缠在活塞上，轴承实在难以用A4纸完成，所以选用图钉。伸缩杆要与三角形底角运动同步，原本是想将其粘到同一张纸上，但是固定性太差，最终选

择用订书钉将两者订在一起。伸缩杆的长度在实际折叠之前难以确定，故先做两个进行实验，以找到合适的长度。

③有些零件需要在折叠过程中能够绕轴旋转，而有些零件需要始终连接在一起。对于能够绕轴旋转的部分需要使用轴承，因为纸质物件实在难以实现，所以选择用图钉作为轴承，同时图钉尖端用热熔胶粘上硬纸板作为固定，而其他无须活动的部分用订书钉直接固定，为了更加牢固，在订之前先在伸缩杆的根部缠上一圈胶带。

六边形翻滚桥模型的制作步骤手绘示意图如图10.12所示。

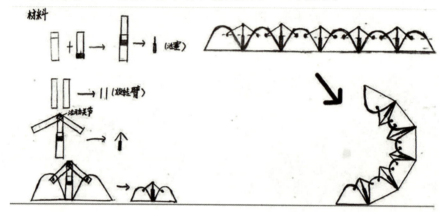

图 10.12　六边形翻滚桥模型的制作步骤手绘示意图

纸桥的折叠过程是一个难点，因为在未完成制作之前无法模拟折叠过程，各部位零件的长度数据无法测试出来，只能反复更换伸缩杆和旋转连接杆的长度，在平面上用两个相邻三角形进行一维的折叠操作，从而找到合适的长度。

折叠结构的支撑问题也是一个难点，连接过程完成之后整座桥还只是一个平面结构，如何将折叠部分竖立在桥面上是个问题。用热熔胶不可行，其固定性不足以支撑起一个三角形，更何况整个折叠结构分为两部分的主体，底部均连接在一起，一个部位不平衡，整个桥都不平衡。解决方法是用缝线连接顶端，纸棍连接中部。

(5) 预期成果形式
①纸桥模型的制作长度约75cm，桥面宽15cm，由六组等边三角形组成。
②撰写"六边形翻滚桥模型制作"的结课论文。

10.3.2　结课论文报告范例

1. 赵州桥单拱圆弧敞肩结构纸桥模型的制作

姓名：牛菁菁，班级：经济202班，学号：203121。

摘要：赵州桥是世界上现存年代久远、跨度最大、保存最完整的单孔坦弧敞肩石拱桥，其建造工艺独特，在世界桥梁史上首创"敞肩拱"结构形式，具有极高的科学研究价值。为了更好地认识赵州桥的单拱坦弧敞肩结构，本文将从单拱坦弧敞肩纸桥模型的制作方法和制作过程中难点问题的解决方法中总结经验与教训，与大家分享心得与感悟。

关键词：纸桥模型，敞肩，石雕花纹，实践。

（1）结构形式。

敞肩，即在拱形的两侧上方开出拱形小孔。在赵州桥之前的桥梁建筑通常采用实肩拱，赵州桥的这一设计不仅可以增加泄洪能力，减轻洪水季节由于水量增加而产生的洪水对桥的冲击力，还可节省大量土石材料，减轻桥身的自重，增强桥梁稳固性。此外，"敞肩拱"结构符合结构力学理论，可减少主拱圈的变形，提高桥梁的承载力和稳定性。与之前采用的半圆形桥拱相比，坦弧拱不仅实现了低桥面和大跨度的双重目的，桥面过渡平稳，车辆、行人通行方便，而且具有用料省、施工方便等优点。为更加充分全面地了解单拱坦弧敞肩的结构及作用，本文采取制作单拱坦弧敞肩纸桥模型的方法来进行分析。

（2）制作方法。

①原材料。该纸桥模型的原材料主要为A4纸、胶水及胶带。

②设计草图。在对该纸桥模型进行草图设计时，分别对纸桥模型整体（图10.13）及部件细节进行设计（图10.14）。

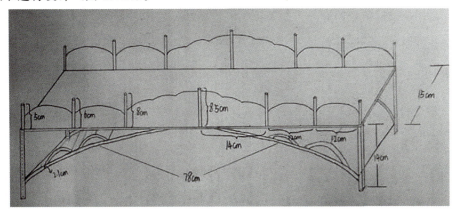

图10.13　纸桥模型整体设计手绘图

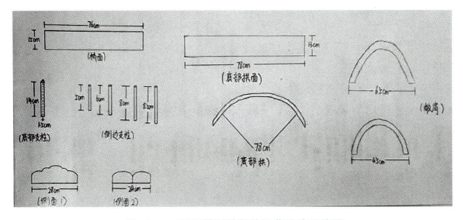

图10.14　纸桥模型的部件细节设计手绘图

（3）制作思路及制作过程。

在制作赵州桥纸桥模型前的准备工作中，首先需要考虑赵州桥和其他桥相比所拥有的创新之处——单拱坦弧敞肩结构。由于纸桥模型制作原材料为A4纸，材质过于柔软，不易定型，因此要将单孔和坦弧拱做出来，可以将纸卷成纸卷，然后在模型的下方做出坦弧状。关于敞肩，可选择使用拱形纸条将其表现出来。

制作纸桥模型的过程如下。

①搭建纸桥的基层框架，用胶带和 A4 纸做出两侧的圆形桥墩及支撑桥面的方形框架，这是纸桥的基础结构及承重结构。

②粘接桥面，将 A4 纸平铺作为桥面，然后利用方形框架将桥面撑起。

③制作并粘接桥梁的两边扶手及云形护栏面。为了更好地将赵州桥桥身的石雕花纹展现出来，根据从各渠道搜集到的隋朝石雕花纹的相关信息，并考虑模型美观性，决定选取梅花、荷花及群山的图案来呈现赵州桥桥身的石雕花纹。将收集到的图案用画笔临摹在护栏侧面，并裁剪为云形护栏面（图 10.15）。最后将桥梁扶手同云形护栏面一并粘在纸桥的框架结构上。

④制作单拱坦弧敞肩结构。由于 A4 纸质地柔软，为保证整个纸桥模型及单拱坦弧敞肩结构的稳定性，选择将纸卷为长条，然后将其微微弯曲形成拱形，并在纸卷外部粘贴拱形纸条，将敞肩结构表现出来，最后将整个单拱坦弧敞肩结构粘到纸桥模型主体结构的下方，完成赵州桥纸桥模型的制作，如图 10.16 所示。

图 10.15　纸桥模型护栏花纹图案

图 10.16　赵州桥纸桥模型

（4）难点问题及解决方法。

在纸桥模型的制作过程中，出现的难点问题主要有以下三方面。

①对纸桥框架中所有的部件进行粘接之后发现，由于纸桥底部的圆柱形桥墩过细而无法支撑纸桥模型，接下来在模型的塑形中也因其极易变形而无法承重，因此通过各类形状桥墩的承重能力实验，选择将圆柱形桥墩改成横截面为三角形的桥墩，在保证原有模型框架不变的基础上，可以增加纸桥模型的承重能力。

②由于方形框架稳定性较低，而且 A4 纸本身较软，因此桥面极易变形。为解决此问题，经过对各类图形的稳定性进行分析，选择在方形框架四角处倾斜置入一根牙签以形成三角形稳定结构，并通过不断对桥面加固及多次重复粘贴作业，终于达到了想要的效果。

③赵州桥桥身石雕花纹，雕作刀法苍劲有力，艺术风格新颖豪放，桥体饰纹雕刻精细，具有较高的艺术价值，国际上对赵州桥上雕刻的花纹有着极高的评价。为将这一极具美学价值的图案在纸桥模型中展现出来，基于赵州桥原本石雕图案，加上搜集到的具有隋朝特色花纹样式的图片，以及赵州桥的局部高清照片，将梅花、荷花及群山的图案临摹至护栏面进行展现。

（5）经验教训。

在纸桥模型的制作过程中，本人深刻认识到了实践的重要性。一方面，只有在真正的实践之后，才能认识到失误在哪里。如果仅依据自己的设想画出纸桥模型的草图，而并没有将其制作出来，那么是不会意识到模型草图设计的缺陷，如圆形的桥墩过细，极易变形无法支撑整个纸桥；方形框架易变形，无法保持桥面的平整。在设计草图时，这些问题并不会表露出来，只有经过真正的纸桥模型制作后，才能发现纸桥模型设计的问题，并进行纠正。另一方面，只有在亲自实践后，才能彻底了解所学的知识并进行运用。实践是检验真理的唯一标准，如果不进行实践，一切设想、理论都是纸上谈兵。例如，我们从小就熟知三角形具有稳定性，如果没有制作纸桥模型，我们就不会特意去思考怎样解决方形框架易变形、不易固定的问题，也不会想到利用三角形具有稳定性这一特点对方形框架进行加固。在对方形框架进行加固的过程中，我们又进一步对这一特点进行了验证，从而对其有了更加深刻的认识。只有在实践之后，才会对理论有进一步的深刻理解，并将其内化于心。

（6）心得与感悟。

通过制作单拱坦弧敞肩纸桥模型，我们充分认识到了古人的智慧，这种结构不仅极具稳定性，并且较为节省制作材料。在制作过程中，个人多方面能力都有了一定的提升。

①从对整个纸桥模型草图的设计，到亲手制作各部件并将其粘接，在这整个制作过程中，个人的动手能力、解决问题的能力、搜集检索信息的能力都得到了极大的提升。

②对美学的鉴赏能力也得到了一定的提升。在制作该纸桥模型时也充分考虑了美学。第一，比例与尺寸。赵州桥本体设计极具美感，与水面、桥面等构成接近黄金比例。因此在制作纸桥模型时，将赵州桥的比例与尺寸等比例缩小，但碍于材料、技术等因素，在对纸桥模型比例进行了一定的改动的基础上，仍保留了其本身的美感。第二，对称与平衡。中国的建筑一般都讲究对称美，所以在模型建造中处处存在对称。桥面的对称、敞肩拱的对称及单孔坦拱的自身对称，无不具备中国古代建筑的文化特征。第三，简洁与协调。赵州桥是以当地的青灰色沙石作为石料，简约大方，而该纸桥模型就是用A4纸和胶水等做出来的，无华丽装饰，只有为了突出其特征而临摹的石雕花纹。桥梁主体结构完整、外部装饰简洁、整体模型协调美观，符合桥梁模型要求的同时，符合人们的观赏要求。

闻名中外的赵州桥于公元606年（隋炀帝大业二年）竣工，虽历经近1400年风雨的侵蚀与人类战乱的摧残，仍矗立至今，堪称桥梁耐久的楷模。其首创的"敞肩拱"结构在世界桥梁史上具有极高的科学研究价值。赵州桥跨过了千年的风霜雨雪，留在世间令无数人景仰。同时，留下了找不到匠师李春任何历史记载的深切遗憾；但值得庆幸的是，"天下第一桥"为他正名，这是对李春精湛技艺的称赞和对其工匠精神的敬佩，也是鼓励我们精益求精、勇敢创新的动力。

参考文献：

翁伟, 2016. 基于赵州桥勘察研究结果探析石拱桥的建造技术及特点 [D]. 北京：北京建筑大学.

周天成, 2019. 浅析赵州桥的建筑特点与文化内涵 [J]. 门窗（02）：112-113.

2. 天津彩虹大桥纸桥模型制作

姓名：焦紫郁，班级：物理192班，学号190032。

摘要：以天津彩虹大桥为原型，构建其纸桥模型。通过切身实践，搜集资料并分析资料的能力、动手能力、团队沟通与协作能力、创新能力,培养严谨的思维方式得到提升。深入了解课题的同时,拓展思维,提升对学术研究的敬仰与热爱,为以后的学习和工作打下基础。

关键词:天津彩虹大桥,纸桥模型,构建过程,创新思维。

(1) 引言。

素质教育是当前全社会普遍关注的热点。素质教育的理论与实践已成为一项具有鲜明时代特征的跨世纪工程。创新是素质教育的核心,是一种精神。制作熟悉桥梁的纸桥模型能够拓展对熟悉事物的再设计、再创造的创新能力,培养自信心、责任心和严谨的思维方式,提高科研素养、精神境界、综合能力和素质。制作一座纸桥,既包括最初的搜集资料、设计思考过程,又包括实践过程。在实践过程中,能够培养发现问题、提出问题的精神,进而通过深入思考,利用创新思维解决问题,最终实现从想法到现实的过渡。课题研究过程对提升综合实力有积极作用。本文以天津彩虹大桥为原型,介绍制作其纸桥模型的过程。

天津彩虹大桥位于天津市滨海新区,南起北塘黄海北路,北接汉北路,连接中新天津生态城与北塘地区,位于永定新河与蓟运河汇合处。该桥全长 1216m,其中主桥长 504m,宽 29m;引桥长 712m,宽 7m。按一级公路设计,双向四车道。该桥具有国内领先水平,为三拱(每拱 168m)下承吊杆,系杆无推力钢管混凝土拱桥,如图 10.17 所示。

(2) 图纸设计。

鉴于天津彩虹大桥主桥长 504m,宽 29m,孔 168m 的数据,采用 1:720 的比例设计图纸(图 10.18),设想模型长 70cm,宽 6cm,孔 24cm。

图 10.17 天津彩虹大桥

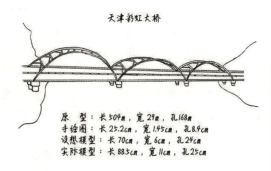

图 10.18 天津彩虹大桥手绘设计图纸

(3) 纸桥模型各部分结构制作。

①桥墩。每个桥墩都由三张 A4 纸构成。取一张 A4 纸,先横向对折,然后卷成纸筒;再取一张 A4 纸,横向对折,用胶水粘在已经卷好的纸筒外面,构成桥墩最初形状;另取一张 A4 纸,在横向三等分处对折,再对折一次,用胶水粘在距离纸筒一段 1.5cm 处,以增强桥墩承重能力和美观性能;在桥墩较宽一端预留出 1.5cm 的地方剪开,方便后续与桥面相连。至此,桥墩完成,整个桥墩窄端直径为 3cm,宽端直径为 3.5cm,长为 9cm。

②桥墩和桥面连接是桥的关键构件。由于天津彩虹大桥的桥梁在纸桥模型中很难实现,因此将纸桥模型桥梁创新为另一种结构。先取一张 A4 纸,纵向对折一次,再横向对折两次构成纸桥模型桥梁的托底;再取一张 A4 纸,先纵向对折,再横向对折 4 次,构成

桥梁的支撑。一个托底和两个支撑就构成了与真实桥梁类似且承重能力足够的纸桥模型。

③桥面。桥面的长度非常大，而且桥墩不能支撑在桥面下的每一个地方，纸质桥面又没有真正桥面钢筋混凝土成分的硬度，因此桥面需要制作为两层甚至更多层，才能保证桥面长且直，同时能承重。全桥桥面共使用 12 张 A4 纸，分为两种结构，每种结构分别使用 6 张 A4 纸。其中一部分是将 A4 纸横向对折，每两张粘在一起，共有三段，然后将这三段长边重叠一定长度粘在一起，连接成整个桥面的下半部分；另一部分是将 A4 纸在横向三等分处对折，对折

图 10.19　桥面上下部分连接

后再将距两宽边 10mm 处折向一面，构成桥两侧栏杆，将这 6 张 A4 纸桥栏杆一侧相互粘在一起，构成桥梁的双向车道。将桥面上下部分粘到一起（图 10.19），完成桥面构造。桥面宽 11cm，长 88cm。

④拱结构。天津彩虹大桥桥面以上有三个拱形结构，A4 纸很难在保证硬度的情况下弯成拱形。因此，制作纸桥模型时，借助铁丝的硬度足够及延展性好的特性，将其弯成拱形，但因铁丝很难与纸桥桥面粘接，故在铁丝外面缠一圈纸，使之可以通过胶水与纸桥连接起来，如图 10.20 所示。纸桥模型与天津彩虹大桥原型相同，都有三个拱形结构，纸桥模型每拱结构长度约为 25cm。

⑤拱结构间的 K 形横向连结系。天津彩虹大桥原型每两个拱形结构间，通过 K 形横向连结系增强刚性，每孔设置了 8 道 K 形横向连结系。由于纸桥孔由铁丝设置，硬度足够，因此纸桥模型的 K 形横向连结系用细纸片构建（图 10.20 中右下角局部图），减弱了增强横向刚度的作用，仅起到固定拱形结构间距的作用。另外，由于纸桥缩小了比例，每个拱形结构中设置 8 个 K 形横向连结过于繁杂，不够大气，故减少至 4 个。

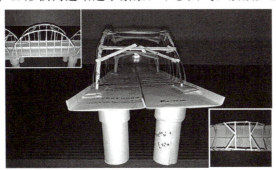

图 10.20　拱形结构及 K 形横向连结系

⑥预应力吊杆。与 K 形横向连结系情况相似，预应力吊杆在纸桥模型制作过程中也忽略了其原有功能，仅通过细纸条连接拱形结构中间与桥面，起到装饰美观的作用。此外，在纸桥模型制作过程中，忽略了原型桥预应力系杆与中横梁结构。

（4）模型各部分结构连接。

制作完成桥墩结构时，在一端预留出1.5cm并将其剪开，剪成类似花瓣状。该部分用来连接桥墩与桥梁。将花瓣状部分与桥墩托底通过胶水和透明胶布连接在一起，每个桥梁连接两个桥墩，共4个，即完成纸桥模型的下部结构。

制作纸桥模型上部结构时，先将拱形结构与桥面连接，因固定拱形结构需要的力很大，但桥面的硬度不足以固定拱形结构，故借助一块厚纸片，连接拱形结构中间与厚纸片，在天津彩虹大桥原型中，拱形结构与桥面的连接是将拱与两块腹板焊接成哑铃状，再与桥面焊接。故在纸桥模型制作中从中得到启示，通过厚纸片，拱形结构与桥面连接完成。将K型横向连结系和预应力吊杆与拱连接，纸桥模型上部结构完成。

最后，将纸桥模型上部结构与下部结构连接，天津彩虹大桥纸桥模型完成，如图10.21所示。

图10.21 天津彩虹大桥纸桥模型

（5）制作纸桥模型意义。

亲自动手制作一座纸桥模型，从选定大桥，到模型制作完成，首先需要进行大量相关方面知识的学习研究，拓展思维，进一步深度思考和创新，考虑各方面因素与可行性，如所选桥梁的主要结构、纸桥模型各部分材料强度及各部分的几何构造对承重能力等各方面的影响，进而思考纸桥模型如何实现该方面的功能，从中提升查阅资料、收集信息及对信息进行整合的能力。

在制作纸桥模型过程中，团队成员亲自动手，按照图纸制作纸桥模型，实现从想法到实际的过渡，进一步了解桥梁结构和桥梁各部分结构具体作用，提高动手能力、团队协作能力及沟通能力。在制作纸桥模型过程中，发现问题→改进创新→解决问题，是提升创新能力不可缺少的环节。

从纸桥模型的整体制作中体验到做学问的严谨性，从而对学术研究产生敬仰与热爱之情，对综合能力提升和今后学习工作都有重要意义和作用。

参考文献：

张志旭，康信聪，张家银，等，2022. 大学生素质教育与人才培养模式研究[J]. 高教学刊，8（13）：149-152.

3. 橘子洲大桥纸桥模型制作研究

姓名：丁万李，班级：化工202班，学号：201767。

摘要：为培养大学生的创新能力，提高科研动手能力和科学素养；按照课程要求，本文以橘子洲大桥为原型,先仿照其结构特点绘制简化草图,然后利用 A4 纸和胶水制成一座长 810mm,宽 180mm 的纸桥模型。模型以 V 型和 W 型纸卷为骨架组件,按上、中、下三部分制作并拼粘在一起,构成一座简洁美观的橘子洲大桥纸桥模型,并展现原型桥的恢宏气势。通过纸桥模型的设计与制作,能够有效提升本人的创新思维能力,在遇到问题后积极思考并寻找解决方法,最终战胜困难,看到自己认真踏实制作而成的纸桥作品,很有成就感。

关键词:橘子洲大桥,结构,纸桥模型,创新和思考。

(1) 引言。

橘子洲大桥,是湖南省长沙市境内连接岳麓区和芙蓉区,跨越橘子洲的过江通道,桥面为双向四车道城市快速路。橘子洲大桥于 1971 年动工兴建,1972 年 9 月 30 日通车,主桥长 1156m、宽 20m,有 21 孔,成为当年中国规模最大的双曲拱桥之一。2017 年入选长沙市第三批历史建筑名单。为了向老师、同学们展现橘子洲大桥的风采,本文在学习往届同学们的优秀作品和参考相关文献后,开始进行纸桥模型制作,过程包括设计模型图纸、制作纸桥组件、纸桥结构及稳定性等的探讨和改进工作。

(2) 纸桥模型的设计思路。

橘子洲大桥纸桥模型的手绘结构简图如图 10.22 所示。

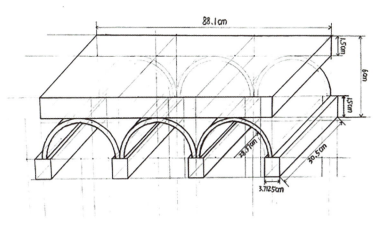

图 10.22　橘子洲大桥纸桥模型的手绘结构简图

设计思路如下。

①利用各种锥形、三角形、圆柱形,以及一些承重力较好的结构组件来分散或间接抵消外来压力。

②桥梁设计中不可欠缺的是拉力与压力两个要素,如何发挥纸张优良拉力长处,克服压力短处,成为纸桥制作能否成功的关键。一个系统要想达到静力平衡,必须符合移动平衡及转动平衡。从原则上来说,重心的位置越低,平衡后的稳定性越高。

③尽可能利用对称且支柱较多的构造,把向下的重力均匀分散,再由桥身的结构来支撑。支柱本身也尽量采用承受力强的柱体,即大量使用 V 型、W 型结构,使各部件既稳定牢固,又简洁美观,能发挥出最佳的支撑作用。

(3) 模型结构设计。

①使用 A4 纸(约 40 张)、胶水、剪刀、尺子、签字笔等,制作出一个长 810mm、宽

180mm 的纸桥模型。充分考虑 A4 纸和橘子洲大桥的结构特点，以简便和最大利用率为原则，将整个模型设计为上、中、下三层，分开制作，最后拼粘为一个整体。

②桥面。桥面具有一定厚度，上下表面用适当的纸张铺成，中间需粘接，使之成为硬化的支撑和稳定结构，最后做成一整块"镂空纸砖"。桥面结构制作步骤手绘图如图 10.23 所示。

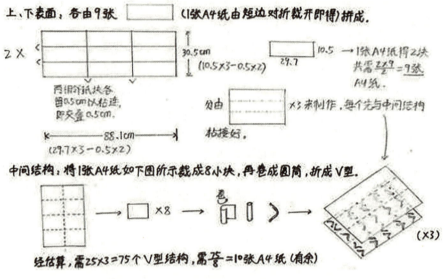

图 10.23　桥面结构制作步骤手绘图

③中层拱形结构。中层拱形结构有一定厚度，为了保持拱形的稳固，预期也是以上、下表面中间夹固定结构来制作，考虑还要满足拱桥的拱形特点，厚度要适中，所以选择把小圆筒等距排列粘连，中间放置与之垂直的小圆柱进一步固定（图 10.24）。

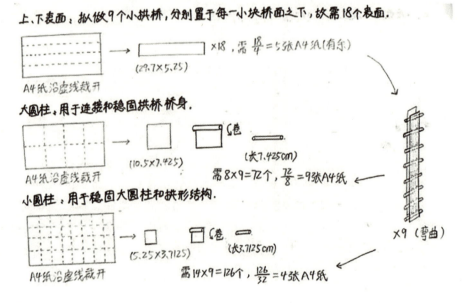

图 10.24　中层拱形结构制作步骤手绘图

④桥墩。每一个拱形桥的两端都需要一个桥墩起稳固和支撑作用,桥墩也有厚度,需要用上、下表面中间夹固定结构来制作(图 10.25)。

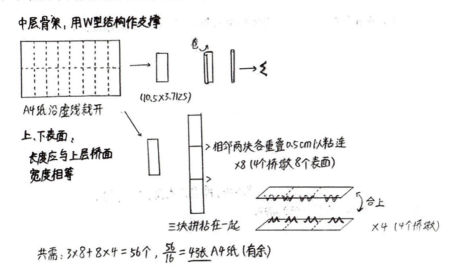

图 10.25　桥墩制作步骤手绘图

(4) 模型组件制作步骤及拼接。

①将 5 张 A4 纸分别由短边中线对折裁开,标为"X1";将 12 张 A4 纸先由短边中线对折裁开,再将裁开后的纸条由长边裁开并平分为 4 份,标为"X2";将 X2 由短边卷成圆筒后用白胶粘牢,再从中部折弯,并在两端分别弯折一小段留作之后的粘接位点,如此做好 90 个这样的 V 型稳定结构,标为结构"A"。

②做好上部桥梁,取两个 X1 分别在短边中线的同一侧等距离粘上 5 个结构 A,粘好的两个 X1 均由结构 A 的一面粘接在一起,重复上述步骤,做好 9 个相同的部件,标为"Y1";将 3 个 Y1 由长边粘合成一整块,做好 3 个这样的整块部件,标为"Y2",此即上部桥梁(图 10.26)。

图 10.26　上部桥梁的制作

③将 5 张 A4 纸分别由短边平分为 4 份,留作拱形面,标为"X3";将 9 张 A4 纸先由短边中线对折裁开,再将裁开的纸条由长边平分为 4 份,标为"X4";将 X4 由短边卷成直径为 1cm 的小圆筒,得到 72 个小圆筒,记为结构"B";将 2 张 A4 纸先由短边平分为四条,再将每条平分为 8 份,标为"X5";将 X5 由短边卷成小圆筒(卷得越紧越好),做

成 63 个此圆筒，标为结构"C"（图 10.27）。

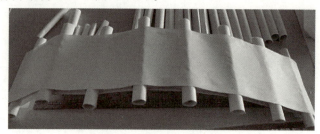

图 10.27　拱形结构的制作

④取两个 X3，将其中一个 X3 的两端先弯折 10mm，并取 8 个结构 B 等距离粘在其上，再将 7 个结构 C 分别从中间剪断并粘接到结构 B 排列的空隙中，最后将另一个 X3 覆盖粘好，将做好的部件稍稍弯折形成拱形，标为"Y3"。重复上述步骤做好 9 个 Y3，此即中部拱形桥梁。

⑤将 4 张 A4 纸分别先由短边中线裁开，再将裁好的纸条由长边平分为 4 份，标为"X6"；将一部分 X6 由长边卷成圆筒后用白胶粘牢，将其先由中部弯折，再从两边中部往相反方向弯折，整个呈 W 型，并在两端稍稍弯折一小段留作之后的粘接位点。做好 32 个此结构，记为结构"D"。

⑥将 3 个 X6 沿短边粘接成一长条，分别在两个长条上同一侧等距离粘上 4 个结构 D，最后将粘好的这两个长条粘接在一起。重复上述步骤，做好 4 个这样的部件，标为"Y4"，此即底层桥墩。

⑦将部件 Y3 由两端预留的 10mm 处弯折打开，等距离粘在两个 Y4 上，注意定位杆和 Y3 的拱高程度，将 9 个 Y3 和 4 个 Y4 粘在一起，完成桥梁中、下部的拼接；将一个 Y2 粘在粘有承接小圆筒（用余料制作）的 Y3 上，再将 8 个小圆筒（用余料制作）竖立粘在 Y2 和 Y4 之间协助支撑，保证上、中、下三部分的承受和稳定能力；将余下的两个 Y2 依上步骤粘在两边，粘接过程中同时将 3 个 Y2 粘接成一起。如果桥面 3 个 Y3 之间不能很好地粘连成块，可以用余料碎片粘在连接处；如果支撑上部桥面和下层桥墩的小圆筒粘接不牢或纸角弯曲，可再粘一次。

组件拼接过程如图 10.28 所示。

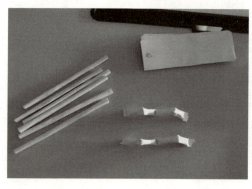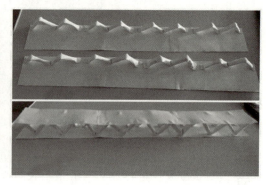

图 10.28　组件拼接过程

(5) 经验教训。

制作时考虑 V 型、W 型或圆筒型纸棒的粘接不牢的问题,待胶水充分晾干后会使柔软易折断的纸棒变硬,巧妙地解决了强度问题。制作中部拱形结构时,原计划在圆筒柱之间的空隙粘上两端剪开的圆筒柱,但实际操作时圆筒会弯折,圆筒的稳定性降低,于是将圆筒从中间剪断,将其塞进空隙并粘牢,以节省材料。

在拼接整个桥梁的过程中,中部拱形顶端的连接短棒支撑上层桥面和下层桥墩的长圆筒结构,拼接桥面和拱形使桥面和桥墩更加稳定、牢固。用胶水时,一定要让其充分粘牢纸张并停留几分钟晾干。注意做出来的模型与原型桥的参数比例尽量接近,以保证与原型桥的相似度和美观度,在设计分配纸张时一定要进行预实验,研究纸张尺寸、结构,从而既保证纸张数量刚好够用,又能以最好的结构还原出整体构造,而 V 型和 W 型结构及各部分的用料就是在反复试验和规划后得出的较好的方案。

(6) 心得体会。

橘子洲大桥的纸桥模型如图 10.29 所示。制作这个纸桥模型实属不易,从原型桥的确定,到草图设计、模型结构分析、组件制作及拼接组装,都需要耐心和准确度。一旦遇到突发性问题,就需要绞尽脑汁寻找解决办法,最终累计耗时 18h,做成的橘子洲大桥纸桥模型基本符合预期,稳定性较好,可以用手托起,在地上平移而不发生形变,整个外观尽管没有过多的修饰,但所体现的部件和结构一目了然,蔚为壮观,保留了橘子洲大桥的基本结构,体现了对称美。

图 10.29 橘子洲大桥的纸桥模型

参考文献:

王蔚琛,吉建良,2014. 回忆长沙首座湘江大桥的修建[J]. 湘潮(1):45-46.

10.3.3 优秀纸桥模型作品照片

通过创新思维启发和课程训练,学生完成的纸桥模型作品总数超过 3200 件,其中,设计新颖、不拘一格、富有想象力的优秀作品达百余件。图 10.30~图 10.42 所示为线下考核时拍摄的学生作品照片。图 10.43~图 10.55 所示为线上考核时,学生提交的与家长合作,或与宿舍同学合作完成的作品照片。

图 10.30　贺田（数学 182）

图 10.31　秦美琪（公管 172），刘慧（信计 171）

图 10.32　邵盼杰，赵智鑫（材料 2007）

图 10.33　夏俊娜（工业 172）

图 10.34　张艺，彭海洋（建筑 182）

图 10.35　黄高峰，彭子龙，康展（电气 181）

图10.36　李思杨，吴彤，刘亚玲（统计162）

图10.37　王宇杰（电气2004），赵冉琳（生医202）

图10.38　艾有楷（车辆153）

图10.39　都奕辰，杨福虎（金材173，174）

图10.40　杨振刚，
李旭辉（机设187）

图10.41　刘雪丹，
马青（工业163）

图10.42　张玉卿，梁艺莹，
扶盼盼（产设161）

图 10.43 季浩然（中法计 172）

图 10.44 柏贺雨（机械 1902）

图 10.45 高小凡（测控 192）

图 10.46 陈冉（生物 181）

图 10.47 王文通（材料 2109）

图 10.48 陈哲（机械 1915）

图 10.49 李琦
（机械 1903）

图 10.50 何春瑶
（物理 192）

图 10.51 焦紫郁
（物理 192）

图 10.52 周亚东
（材料 1907）

图 10.53 刘芸静（金融 211）

图 10.54 赵紫婷（城规 201）

图 10.55 严宗尧（电气 US211）

参 考 文 献

CCTV节目官网,2011.宇宙大爆炸[EB/OL].(05-11)[2024-03-05].http://tv.cctv.com/2012/12/15/VIDA1355569210898244.shtml.

360百科,2020.地球磁场[EB/OL].(10-16)[2024-03-05].https://baike.so.com/doc/3697651-3885883.html.

360百科,2022.法显法师[EB/OL].(03-27)[2024-03-05].https://baike.so.com/doc/7864138-8138233.html.

360百科,2023.地球史[EB/OL].(12-26)[2024-03-05].https://baike.so.com/doc/30048949-31661276.html.

360百科,2023.第三次科技革命[EB/OL].(12-24)[2024-03-05].https://baike.so.com/doc/5367085-32344623.html.

360百科,2024.文艺复兴[EB/OL].(01-10)[2024-03-05].https://baike.so.com/doc/5112070-32385476.html.

360文库,2021.SCI期刊分区和论文分级[EB/OL].(02-16)[2024-03-05].https://wenku.so.com/d/d8d89f38a6da8a929da71c6a8e26a619.

CCTV节目官网,2022.科幻地带20220529太阳系之旅:月球[EB/OL].(05-29)[2024-03-05].https://tv.cctv.com/2022/05/29/VIDEWhe7NaQSilJksGq1WxRH220529.shtml.

缤纷揭阳,2018.中国骄傲!汕头大学女生划艇渡大西洋夺冠+4破世界纪录[EB/OL].(01-19)[2024-03-05].https://www.sohu.com/a/217806847_168944.

曹顺仙,2012.世界文明史[M].北京:北京理工大学出版社.

IT商业新闻网,2022.世界知识产权组织发布《2022年全球创新指数报告》,中国排名第11[EB/OL].(10-02)[2024-03-05].http://news.itxinwen.com/it/20221002/8045.html.

寒树2018,2016.地球进化史纲[EB/OL].(07-19)[2024-03-05].http://www.360doc.com/content/16/0719/21/32970094_576876187.shtml.

华夏历史人物,2023.印度女学者:美洲玛雅文明语言和中国汉语一模一样[EB/OL].(12-11)[2024-06-09].https://www.sohu.com/a/771638859_121629408.

历史酿的酒,2021.九部扁鹊医书在四川修地铁时被发掘,距今两千多年,填补历史空白[EB/OL].(07-31)[2024-03-05].https://www.sohu.com/a/455350324_100042272.

卢明森,2012.钱学森思维科学思想[M].北京:科学出版社.

万里无云万里天,2016.邹振东教授厦门大学2016届毕业典礼演讲[EB/OL].(06-23)[2024-03-05].http://www.360doc.com/content/16/0623/08/29260689_570066274.shtml.

张天蓉,2017.暗物质和暗能量:写于广义相对论100周年[EB/OL].(10-20)[2024-03-05].https://zhuanlan.zhihu.com/p/30294530.

赵君亮,2011.天体尺度上的重大灾变事件:宇宙在大爆炸中诞生[J].自然杂志,33(4):187-191.

中国国际管道大会,2020.14600m!世界最深钻井又破纪录了(附世界和中国钻井记录变化情况)[EB/OL].(05-31)[2024-03-05].https://www.sohu.com/a/398757818_99897355.

中国新闻网,2020.知识产权局:2019年中国PCT专利申请跃居世界第一[EB/OL].(04-23)[2024-03-05].https://www.chinanews.com/gn/2020/04-23/9165492.shtml.

中商产业研究院,2019.我国发明专利申请量和授权量居世界首位2018年专利申请量154.2万件[EB/OL].(03-12)[2024-03-05].https://www.askci.com/news/chanye/20190312/1109551143043.shtml.